西藏自治区气候中心业务技术手册

主　编　边　多

副主编　扎西央宗　黄晓清　马鹏飞

陈　涛　尼玛吉　周刊社

内容简介

本书根据西藏自治区气候中心(西藏自治区遥感应用研究中心、高分辨率对地观测系统西藏数据与应用中心)的业务覆盖范围,从数据服务、气候监测、气候预测、农业气象、生态遥感5个方面(对应全书5个章节)介绍了气候业务产品制作的标准流程。每个章节从业务概况出发,引入到业务产品的种类、服务对象、数据来源、业务平台、制作流程、产品发布、岗位职责等内容,重点涵盖了业务产品涉及的评价指标、核心算法、技术路线、软件操作。相关内容有助于技术人员理解技术原理、提升业务水平。

本书供西藏自治区气候中心业务技术人员学习使用,也可供其他单位相关业务人员参考使用。

图书在版编目(CIP)数据

西藏自治区气候中心业务技术手册 / 边多主编. --
北京 : 气象出版社, 2022.7
ISBN 978-7-5029-7739-9

Ⅰ. ①西… Ⅱ. ①边… Ⅲ. ①气象—工作—西藏—技术手册 Ⅳ. ①P468.275-62

中国版本图书馆CIP数据核字(2022)第101642号

审图号:藏 S(2022)014 号

西藏自治区气候中心业务技术手册

Xizang Zizhiqu Qihou Zhongxin Yewu Jishu Shouce

出版发行: 气象出版社
地　　址: 北京市海淀区中关村南大街46号　　**邮政编码:** 100081
电　　话: 010-68407112(总编室)　010-68408042(发行部)
网　　址: http://www.qxcbs.com　　**E-mail:** qxcbs@cma.gov.cn
责任编辑: 陈　红　林雨晨　　**终　　审:** 吴晓鹏
责任校对: 张硕杰　　**责任技编:** 赵相宁
封面设计: 博雅思企划
印　　刷: 北京建宏印刷有限公司
开　　本: 787 mm×1092 mm　1/16　　**印　　张:** 12
字　　数: 307千字
版　　次: 2022年7月第1版　　**印　　次:** 2022年7月第1次印刷
定　　价: 128.00元

《西藏自治区气候中心业务技术手册》编委会

主　编： 边　多

副主编： 扎西央宗　黄晓清　马鹏飞　陈涛　尼玛吉　周刊社

成　员（按姓氏拼音排序）：

白玛央宗　边巴次仁　次丹卓玛　戴睿　顿玉多吉　德吉央宗　拉巴　拉珍　李林　牛晓俊　平措旺旦　杨勇　益西卓玛　曾林　扎西欧珠　张东东　张伟华

编写单位： 西藏自治区气候中心

西藏自治区遥感应用研究中心

高分辨率对地观测系统西藏数据与应用中心

前　言

现代气候业务是现代气象业务的核心组成部分，是防灾减灾和应对气候变化的科学基础，主要包括气候监测诊断、气候预测、气候评价和气候服务等业务任务，其显著标志是气候预测的客观化和气候评价的定量化。

西藏自治区气象局遥感业务在全区处于领先地位。20 世纪 80 年代“NOAA 系列极轨气象卫星云图数字化处理系统”建成拉开了西藏自治区气象卫星遥感资料应用序幕。2002 年建成的“EOS/MODIS 卫星资料接收处理系统”提高了卫星遥感监测精度。为了积极拓展我国气象卫星应用领域，2010 年建设了“风云三号卫星接收处理系统”，2018 年系统进行升级，增加了 FY-3D、NPP 卫星接收处理功能；2021 年又增加了 FY-3E、NOAA-20 卫星接收处理功能。2016 年成立的高分辨率对地观测系统西藏数据与应用中心，一方面，卫星遥感数据的获取能力得到了明显提升，它的空间分辨率和时间分辨率也有得到提高，数据呈几何级增长；另一方面，可以从过去的气象卫星、资源卫星应用为主，拓展到高分辨率对地观测卫星应用，更好地服务于西藏的经济社会发展各方面。

西藏地处北半球中低纬度，气候环境复杂、气候类型多样、气候资源丰富、气象灾害频繁、区域气候变暖明显、生态环境独具特色，气候、遥感业务对于经济社会发展和防灾减灾极其重要。经过多年的实践和发展，西藏自治区气候中心业务取得了长足的进步。按照中国气象局的统一部署，初步建立了切合当地需求的业务流程，开展了技术方法研究，创建指标体系，开发了业务系统，各项业务逐步完善，业务产品日趋丰富，为地方经济建设和社会发展、防灾减灾服务过程中取得了良好的效益。

由于地理环境和大气环流的特殊性，西藏自治区气候中心业务技术方法、技术指标、服务重点都具有自身的特点。当前，西藏的现代气候和遥感业务处于发展的关键时期，总结过去的气候和遥感业务工作，归纳技术方法，建立技术指标，研发业务系统，将有助于业务的健康发展。《西藏自治区气候中心业务技术手册》的出版为相关气象业务服务工作者提供了西藏气候和遥感业务操作流程的途径，也可为相关科研任务提供参考。

全书共分 5 章。第 1 章数据服务，阐述了西藏自治区气候中心业务所使用的数据资料来源和多源卫星遥感数据的阐述。其中，1.1、1.3、1.4 由戴睿撰稿，1.2 由扎西欧珠、扎西央宗撰稿。第 2 章气候监测，主要阐述了承担地面历史气象观测资料的监测与诊断分析，由陈涛、次丹卓玛撰稿。第 3 章气候预测，主要阐述了全区月、汛期、今冬明春及不定期气候预测业务服务工作，由尼玛吉、杨勇撰稿。第 4 章农业气象，主要承担全区农业气象情报(包括旬、月、季和年报)、土壤水分监测公报、春耕春播专报、秋收秋种专报、春播预报、农用天气预报、粮食产量预报、农作物病虫害发生气象等级预报预警等农业气象服务产品，以及牧草返青预报、牧草生长期气象条件评价等生态评估服务产品，由周刊社撰稿。第5章生态遥感，主要利用实时接收的卫星数据和下载的高分数据，开展西藏植被(生物量)、积雪、湖泊、干旱、火情(森林草原)、土壤水分遥感监测和重大灾情监测服务等工作，负责卫星遥感在高原生态环境和防灾减灾领域中的应用，同时承担国家级卫星遥感指导产品真实性检验，编写生态遥感年度报告。其中，5.1—5.4节由拉巴、张伟华、扎西央宗、顿玉多吉撰稿，5.5节由拉珍、益西卓玛、拉巴、平措旺旦、曾林、白玛央宗、扎西央宗、张东东、牛晓俊、边巴次仁撰稿，5.6节由张伟华、德吉央宗撰稿，5.7节由牛晓俊、李林撰稿。

编者

2022年6月

目　录

第 1 章 数据服务

随着科学技术的发展，探测手段不断进步，现代气象观测拓展为对地球大气圈、水圈、冰雪圈、岩石圈和生物圈等的物理、化学和生物特征及其变化过程进行系统连续的观察和测定，目前已形成了地基观测、空基观测和天基观测三大系统。

西藏自治区气候中心业务所使用的数据资料主要来源于地面气象观测、遥感探测和各种再分析资料。截至 2021 年，西藏共建成国家级地面气象观测站 194 个（气候观象台、基准气候站、基本气象站、常规气象观测站、应用气象观测站、综合气象观测试验基地和综合气象观测专项试验外场）；省级地面气象观测站 562 个（常规气象观测站和应用气象观测站），其他观测站 124 个（雷电监测站、水汽观测站、自动土壤水分站、农气站、高空气象观测站、气象卫星地面站、酸雨观测站、大气成分观测站和青藏铁路冻土观测站）。

1.1 地面观测数据

1.1.1 国家级地面气象观测站

截至 2021 年，西藏共建成国家级地面气象观测站 194 个，其中气候观象台 2 个（日喀则、墨脱），基准气候站 20 个（狮泉河、改则、普兰、安多、那曲、索县、申扎、聂拉木、浪卡子、错那、林芝、察隅、昌都、仲巴、双湖、松西、日土阿汝、改则果差、尼玛来多、尼玛俄久），基本气象站 15 个（拉萨、当雄、尼木、班戈、嘉黎、泽当、隆子、定日、江孜、帕里、拉孜、洛隆、丁青、左贡、波密），常规气象观测站 148 个（比如、类乌齐、八宿、加查、米林、芒康、贡嘎、南木林、墨竹工卡、琼结、多玛乡、日土、革吉、聂荣、门士乡、札达、措勤、尼玛、当惹雍措、色林措、扎仁、罗玛、巴嘎乡、帕羊、纳木措、羊八井、古霸、热振寺、门巴乡、萨嘎、亚来、桑桑、昂仁、谢通门、江当、白朗、曲水、仁布、林周、米拉山口、堆龙德庆、达孜、桑日、吉隆、樟木、珠峰、岗嘎、定结、萨迦、亚东、康马、岗巴、洛扎、扎囊、曲松、措美、勒布沟、夏曲、色扎、巴青、江达、金达、巴松措、边坝、通麦、贡觉、察雅、邦达、工布江达、朗县、卧龙、色季拉山山顶、派镇、米堆、然乌、朱巴龙、盐井、下察隅、德庆、乌玛塘、日多、柳梧新区、麻江乡、尼木乡、续迈乡、康玛寺、聂当乡、茶巴拉乡、旁多、切娃、珠峰大本营、珠峰中科院、达若乡、仁堆乡、吉隆镇、麻布加乡、门布乡、拉让乡、桑耶寺、哲古、古堆、加麻乡、普玛江塘乡、曲卓木、斗玉、扎日、米瑞、尼池村、色季拉山生态站、鲁朗、色季拉山兵站、拉月、松多、倾乡镇、松宗镇、多吉乡、古乡、玉普乡、易贡乡、古乡索通村、玉许乡、布久乡、妥坝、生达乡、美玉乡、岗色乡、北拉、强玛、双湖多玛、巴扎、塔尔玛、马跃、嘎美乡、佳琼乡、恰则乡、忠玉乡、普若岗日、雄巴、擦咔、洞措、察布、马攸、班公湖、底雅乡、东汝乡、江让乡、亚热乡、玉许林琼），应用气象观测站 9 个（米拉山、通拉山、曲乡、加措拉山、德姆拉山、唐古拉山、江古拉山、泉水湖、纳木措），综合气象观测试验基地1个（墨脱大气水分循环综合观测野外科学试验基地），综合气象观测专项试验外场1个（拉萨国家农业气象试验站）。

国家地面气象观测站承担的观测项目较多，包括气温、气压、湿度、风、降水量、云、能、天、地温、草温、大型蒸发、天气现象、日照、冻土、酸雨、辐射、雷电、农业、自动土壤水分（作物段、固定段）、GNSS/MET、区域GNSS等，但不同类别和不同气候区台站的观测项目有较大差异。

国家级地面观测站点分布（略）。

1.1.2 省级地面气象观测站

截至2021年，西藏共建成省级地面气象观测站562个，包括常规气象观测站555个和应用气象观测站7个。省级地面气象观测站观测项目有气温、相对湿度、气压、风向、风速、降水（翻斗＋固态）、地温（浅层）、能见度、路面状况（遥感式）、实景监控。

1.1.3 其他观测站

截至2021年，西藏共建成雷电监测站27个，水汽观测站10个，自动土壤水分站46个，农气站4个，高空气象观测站8个，天气雷达站14个，气象卫星地面站2个，酸雨观测站4个，大气成分观测站2个，青藏铁路冻土观测站7个。

具体站点信息（站名、站号、经纬度、地址、观测任务）见附表全区站点信息（涉密，略）。

1.2 卫星遥感数据

高分西藏中心（西藏遥感中心）是目前西藏唯一开展卫星遥感接收处理、监测应用和服务业务化工作的单位，主要承担卫星遥感接收处理、监测服务和科研工作。1989年西藏自治区气象局建成了“NOAA系列极轨气象卫星云图数字化处理系统”，标志着卫星遥感资料在西藏自治区气象与非气象领域中应用的开始。2002年又建成了EOS/MODIS卫星资料接收处理系统，2010年建成了风云三号卫星接收处理系统，提高了对高原生态环境的遥感监测能力。2018年建成了风云三号02批气象卫星省级接收站，增加了FY-3C、FY-3D、NPP卫星的接收能力，提高了对高原生态环境的遥感监测能力。2016年8月12日高分辨率对地观测系统西藏数据与应用中心成立，实现了国产高分一号、二号、三号、四号和六号等中高分辨率卫星影像资料通过“中国资源卫星应用中心”下载获取的能力。

1.2.1 高分卫星

（1）高分一号（GF-1）卫星，是一种高分辨率对地观测卫星，属于光学成像遥感卫星。GF-1卫星于2013年4月26日成功发射，是高分辨率对地观测系统国家科技重大专项的首发星，配置了2台2 m分辨率全色/8 m分辨率多光谱相机，4台16 m分辨率多光谱宽幅相机。16 m数据重访周期16 d。

（2）高分二号（GF-2）卫星，是我国目前分辨率最高的民用陆地观测卫星，属于光学遥感卫星，于2014年8月19日成功发射。GF-2卫星星下点空间分辨率可达0.8 m，搭载有两台高分辨率1 m全色和4 m多光谱相机，重访周期64 d。

（3）高分三号（GF-3）卫星，是中国首颗分辨率达到1 m的C频段多极化高分辨率合成孔径雷达(SAR)成像卫星，于 2016 年 8 月 10 日发射升空。

①多成像模式

GF3 卫星是世界上成像模式最多的合成孔径雷达(SAR)卫星，具有 12 种成像模式。它不仅涵盖了传统的条带、扫描成像模式，而且可在聚束、条带、扫描、波浪、全球观测、高低入射角等多种成像模式下实现自由切换，既可以探地，又可以观海，达到“一星多用”的效果。

②高分辨率

GF-3 卫星空间分辨率从 1 m 到 500 m，幅宽是从 10 km 到 650 km，不但能够大范围普查，一次可以最宽看到 650 km 范围内的图像；也能够清晰地分辨出陆地上的道路、一般建筑和海面上的舰船。由于具备 1 m 分辨率成像模式，GF-3 卫星成为世界上 C 频段多极化 SAR 卫星中分辨率最高的卫星系统。

③全能应用

GF-3 卫星不受云雨等天气条件的限制，可全天候、全天时监视监测全球海洋和陆地资源，是高分专项工程实现时空协调、全天候、全天时对地观测目标的重要基础，服务于海洋、减灾、水利、气象以及其他多个领域，为海洋监视监测、海洋权益维护和应急防灾减灾等提供重要技术支撑，对海洋强国、“一带一路”建设具有重大意义。

(4)高分四号(GF-4)卫星，是我国第一颗地球同步轨道遥感卫星，于 2015 年 12 月 29 日发射，搭载了一台可见光 50 m/中波红外 400 m 分辨率、大于 400 km 幅宽的凝视相机，采用面阵凝视方式成像，具备可见光、多光谱和红外成像能力，通过指向控制，实现对中国及周边地区的观测。

(5)高分五号(GF-5)卫星，是世界上第一颗同时对陆地和大气进行综合观测的卫星，于 2018 年 5 月 9 日发射。GF-5 一共有 6 个载荷，分别是可见短波红外高光谱相机、全谱段光谱成像仪、大气主要温室气体监测仪、大气环境红外甚高光谱分辨率探测仪、大气气溶胶多角度偏振探测仪和大气痕量气体差分吸收光谱仪。可对大气气溶胶、二氧化硫、二氧化氮、二氧化碳、甲烷、水华、水质、核电厂温排水、陆地植被、秸秆焚烧、城市热岛等多个环境要素进行监测。

(6)高分六号(GF-6)卫星，是一颗低轨光学遥感卫星，于 2018 年 6 月 2 日发射。GF-6 卫星配置 2 m 全色/8 m 多光谱高分辨率相机、16m 多光谱中分辨率宽幅相机，2 m 全色/8 m 多光谱相机观测幅宽 90 km，16 m 多光谱相机观测幅宽 800 km。GF-6 卫星具有高分辨率、宽覆盖、高质量和高效成像等特点，能有力支撑农业资源监测、林业资源调查、防灾减灾救灾等工作，为生态文明建设、乡村振兴战略等重大需求提供遥感数据支撑。

(7)高分七号(GF-7)卫星，于 2019 年 11 月 3 日成功发射，卫星运行于太阳同步轨道，搭载的两线阵立体相机可有效获取 20 km 幅宽、优于 0.8 m 分辨率的全色立体影像和 3.2 m 分辨率的多光谱影像；通过立体相机和激光测高仪复合测绘的模式，实现 1：10000 比例尺立体测图。

高分一号至七号系列卫星主要参数见表 1.1。

表 1.1　高分系列卫星主要参数

卫星	发射时间	传感器空间分辨率	幅宽	波段
GF-1	2013 年	全色 2 m；多光谱 8 m	60 km	全色、多光谱
GF-2	2014 年	全色 0.8 m；多光谱 3.2 m	45 km	全色、多光谱

续表

卫星	发射时间	传感器空间分辨率	幅宽	波段
GF-3	2016年	1～500 m	10～100 km	C频段SAR
GF-4	2015年	50～400 m	400 km	可见光,近红外,中波红外
GF-5	2018年	30 m	60 km	可见短波红外高光谱,全谱段
GF-6	2018年	全色2 m;多光谱8 m,16 m	90 km	全色、多光谱
GF-7	2019年	全色:后视0.65 m;前视0.8 m 多光谱:后视2.6 m	≥20 km	全色、多光谱

由于西藏自治区幅员辽阔,地形地貌复杂多样,天气变化瞬息万变,高分卫星资料仍无法在一定时间段内覆盖全区,应对突发事件很难及时准确获取有效观测资料。其中,光学卫星受云、地形阴影等影响,雷达卫星受地势落差等制约,遥感成像质量无法保障,致使地表监测能力较弱。GF-5因卫星故障,目前无法使用。

1.2.2 风云三号卫星

风云三号(FY-3)气象卫星是我国新一代极轨气象卫星,目前西藏自治区气候中心可获取C、D两颗星。C星搭载了12台套遥感仪器,包括:可见光红外扫描辐射计(VIRR)、红外分光计(IRAS)、微波温度计(MWTS)、微波湿度计(MWHS)、微波成像仪(MWRI)、中分辨率光谱成像仪(MERSI)、紫外臭氧垂直探测仪(SBUS)、紫外臭氧总量探测仪(TOU)、地球辐射探测仪(ERM)、太阳辐射测量仪(SIM)、空间环境监测器(SEM)和全球导航卫星掩星探测仪(GNOS)。D星搭载了10台套先进的遥感探测仪器,除了微波温度计(MWTS)、微波湿度计(MWHS)、微波成像仪(MWRI)、空间环境监测器(SEM)和全球导航卫星掩星探测仪(GNOS)等5台继承性仪器之外,红外高光谱大气探测仪(HIRAS)、近红外高光谱温室气体监测仪(GAS)、广角极光成像仪、电离层光度计为全新研制产品,核心仪器中分辨率光谱成像仪(MERSI)进行了大幅升级改进,性能显著提升。

(1)可见光红外扫描辐射计(VIRR)

可见光红外扫描辐射计(VIRR)有10个1 km分辨率的光谱通道,其中既有高灵敏度的可见光通道,又有三个红外大气窗区通道。主要用途是监测全球云量,判识云的高度、类型和相态,探测海洋表面温度,监测植被生长状况和类型,监测高温火点,识别地表积雪覆盖,探测海洋水色等(表1.2)。

表1.2 FY3/VIRR(可见光红外扫描辐射计)通道参数

通道	波段范围(μm)	波段	空间分辨率(m)	应用范围
1	0.58～0.68	可见光(visible)	1000	白天图像、植被、冰雪
2	0.84～0.89	近红外(near infrared)	1000	白天图像、植被、水/陆地边界、大气校正
3	3.55～3.93	中波红外(middle infrared)	1000	昼夜图像、高温热源、地表温度、森林火灾
4	10.3～11.3	远红外(far infrared)	1000	昼夜图像、海表和地表温度
5	11.5～12.5	远红外(far infrared)	1000	昼夜图像、海表和地表温度
6	1.55～1.64	短波红外(short infrared	1000	白天图像、云雪判识、干旱监测、云相区分

续表

通道	波段范围(μm)	波段	空间分辨率(m)	应用范围
7	0.43～0.48	可见光(visible)	1000	海洋水色
8	0.48～0.53	可见光(visible)	1000	海洋水色
9	0.53～0.58	可见光(visible)	1000	海洋水色
10	1.325～1.395	近红外(near infrared)	1000	水汽

(2)中分辨率光谱成像仪(MERSI)

中分辨率光谱成像仪(MERSI)是我国第二代极轨气象卫星风云三号核心光学成像载荷，可以探测来自地球大气系统的电磁辐射，能高精度定量遥感云特性、气溶胶、陆地表面特性、海洋水色、低层水汽等地球物理要素，实现对大气、陆地、海洋的多光谱连续综合观测(表 1.3)。

①MERSI-1 仪器介绍

MERSI-1 搭载卫星有 FY-3A、FY-3B、FY-3C 星，有 5 个 250 m(8192 个探元)和 15 个 1km 分辨率(2048 个探元)共 20 个光谱通道。通过成像，可以实现植被、生态、地表覆盖分类以及积雪覆盖等陆表特性全球遥感监测。20 个光谱通道中 19 个为窄带可见光、近红外、短波红外通道，1 个为宽带热红外通道。仪器第 8～16 的短波通道为高信噪比窄波段通道，能够实现水体中的叶绿素、悬浮泥沙和可溶黄色物质浓度的定量反演；仪器的 2.13 μm 通道对气溶胶相对透明，结合可见光通道，可实现陆地气溶胶的定量遥感；0.94 μm 近红外水汽吸收带的 3 个通道，可增强对大气水汽特别是低层水汽的探测能力；250 m 分辨率的可见光三通道真彩色图像，可实现多种自然灾害和环境影响的图像监测，监测中小尺度强对流云团和地表精细特征。

②MERSI-2 仪器介绍

MERSI-2 搭载卫星有 FY-3D、FY-3E 星，有 6 个 250 m(8192 个探元)和 19 个 1 km(2048 个探元)分辨率共计 25 个光谱通道。它整合了 FY-3B、FY-3C 星的 MERSI-1 和 VIRR 两台成像仪器的功能，是世界上首台能够获取全球 250 m 分辨率红外分裂窗区资料的成像仪器，可以每日无缝隙获取全球 250 m 分辨率真彩色图像，实现云、气溶胶、水汽、陆地表面特性、海洋水色等大气、陆地、海洋参量的高精度定量反演，为我国生态治理与恢复、环境监测与保护提供科学支持，为全球生态环境、灾害监测和气候评估提供中国观测方案。

表 1.3　FY-3D/MERSI(中分辨率光谱成像仪)通道性能参数

通道	中心波长(μm)	光谱带宽(μm)	波段(μm)	空间分辨率(m)
1	0.470	0.05	可见光(visible)	250
2	0.550	0.05	可见光(visible)	250
3	0.650	0.05	可见光(visible)	250
4	0.865	0.05	可见光(visible)	250
5	1.380	0.02/0.03	近红外(near infrared)	1000
6	1.640	0.05	短波红外(short infrared)	1000
7	2.130	0.05	短波红外(short infrared)	1000
8	0.412	0.02	可见光(visible)	1000

续表

通道	中心波长(μm)	光谱带宽(μm)	波段(μm)	空间分辨率(m)
9	0.443	0.02	可见光(visible)	1000
10	0.490	0.02	可见光(visible)	1000
11	0.555	0.02	可见光(visible)	1000
12	0.670	0.02	可见光(visible)	1000
13	0.709	0.02	可见光(visible)	1000
14	0.746	0.02	可见光(visible)	1000
15	0.865	0.02	可见光(visible)	1000
16	0.905	0.02	可见光(visible)	1000
17	0.936	0.02	可见光(visible)	1000
18	0.940	0.02	可见光(visible)	1000
19	1.030	0.02	近红外(near infrared)	1000
20	3.80	0.18	中波红外(middle infrared)	1000
21	4.05	0.155	中波红外(middle infrared)	1000
22	7.20	0.50	中波红外(middle infrared)	1000
23	8.55	0.30	远红外(far infrared)	1000
24	10.80	1.0	远红外(far infrared)	250
25	12.0	1.0	远红外(far infrared)	250

1.2.3 风云四号卫星

风云四号(FY-4)卫星是中国继 FY-2 卫星之后,发展的新一代静止气象卫星。FY-4 卫星分为有效载荷和平台两部分,平台包括结构、热控、姿轨控、推进、电源、测控、数管、总体电路、数传、转发、数据收集等分系统;有效载荷包括多通道扫描成像辐射计(AGRI)、干涉式大气垂直探测仪(GIIRS)、闪电成像仪(LMI)、空间环境监测器(SEP)和微波探测试验载荷等。FY-4 卫星可为天气分析和预报、短期气候预测、环境和灾害监测、空间环境监测预警,以及其他应用提供服务。2016 年 12 月 11 日成功发射的是光学卫星系列的科研试验卫星(FY-4A 星)。FY-4A 卫星采用三轴稳定姿态控制方式的大型遥感平台携带多种观测仪器,包括先进静止轨道辐射成像仪、静止轨道干涉式红外探测仪、静止轨道闪电成像仪和空间环境监测仪器等。各通道光谱范围、主要用途、空间分辨率见表 1.4。

表 1.4 FY4/AGRI(多通道扫描成像辐射计)通道参数

通道	波段(μm)	中心波长(μm)	空间分辨率(km)	主要用途
可见光	0.45～0.49	0.47	1	小粒子气溶胶,真彩色合成
	0.55～0.75	0.65	0.5～1	植被,图像导航配准,恒星观测
近红外	0.75～0.90	0.83	1	植被,水面上空气溶胶
短波红外	1.36～1.39	1.37	2	卷云
	1.58～1.64	1.61	2	低云/雪识别,水云/冰云判识
	2.1～2.35	2.22	2～4	卷云、气溶胶,粒子大小

续表

通道	波段(μm)	中心波长(μm)	空间分辨率(km)	主要用途
中波红外	3.5～4.0(高)	3.72	2	云等高反照率目标，火点
	3.5～4.0(低)	3.72	4	低反照率目标，地表
高层水汽	5.8～6.7	6.25	4	高层水汽
中层水汽	6.9～7.3	7.1	4	中层水汽
长波红外	8.0～9.0	8.5	4	总水汽、云
	10.3～11.3	10.8	4	云、地表温度等
	11.5～12.5	12.0	4	云、总水汽量、地表温度
	13.2～13.8	13.5	4	云、水汽

1.2.4　EOS 地球观测卫星

EOS(Earth Observation System)卫星是美国地球观测系统的简称，其主要的对地探测仪器中分辨率成像光谱仪(MODIS)对全世界以实时观测数据通过 X 波段直接广播。MODIS 仪器有 36 个离散光谱波段，光谱范围从 0.4(可见光)到 14.4μm(热红外)全光谱覆盖；MODIS 有 2 个通道空间分辨率可达 250 m，5 个通道为 500 m，29 个通道为 1 km；每条轨道的扫描宽度达到 2330 km，回归周期 1～2 d。可对地球环境、海洋表面特征、大气中的云、辐射和气溶胶以及辐射平衡等进行监测。第一颗 EOS-AM(Terra)卫星是 1999 年 12 月 18 日发射，第二颗 EOS-PM (Aqua)卫星是 2002 年 5 月 4 日发射。各通道光谱范围、主要用途、空间分辨率见表 1.5。

表 1.5　EOS/MODIS(中分辨率成像光谱仪)通道参数

通道	波长范围(μm)	波段	分辨率(m)	主要用途
1	0.620～0.670	可见光(visible)	250	陆地/云边界
2	0.841～0. 876	近红外(near infrared)	250	
3	0.459～0.479	可见光(visible)	500	陆地/云的属性
4	0.545～0.565	可见光(visible)	500	
5	1.230～1.250	近红外(near infrared)	500	
6	1.628～1.652	短波红外(short infrared)	500	
7	2.105～2.155	短波红外(short infrared)	500	
8	0.405～0.420	可见光(visible)	1000	海洋水色/浮游植物/生物地球化学
9	0.438～0.448	可见光(visible)	1000	
10	0.483～0.493	可见光(visible)	1000	
11	0.526～0.536	可见光(visible)	1000	
12	0.546～0.556	可见光(visible)	1000	
13	0.662～0.672	可见光(visible)	1000	
14	0.673～0.683	可见光(visible)	1000	
15	0.743～0.753	可见光(visible)	1000	
16	0.862～0.877	近红外(near infrared)	1000	

续表

通道	波长范围(μm)	波段	分辨率(m)	主要用途
17	0.890～0.920	近红外(near infrared)	1000	大气水蒸气
18	0.931～0.941	近红外(near infrared)	1000	
19	0.915～0.965	近红外(near infrared)	1000	
20	3.660～3.840	中波红外(middle infrared)	1000	表面/云顶温度
21	3.929～3.989	中波红外(middle infrared)	1000	
22	3.929～3.989	中波红外(middle infrared)	1000	
23	4.020～4.080	中波红外(middle infrared)	1000	
24	4.433～4.498	中波红外(middle infrared)	1000	大气温度
25	4.482～4.549	中波红外(middle infrared)	1000	
26	1.360～1.390	短波红外(short infrared)	1000	卷云
27	6.535～6.895	中波红外(middle infrared)	1000	水蒸气
28	7.175～7.475	中波红外(middle infrared)	1000	
29	8.400～8.700	远红外(far infrared)	1000	
30	9.580～9.880	远红外(far infrared)	1000	臭氧
31	10.780～11.280	远红外(far infrared)	1000	地表/云顶温度
32	11.770～12.270	远红外(far infrared)	1000	
33	13.185～13.485	远红外(far infrared)	1000	云顶高度
34	13.485～13.785	远红外(far infrared)	1000	
35	13.785～14.085	远红外(far infrared)	1000	
36	14.085～14.385	远红外(far infrared)	1000	

1.2.5 NOAA 卫星

NOAA 气象卫星是美国国家海洋大气局的第三代实用气象观测卫星，是近极地太阳同步轨道卫星，飞行高度为 833～870 km，轨道倾角 98.7°，成像周期 12 h。目前可接收 NOAA-18 和 NOAA-19 卫星，采用双星运行，同一地区每天可有四次过境机会。AVHRR(Advanced Very High Resolution Radiometer)是 NOAA 系列卫星的主要探测仪器，它有 5 个光谱通道，其中 1—2 通道为反射通道，3—5 通道为辐射亮温通道，其中 3A 白天工作，3B 夜间工作。AVHRR 扫描宽度达 2800 km，星下点分辨率为 1.1 km。各通道光谱范围、主要用途、空间分辨率见表 1.6。

表 1.6 NOAA/AVHRR(先进超高分辨率辐射计)通道参数

通道	波长范围(μm)	波段	空间分辨率(m)	主要用途
1	0.58～0.68	可见光(visible)	1100	白天图像、植被、烟、火山迹地、冰雪、气候
2	0.725～1.00	近红外(near infrared)		白天图像、植被、火山迹地、水路边界、农业估产、土地利用调查

续表

通道	波长范围(μm)	波段	空间分辨率(m)	主要用途
3A	1.58～1.64	短波近红外(short infrared)	1100	白天图像、土壤湿度、云雪判识、干旱监测、云相区分
3B	3.55～3.93	中波近红外(middle infrared)		夜间云图、下垫面高温点、林火、火山运动
4	10.30～11.30	远红外(far infrared)		昼夜图像、海表和地表温度、土壤湿度
5	11.50～12.50	远红外(far infrared)		昼夜图像、海表和地表温度、土壤湿度

1.2.6 NPP 卫星

NPP 是美国国家极轨业务环境卫星系统 NPOESS 预备项目的首颗星。星上携带的可见光红外成像辐射仪 VIIRS 是对 AVHRR 与 MODIS 的继承与发展。

VIIRS(Visible infrared Imaging Radiometer)可见光红外成像辐射仪搭载卫星有 NPP 对地观测卫星，有 9 个(0.4～0.9 μm)可见光、近红外，8 个(1～4 μm)短、中波红外，4 个(8～12 μm)热红外和 1 个低照度条件下的可见光通道，共 22 个(0.3～14 μm)通道。星下点空间分辨率约 400 m，扫描带边缘空间分辨率约 800 m。扫描式成像辐射仪，可收集陆地、大气、冰层和海洋在可见光和红外波段的辐射图像。它是高分辨率辐射仪 AVHRR 和地球观测系列中分辨率成像光谱仪 MODIS 系列的拓展和改进。VIIRS 数据可用来测量云量和气溶胶特性、海洋水色、海洋和陆地表面温度、海冰运动和温度、火灾和地球反照率。气象学家使用 VIIRS 数据主要是用来提高对全球温度变化的了解。各通道光谱范围、主要用途、空间分辨率见表 1.7。

表 1.7 NPP/VIIRS(可见光红外成像辐射仪)通道参数

通道序号	通道	波长范围(μm)	波段	星下点空间分辨率(m)	主要用途
1	I1	0.6～0.68	可见光(visible)	375	云、植被和雪覆盖
2	I2	0.85～0.88	近红外(near infrared)		云、植被和雪覆盖
3	I3	1.58～1.64	短波红外(short infrared)		云、植被和雪覆盖
4	I4	3.55～3.93	中波红外(middle infrared)		火、云
5	I5	10.5～12.4	热红外(thermal infrared)		火、新鲜降雪
6	M1	0.402～0.422	可见光(visible)	750	气溶胶、雪和反照率
7	M2	0.436～0.454	可见光(visible)		气溶胶、雪、植被和反照率
8	M3	0.478～0.488	可见光(visible)		气溶胶、植被和反照率
9	M4	0.545～0.565	可见光(visible)		气溶胶、植被
10	M5	0.662～0.682	可见光(visible)		气溶胶、植被、云和土壤湿度
11	M6	0.739～0.754	近红外(near infrared)		热通量、海冰
12	M7	0.846～0.885	近红外(near infrared)		气溶胶、植被、云和土壤湿度
13	M8	1.23～1.25	短波红外(short infrared)		云、火、植被和土壤湿度

续表

通道序号	通道	波长范围(μm)	波段	星下点空间分辨率(m)	主要用途
14	M9	1.371～1.386	短波红外(short infrared)	750	云、热通量
15	M10	1.58～1.64	短波红外(short infrared)		云、火、气溶胶和热通量
16	M11	2.23～2.28	短波红外(short infrared)		云、火、植被
17	M12	3.61～3.79	中波红外(middle infrared)		云、植被、总可降水量
18	M13	3.97～4.13	中波红外(middle infrared)		云、植被、总可降水量
19	M14	8.4～8.7	热红外(thermal infrared)		云、总可降水量
20	M15	10.26～11.26	热红外(thermal infrared)		火、地表亮温、总可降水量
21	M16	11.54～12.49	热红外(thermal infrared)		地表亮温、总可降水量
22	DNB	0.5～0.9	可见光(visible)		云检测

1.3 再分析资料

再分析资料是采用当今最先进的全球资料同化系统和完善的数据库，对各种来源(地面、船舶、无线电探空、测风气球、飞机、卫星等)的观测资料进行质量控制和同化处理后，获得的一套完整的再分析数据集。

目前，国际上主要有 NCEP、ECMWF、JMA 3 家再分析中心。NCEP(National Centers for Environmental Prediction，美国国家环境预报中心)包含两个子计划：NCEP/NCAR(Reanalysis-1)、NCEP/DOEAMIP-II(Reanalysis-2)，前者是 NCEP 与 NCAR(National Center for Atmospheric Research，美国国家大气研究中心)共同合作的一个项目，该项目建立了一个全球大气领域 40 年数据的分析记录。与此相比，NCEP/DOEAMIP-II 采用了改进的同化系统，修正了 NCEP/NCAR 中的人为误差，并在土壤湿度、短波辐射通量几个方面做了较大的改进，被认为是一种较好的全球再分析资料。ECMWF(European Centre for Medium Range Weather Forecasts，欧洲中期天气预报中心)也是全球几家最主要的再分析中心之一，ECMWF 再分析中心所包括的子计划有：ERA-15、ERA-40、ERA-Interim 以及以后的 ERA-70。JMA(Japan Meteorological Agency，日本气象厅)所实施的再分析计划是 JRA-25 以及从 2006 年开始实施的 JCDAS(JMA Climate Data Assimilation System)计划，二者所使用的数据同化系统相同。

表 1.8 和表 1.9 是各家再分析中心进行再分析时所用数据和资料同化方案的对比。

表 1.8　NCEP,ECMWF,JMA 各子计划所用数据对比

再分析资料	采用的数据
ERA-15	MARS 数据，CCR 数据，NESDIS 1-b 数据，通过一维变分恢复的 TOVS 晴云辐射率数据(HIRS/MSU)。ECMWF 业务上的主要的常规观测数据，还有 COADS、FGGE、ALPEX 等资料进行补充；SST、SIC 数据库。

续表

再分析资料	采用的数据
ERA-40	对卫星资料使用得更多(如 VTPR、TOVS、SSMI、ATOVS 等),常规观测资料的应用也加大,再加工过的气象卫星的风资料,CSR 数据,改进的 SST\ICE 数据库。
ERA-Interim	ERA-40 及 ECMWF 业务上用的观测数据,卫星 level-1c 辐射数据,无线电探空仪的数据,再加工过的气象卫星的风资料,高度计波高度数据,静止卫星的晴空辐射数据,对受降水影响的 SSM/I 辐射数据进行一维修复。
NCEP/NCAR	全球无线电探空仪数据、表面航海数据、航行器数据、地表天气数据、卫星探测数据、SSM/I 表层风数据、云导风数据(SSM/I 的风数据在 Reanalysis-1 未使用,在 Reanalysis-2 中运用了 SSM/I 风速数据以及总的可降水量等参数)。
JRA-25	ERA-40 中的观测数据、热带气旋周围的风数据(TCR)、数字化的中国雪深数据;SSM/I、TOVS 以及 ATOVS 数据、修复的 GMS-AMV、SSM/I 雪覆盖;逐日的臭氧资料、逐日的 COBE SST 和海冰数据等。

表 1.9　NCEP,ECMWF,JMA 各子计划资料同化方案对比

	ERA-15 (1979—1993)	ERA-40 (1957—2002)	ERA-Ineterim (1989 年始)	NCEP/NCAR (1949 年至今)	JRA-25 (1979—2004)
分辨率	T106L31(模式的最顶层离地表 32 km 左右,达 10 hPa)	T159L60(模式的最顶层离地表 65 km 左右,达 0.1 hPa)	T255L91(模式的最顶层离地表 81 km 左右,达 0.01 hPa)	T62L28(模式的最顶层达 3 hPa)	T106L40(模式的最顶层达 0.4 hPa)
同化方案	3D-OI(最优插值)	3D-Var FGAT 臭氧的分析	4D-Var 12 h 新的湿度分析对 SSMI 辐射数据是进行直接同化	谱统计插值 SSI(一种 3D-Var)	地表变量中的温度、风、相对湿度等用 2D-OI 同化;对大气及地表气压而言,用 3D-Var

3 种再分析资料以 NCEP 再分析资料的使用最为广泛,它包含 3 个数据集,即分时资料(每 6 h 一次,每天 4 次)数据集、日平均资料数据集和月平均资料数据集,在气候业务中使用最多的是月平均资料数据集,其空间分辨率为 2.5°×2.5°,该资料集包含 1948 年至今逐月地面气温、地面气压、海平面气压、相对湿度、垂直速度、抬升指数、最佳抬升指数、大气可降水、位温、平均纬向风、平均经向风等地面资料,以及 17 层等压面(1000 hPa、925 hPa、850 hPa、700 hPa、600 hPa、500 hPa、400 hPa、300 hPa、250 hPa、200 hPa、150 hPa、100 hPa、70 hPa、50 hPa、30 hPa、20 hPa、10 hPa)上的气温、位势高度、垂直速度、相对湿度、比湿、平均纬向风、平均经向风等高空资料。

1.4 数据获取

1.4.1 地面资料获取途径

地面观测资料主要有3种收集途径，一是从西藏自治区气象局信息网络中心10.216.30.37/Data-gain主机共享目录下载Z文件进行解译，Z文件是ASC文件，由原始观测数据按规定的字符数编码而成，业务人员需自行解译才能获得所需气象要素值；二是用CIMISS系统提供的MUSIC数据接口直接检索得到所需气象要素值；三是从西藏气象业务一体化平台中检索得到所需气象要素值。各类地面观测资料说明见附表Music数据源。

1.4.2 卫星遥感数据获取途径

FY3号02批卫星接收处理系统实现FY3号及相关卫星资料实时自动接收、处理中国的FY3-B/C卫星L波段的HRPT和X波段的MPT、美国NOAA系列18/19的HRPT、EOS-TERRA/AQUA卫星的MODIS和NPP卫星的VIIRS等直接广播数据，并配备遥感应用产品软件包，实现从卫星数据转化为产品应用等业务化功能。接收的NOAA、MODIS、FY-3和NPP卫星数据存储在本地10.216.50.49\Archfiles\Archfiles\PUUSData。

FY-4号卫星数据接收处理遥感应用系统根据风云四号卫星数据和产品规格，建立稳定、可靠、安全的业务化卫星数据存档管理系统。通过卫星数据直接广播等方式建立天地一体化的布局全国的风云四号A星数据获取和共享服务体系。系统接收FY-4卫星广播的HRIT数据，包括多通道扫描成像辐射计、干涉式大气垂直探测仪和闪电成像仪三个载荷的L1级数据。接收的卫星数据存储在本地10.216.30.37\DataService\SATE。

FY数据亦可通过国家卫星气象中心(http://www.nsmc.org.cn)进行订购下载。

MODIS数据亦可通过LAADS DAAC(https://ladsweb.modaps.eosdis.nasa.gov/)进行订购下载。

国家卫星气象中心下发地址ftp.nsmc.org.cn和111.205.50.123。

Landsat数据通过Earth Explorer(https://earthexplorer.usgs.gov/)和地理空间数据云(http://www.gscloud.cn/)进行订购下载。

高分系列数据通过高分辨率对地观测系统网格平台国家航天局对地观测与数据中心(https://www.cheosgrid.org.cn/)进行订购下载。

1.4.3 NCEP再分析资料获取途径

(1)地面月平均资料下载路经ftp://ftp.cdc.noaa.gov/pub/Datasets/ncep.reanalysis.derived/surface/，说明详见表1.10。

表 1.10　地面月平均资料说明

数据类型	文件名	数据说明	单位
气温	air. sig995. mon. mean. nc	Monthly Mean Air Temperature	K
大气可降水	pr_wtr. eatm. mon. mean. nc	Monthly Mean of Precipitable Water Content	kg/m^2
地面气压	pres. sfc. mon. mean. nc	Monthly Mean of Surface Pressure	Pa
相对湿度	rhum. sig995. mon. mean. nc	Monthly Mean of Relative Humidity	%
海平面气压	slp. mon. mean. nc	Sea Level Pressure	Pa
风速(u 分量)	uwnd. sig995. mon. mean. nc	Monthly surface zonal wind	m/s
风速(v 分量)	vwnd. sig995. mon. mean. nc	Monthly surface meridional wind	m/s
地面风速	wspd. sig995. mon. mean. nc	Monthly surface wind speed	m/s

(2)高空月平均资料下载路径

ftp://ftp. cdc. noaa. gov/pub/Datasets/ncep. reanalysis. derived/pressure/,说明详见表 1.11。

表 1.11　高空月平均资料说明

数据类型	文件名	数据说明	单位	层数
气温	air. mon. mean. nc	Monthly Mean Air Temperature	K	17
位势高度	hgt. mon. mean. nc	Monthly Mean Geopotential height	m	17
垂直速度	omega. mon. mean. nc	Monthly Mean Omega	Pa/s	前 12
相对湿度	rhum. mon. mean. nc	Monthly Mean relative humidity	%	前 8
绝对湿度	shum. mon. mean. nc	Monthly Mean specific humidity	kg/kg	前 8
风速(u 分量)	uwnd. mon. mean. nc	Monthly Mean U-wind	m/s	17
风速(v 分量)	vwnd. mon. mean. nc	Monthly Mean V-wind	m/s	17
风速	wspd. mon. mean. nc	Monthly Meanwind speed	m/s	17
位温	pottmp. mon. mean. nc	Monthly Mean	K	17

第2章　气候监测

自2006年气候监测与评估室重组以来，主要承担地面历史气象观测资料的监测与诊断分析。发布的常规业务产品有月、季、年气候影响评价，实时干旱监测情报（周报），雨季监测周报、极端气候事件监测快报；非常规业务分为决策气象服务材料、针对各行业领域所需的气候咨询分析报告、专题气候影响分析、气候变化特征研究和气候可行性分析技术服务报告。

2.1　气候影响评价业务流程

为扎实推进气候业务发展，提高气候影响评价质量，规范气候影响评价业务的职责分工以及制作发布流程，更好地为防灾减灾服务，结合中国气象局预报与网络司印发的《气候影响评价业务规定（修订）》（气预函〔2020〕49号）制定了《西藏自治区气候影响评价业务流程和规范》。

2.1.1　业务产品分类与发布

（1）业务内容

依据西藏自治区天气气候特点，完成月（12期）、季（4期）、年（1期）气候影响评价业务。评价内容主要从气候概况、主要天气气候事件及其影响评价、气候对各行业的影响评价、展望性气候影响评价和对策建议等几个方面进行分析。

（2）产品及发布时间

气候影响评价产品及发布时间列于表2.1。

表2.1　气候影响评价产品及发布时间

产品名称	发布时间	主要内容
月气候影响评价	次月10日前	上月气候概况、气候灾害和重大气候事件及其对各行业的影响评价
季气候影响评价	下季度首月15日前	上季度气候概况、气候灾害和重大气候事件及其对各行业的影响评价
年气候影响评价	次年1月15日前	上年度气候概况、气候灾害和重大气候事件及其对各行业的影响评价

（3）产品发送渠道

气候影响评价产品发送渠道列于表2.2。

表 2.2　气候影响评价产品发送渠道

产品名称	发送渠道
月气候影响评价	1. 政府领导(纸质版及 Word 版),通过区局机要室报送 2. 国家气象业务内网(Word 版或者 PDF 版)http://10.1.64.154/datain/WEB/Word/index.html 3. 气象政务管理信息系统(PDF 版)http://10.1.65.64/ 4. 服务中心(Word 版),共享方式:\\10.216.30.37\DataService\MSO_PMSC_QH 5. 决策服务信息共享平台(10.1.64.187)
季气候影响评价	同月气候影响评价
年气候影响评价	同月气候影响评价,此外需要在气象政务管理信息系统的政务公开模块发布

第 4 条渠道(服务中心)产品名称示例:

MSP3_XZ-CC_CLCAP_ME_L88_XZ_YYYYMMDD0000_M0001_M0000.DOC(月)

MSP3_XZ-CC_CLCAP_ME_L88_XZ_YYYYMMDD0000_S0001_S0000.DOC(季)

MSP3_XZ-CC_CLCAP_ME_L88_XZ_YYYYMMDD0000_Y0001_Y0000.DOC(年)

其他渠道产品名称示例:

2020 年 3 月西藏自治区气候影响评价(月)

2020 年春季西藏自治区气候影响评价(季)

2020 年西藏自治区气候影响评价(年)

2.1.2　产品制作流程

(1)资料来源

①气温、降水、日照数据通过西藏气象业务一体化平台(10.216.47.211)获取,若存在异常值,可与 CMISS 气象数据统一服务接口(http://10.216.89.55/cimissapiweb/)或当地台站进行核实。

②灾情资料从气象灾害管理系统获取,根据产品的不同统计时段对各条资料进行归类、汇总。

③日极值数据从发布的极端气候事件监测快报中获取,根据产品的不同统计时段进行汇总,月极值数据通过西藏气象业务一体化平台获取。

④气候对各行业的影响评价中涉及农业、植被、人体健康以及大气污染四个方面。气候对农业的影响由生态与农业气象研究室提供;气候对植被的影响由遥感监测室提供;气候对人体健康影响数据由拉萨市气象局提供;大气污染数据由灾防中心提供。

⑤气候趋势预测结果由气候预测室提供。

(2)产品制作

分析本月、季、年的气温、降水、日照时数的空间分布基本特征;计算气温、降水、日照基本要素与 30 年气候平均值的距平,并做出偏高(低)的判断;结合分析本月、季、年的气候状况对灾害进行评估;专题影响评价以评价气候对各行业影响为主;根据后期气候预测给出基本建议。

(3)产品签发

按照各类产品要求的时间节点,由主班撰稿、副班协助、首席审核、领导签发。

(4)产品发送

气候影响评价产品经过审核和签发后,根据规定(见气候影响评价产品发送渠道)发送指定服务单位。

(5)月影响评价产品示例(略)。

2.2 气象干旱监测周报

干旱指因一段时间内少雨或无雨,降水量较常年同期明显偏少而致灾的一种气象灾害。衡量一个地区是否发生旱灾非常复杂,它与许多因素有关,如降水、蒸发、气温、土壤底墒、灌溉条件、种植结构,作物的抗旱能力以及工业和城市用水等。因而不同应用领域所定义的各类旱灾不尽相同,衡量干旱的指标也有区别。干旱主要分为以下四类:一是气象干旱,指某时段内,由于蒸发量和降水量的收支不平衡,水分支出大于水分收入而造成的水分短缺现象。二是农业干旱,在作物生育期内,由于土壤水分持续不足而造成的作物体内水分亏缺,影响作物正常生长发育,进而导致减产或失收的现象。三是水文干旱,由于降水的长期短缺而造成某段时间内,地表水或地下水收支不平衡,出现水分短缺,使江河流量、湖泊水位、水库蓄水等减少的现象。四是社会经济干旱,由自然系统与人类社会经济系统中水资源供需不平衡造成的异常水分短缺现象。在以上四类干旱中,气象干旱是一种自然现象,最直观的表现在降水量的减少,是其他三种类型干旱的基础。当气象干旱持续一段时间,就有可能发生农业、水文和社会经济干旱,并产生相应的后果。经常是在气象干旱发生几周后,土壤水分不足导致农作物受旱才表现出来。几个月的持续气象干旱才导致江河径流、水库水位、湖泊水位、地下水位下降,出现水文干旱。当水分短缺影响到人类生活或经济需水时,就发生社会经济干旱。

2.2.1 气象干旱指数

《气象干旱等级:GB/T 20481—2017》(全国气候与气候变化标准化技术委员会,2017)中定义了降水距平百分率(precipitation anomaly in percentage,PA)、相对湿润度指数(relative moisture index,MI)、标准化降水指数(standardized precipitation index,SPI)、标准化降水蒸散指数(standardized precipitation evapotranspiration index,SPEI)、帕尔默干旱指数(Palmer drought severity index,PDSI)以及气象干旱综合指数(meteorological drought composite index,MCI)等六种干旱指数,并给出了计算方法。根据该标准,各省(区、市)结合当地气候状况对相关参数进行订正,制定符合本地区的气象干旱标准。目前,西藏自治区气象干旱监测业务使用本地化的降水距平百分率(PA),其他干旱指数的地方标准尚在制定中。

(1)降水距平百分率

降水距平百分率(precipitation anomaly in percentage,PA)是用于表征某时段降水量较常年值偏多或偏少的指标之一,能直观反映降水异常引起的干旱,一般适用于半湿润、半干旱地区平均气温高于10℃的时间段干旱事件的监测和评估。依据降水距平百分率(PA)划分的干旱等级见表2.3。

表 2.3　降水距平百分率干旱等级划分表

等级	类型	降水距平百分率(月尺度)(%)	
		GB/T 20481—2017	业务标准
1	无旱	$-40<PA$	$-25<PA$
2	轻旱	$-60<PA\leqslant-40$	$-50<PA\leqslant-25$
3	中旱	$-80<PA\leqslant-60$	$-75<PA\leqslant-50$
4	重旱	$-95<PA\leqslant-80$	$-95<PA\leqslant-75$
5	特旱	$PA\leqslant-95$	$PA\leqslant-95$

(2)降水距平百分率计算原理和方法

降水距平百分率反映某一时段降水量与同期平均状态的偏离程度，按式(2.1)计算：

$$PA=\frac{P-\bar{P}}{\bar{P}}\times 100\% \tag{2.1}$$

式中：PA 是某时段降水量距平百分率，单位：%；P 是某时段降水量，单位：mm；$\bar{P}$ 是计算时间段同期气候平均降水量，单位：mm，按式(2.2)计算：

$$\bar{P}=\frac{1}{n}\sum_{i=1}^{n}P_i \tag{2.2}$$

式中：n 一般取 30，指 30 年；P_i是第 i 年计算时段降水量，单位：mm。

2.2.2　业务产品内容与发布

(1)业务内容

利用降水距平百分率划分西藏 38 站气象干旱等级，对结果进行插值，生成全区气象干旱等级图，并结合气象干旱等级图进行分析，作为西藏气象干旱周报的监测内容之一(遥感监测结果由遥感监测室制作)。气象干旱监测时间为每年 4 月 1 日至 9 月 30 日。

(2)产品及发布时间

产品名称为“西藏气象干旱监测周报”，4 月 1 日至 9 月 30 日期间，每周一上午 12 时之前发布上一周的监测结果。

(3)产品发送渠道

①气象政务管理信息系统(PDF 版)，地址：http://10.1.65.64/，产品名称示例：西藏气象干旱监测周报(2020 年第 1 期).PDF

②服务中心(Word 版)，共享方式：\\10.216.30.37\DataService\MSO_PMSC_QH，产品名称示例：MSP3_XZ-CC_CLDM_ME_L88_XZ_YYYYMMDD0000_D0001_D0000.DOC

2.2.3　产品制作流程

(1)资料来源

目前业务中通过本地开发的“干旱监测”软件计算降水距平百分率，资料来源为每日从信息网络中心传输的 20—20 时降水实况数据。目前，新开发的“气候监测与评估自动化系统”在业务试运行阶段，该系统通过读取 CMISS 资料计算降水距平百分率，试运行结束后取代原有的“干旱监测”软件。

(2)产品制作

根据前30天的降水距平百分率计算结果以及干旱等级划分表将各站点气象干旱分为无旱、轻旱、中旱、重旱和特旱5个等级，分析气象干旱的区域分布情况并与上周结果进行比较，指出气象干旱的发生、发展、缓解、解除等情况。

(3)产品签发

按照气象干旱产品要求的时间节点，由主班撰稿、副班协助、首席审核、领导签发。由于存在气象干旱和遥感监测旱情两部分内容，气候监测评估室与遥感监测室主班轮流统稿，并由负责统稿的科室首席审核。

(4)气象干旱监测产品示例(略)。

2.3 雨季监测周报

西藏自治区雨季监测执行《中国雨季监测指标　西南雨季：QX/T 396—2017》(全国气候与气候变化标准化技术委员会，2018)。一般而言，11月—翌年4月是西南地区的干季，降水稀少；而5—10月是西南地区的湿季，受西南夏季风的影响，降水集中，大部分地区该时段的降水占年降水总量的80%左右。初夏5月是西南大部分地区农作物栽种的关键时期，雨季开始早晚直接关系到农业生产。因此，提高雨季开始、雨季结束、雨季长度、雨季降水、雨季降水强度的预测和监测能力，对与农作物栽种安排和政府决策等均有十分重要的实际意义。

2.3.1 雨季监测站点以及雨季开始、结束日期

选取5—10月降水量超过全年降水量80%的站点作为西藏雨季监测站点，31站符合该标准。西藏雨季监测站点名称及各站常年雨季开始、结束日期见表2.4。

表2.4 西藏雨季监测站点及常年雨季开始、结束日期(1981—2010年)

序号	站号	站名	雨季开始期	雨季结束期
1	55279	班戈	6月4日	10月6日
2	55294	安多	6月4日	10月5日
3	55299	那曲	6月1日	10月8日
4	55472	申扎	6月10日	10月3日
5	55493	当雄	6月4日	10月3日
6	55569	拉孜	6月14日	10月2日
7	55572	南木林	6月14日	10月1日
8	55578	日喀则	6月15日	10月1日
9	55585	尼木	6月13日	10月3日
10	55589	贡嘎	6月12日	10月2日
11	55591	拉萨	6月6日	10月2日
12	55593	墨竹工卡	6月5日	10月1日
13	55598	泽当	6月2日	10月3日
14	55664	定日	6月30日	10月2日

续表

序号	站号	站名	雨季开始期	雨季结束期
15	55680	江孜	6 月 14 日	10 月 2 日
16	55681	浪卡子	6 月 14 日	10 月 3 日
17	55696	隆子	6 月 14 日	10 月 5 日
18	55773	帕里	5 月 31 日	10 月 6 日
19	56106	索县	5 月 21 日	10 月 9 日
20	56109	比如	5 月 23 日	10 月 8 日
21	56116	丁青	5 月 23 日	10 月 13 日
22	56128	类乌齐	5 月 27 日	10 月 11 日
23	56137	昌都	5 月 27 日	10 月 10 日
24	56202	嘉黎	5 月 17 日	10 月 7 日
25	56223	洛隆	5 月 14 日	10 月 15 日
26	56228	八宿	6 月 3 日	10 月 8 日
27	56307	加查	6 月 4 日	10 月 4 日
28	56312	林芝	5 月 16 日	10 月 10 日
29	56331	左贡	6 月 8 日	10 月 5 日
30	56342	芒康	6 月 6 日	10 月 5 日
31	55597	琼结		

注:琼结站 1981—2010 年数据不全。

当监测区域内有 60%监测站(19 站)达到单站雨季开始、结束日期标准,即为区域雨季开始、结束的日期。1981—2010 年全区雨季开始、结束日期见表 2.5。

表 2.5　西藏雨季开始、结束日期

年份	雨季开始期	雨季结束期
1981	6 月 22 日	9 月 27 日
1982	6 月 8 日	9 月 21 日
1983	6 月 27 日	10 月 2 日
1984	6 月 9 日	9 月 22 日
1985	6 月 15 日	10 月 6 日
1986	6 月 3 日	10 月 17 日
1987	6 月 28 日	10 月 11 日
1988	6 月 15 日	9 月 27 日
1989	6 月 24 日	10 月 5 日
1990	5 月 25 日	10 月 12 日
1991	6 月 6 日	9 月 24 日
1992	6 月 22 日	9 月 23 日
1993	6 月 6 日	10 月 3 日
1994	6 月 5 日	9 月 22 日

续表

年份	雨季开始期	雨季结束期
1995	6 月 14 日	10 月 5 日
1996	6 月 4 日	10 月 5 日
1997	6 月 16 日	10 月 6 日
1998	6 月 22 日	10 月 9 日
1999	6 月 12 日	10 月 1 日
2000	5 月 2 日	9 月 23 日
2001	5 月 24 日	10 月 9 日
2002	6 月 13 日	10 月 13 日
2003	6 月 7 日	9 月 26 日
2004	5 月 21 日	10 月 13 日
2005	6 月 17 日	10 月 25 日
2006	5 月 2 日	10 月 4 日
2007	6 月 7 日	9 月 2 日
2008	5 月 18 日	9 月 25 日
2009	6 月 25 日	10 月 9 日
2010	6 月 18 日	9 月 29 日
气候平均	6 月 8 日	10 月 2 日

2.3.2 雨季监测标准

(1)单站雨季开始阈值

5 天滑动累积降水量与 5—10 月候降水量的气候平均值之比,按式(2.3)计算。

$$K_1 = R/\bar{R}_1 \tag{2.3}$$

式中:K_1为单站雨季开始阈值,R 为 5 天滑动累积降水量,单位:mm,$\bar{R}_1$ 为 5—10 月候降水量的气候平均值,单位:mm。

(2)单站雨季结束阈值

5 天滑动累积降水量与 1—12 月候降水量的气候平均值之比,按式(2.4)计算。

$$K_2 = R/\bar{R}_2 \tag{2.4}$$

式中:K_2为单站雨季结束阈值;R 为 5 天滑动累积降水量,单位:mm;$\bar{R}_2$ 为 1—12 月候降水量的气候平均值,单位:mm。

(3)单站雨季开始日期

自 4 月 21 日开始,任意连续 20 天内出现两次单站雨季阈值(K_1)大于或等于 1,则将第一次出现时的 5 天中降水量首次大于 10 mm 的一天(如果日降水量未超过 10 mm,选择降水量最大的一天)确定为雨季开始日,雨季开始日所在的候为雨季开始候,具体判别方法如下。

自 4 月 21 日开始,到单站雨季开始阈值(K_1)大于或等于 1 的某一天为止,按下列步骤判断:

①$K_1 \geqslant 1$ 的 5 天中,降水量首次大于 10 mm 的一天(如果日降水量未超过 10 mm,选降水

量最大的一天)确定为雨季开始待定日;在之后的 15 天内又出现 $K_1 \geqslant 1$ 的情况,即将雨季开始待定日确定为雨季开始日,雨季开始日所在的候为雨季开始候。

②如果在之后的 15 天之内未再出现 $K_1 \geqslant 1$ 的情况,则重复步骤①,重新确定雨季开始待定日和雨季开始日。

③如果计算得到的雨季开始日期是 4 月 21 日之前,则逐日向前按步骤①推算符合雨季开始日标准日期。

注意:西藏天气气候较为复杂,需要考虑雨季开始日期站点的天气现象、平均气温。如果雨季开始日期站点平均气温低于 0 ℃,天气现象为雨夹雪等,则认为该站没有进入雨季,监测结果需要人为干预。

(4)单站雨季结束日期

自 9 月 21 日开始,任意连续 20 天内单站雨季结束阈值(K_2)均小于 1,则第一次出现时的当天确定为雨季结束日,雨季结束日所在的候为雨季结束候。具体判别方法如下:

自 9 月 21 日开始,到单站雨季开始阈值 $K_2 \leqslant 1$ 的某一天为止,按下列步骤判断:

①$K_2 \leqslant 1$ 的当天确定为雨季结束待定日,在之后的 15 天内未再出现 K_2 大于或等于 1 的情况,即将雨季结束待定日确定为雨季结束日,雨季结束日所在的候为雨季结束候。

②如果在之后的 15 天之内又出现 $K_2 \geqslant 1$ 的情况,则重复步骤①,重新确定雨季结束待定日和雨季结束日。

③如果计算得到的雨季结束日期是 9 月 21 日,则逐日向前按步骤①推算符合雨季结束日标准日期。

注意:如果个别站雨季结束期在 9 月 21 日之前,建议不要算雨季结束。此时,需要看大气环流(如季风),南亚高压撤出高原,季风撤退,大气环流转变以后,雨季才能稳定结束。这种情况下需要对监测结果进行人为干预。

(5)区域雨季开始和结束日期

根据(3)、(4)判断结果,当监测区域内有 60%监测站点达到单站雨季开始、结束的标准日期,即为区域雨季开始、结束日期。

(6)区域雨季长度

区域雨季开始日期至结束日期(含开始日期、不含结束日期)的总天数为区域雨季长度。

2.3.3 业务产品内容与发布

(1)业务产品内容

判断各站雨季开始日期、全区雨季开始日期、各站雨季结束日期、全区雨季结束日期,并与常年值比较,做出各站、全区雨季提前(推迟)具体天数的判断,以雨季周报形式发布,为农业生产及政府决策提供参考。

(2)产品及发布时间

产品名称为"西藏雨季监测周报",监测时间段为 4 月 21 日至全区雨季结束。监测时间段内,从第一个站进入雨季直到全区进入雨季,每周制作一期监测产品,如果周内没有新的站进入雨季,则无需发布。全区进入雨季以后,持续关注,直到全区雨季结束再次发布一期监测产品,期间无需发布。

(3)产品发送渠道

气象政务管理信息系统(PDF版),地址:http://10.1.65.64/,产品名称示例:西藏雨季监测周报(2020年第1期).PDF

2.3.4 产品制作流程

(1)资料来源

目前业务中通过本地开发的“雨季监测”软件判断各站雨季开始、结束日期,资料来源为每日从信息网络中心传输的20—20时降水实况数据。目前,新开发的“气候监测与评估自动化系统”在业务试运行阶段,该系统通过读取CMISS资料判断各站雨季开始、结束日期,试运行结束后取代原有的“雨季监测”软件。

(2)产品制作

根据软件计算结果,结合“雨季监测标准”中的注意事项,判断各站雨季开始日期、全区雨季开始日期、各站雨季结束日期、全区雨季结束日期,并与常年值比较,做出雨季提前(推迟)具体天数的分析。

(3)产品签发

按照雨季监测产品要求的时间节点,由主班撰稿、副班协助、首席审核、领导签发。

(4)西藏雨季监测周报产品示例(略)。

2.4 极端气候事件监测快报

《极端降水监测指标:QX/T 303—2015》(全国气候与气候变化标准化技术委员会,2015)、《极端低温监测指标:QX/T 302—2015》(全国气候与气候变化标准化技术委员会,2015)、《极端高温监测指标:QX/T 280—2015》(全国气候与气候变化标准化技术委员会,2015)中定义了极端阈值、极端日降水量、极端日高温、极端日低温、极端降水/气温重现期,并给出了计算方法。极端气候事件指气候的状态严重偏离其平均态,在统计意义上属于发生概率极小的事件,通常发生概率只占该类气候现象的10%或更低。气候变率和变化是由气候系统内部变率和外部强迫变化引起的,外部强迫包括自然外部强迫(如太阳辐射、火山活动)和人为强迫(如温室气体排放、土地利用变化),而平均态、极端值和变率都是气候的相关方面,所以影响平均气候的外部强迫通常导致极端值的变化。《中国气候变化蓝皮书(2020)》(宋连春 等,2021)显示,1961—2019年,中国极端强降水事件呈增多趋势,极端低温事件显著减少,极端高温事件自20世纪90年代以来明显增多。气候变化对我国诸多领域构成严峻挑战,气候风险水平趋高。做好极端气候事件监测对认识气候变化对青藏高原的影响、准确评估气候风险具有重要意义。

2.4.1 业务产品内容与发布

(1)业务内容

监测日最高(低)气温超历史同期极大(小)值以及年极大(小)值现象;监测日降水量超历史同期极大值以及年极大值现象。

(2)产品及发布时间

产品名称为“极端气候事件监测快报”,极端气候事件出现的次日发布(如周末数据无法核实,可推迟至下周一)。

(3)产品发送渠道

气象政务管理信息系统(PDF 版),地址:http://10.1.65.64/,产品名称示例:极端气候事件监测快报(2020 年第 1 期).PDF

2.4.2　业务制作流程

(1)资料来源

根据国家气候中心远程桌面"气象灾害风险管理系统"进行查询。"气候监测与评估自动化系统"也具有极端气候事件监测功能,可与前者查询结果进行参照,"气候监测与评估自动化系统"通过读取 CMISS 资料进行判断。

(2)产品制作

根据软件查询结果,与出现极端气候事件的气象站联系,核实极值是否一致,并查询该站的历史同期极大值(或年极大值)出现日期,在产品中以表格形式呈现。

(3)产品签发

按照极端气候事件监测快报要求的时间节点,由主班撰稿、副班协助、首席审核、领导签发。

(4)极端气候事件监测快报产品(略)。

第3章　气候预测

目前，短期气候预测业务的重要手段是动力与统计相结合的气候预测技术，自治区气象局从2006年气候中心重组后设立了短期气候预测室，主要开展全区月、汛期、今冬明春及不定期气候预测业务服务。短期气候预测业务经历了从经验预测、统计方法预测到动力与统计相结合方法的三个发展阶段。气候模式预测也正成为气候预测能力持续提高的重要手段。现阶段短期气候预测室已完善延伸期—月—季—年的气候预测业务，初步实现了天气到气候的无缝隙客观化气候预测。

3.1　气候预测业务

3.1.1　预测内容

短期气候预测主要针对延伸期、月、季、年时间尺度的降水量及距平百分率、温度及距平、气候灾害等进行气候趋势预测，并发布预测产品。西藏自治区短期气候预测业务主要包括延伸期、月、季、汛期(5—9月)、今冬明春(10月—翌年4月)、年等时间尺度的日常气候预测，以及针对重大社会活动、政府相关决策部门的不定期根据用户需求提供未来气候预测服务产品。预测服务产品因服务对象和时间尺度的不同，关注重点有所不同。延伸期预测主要关注未来11～30天强降水、强降温天气过程及温度、降水趋势。月预测主要关注未来一个月温度、降水、气候灾害趋势。汛期关注干旱、洪涝等的趋势，重点关注主要农区、东部地区，冬季关注冷暖冬、低温、暴雪等的趋势，重点关注藏北一线、南部边缘地区。季节和年度预测主要关注温度、降水及气候灾害趋势。

3.1.2　预测思路

制作短期气候预测的物理基础支撑来自大气外强迫和大气内部动力两个方面的因子。现有的短期气候预测以经验和统计方法、物理因子和前兆信号结合的天气气候学分析的概念预测模型、动力-统计相结合的模式预测方法为主(黄嘉佑，2000；陈丽娟和李维京，2000；秦大河，2003；李崇银 等，2005；杜军，2005；魏凤英 等，2015；姜冬梅，2007)。西藏地区气候预测主要通过分析海洋、陆地和冰雪等外强迫因子、大气环流因子的异常及其之间的相互关系，分析这些因子影响西藏自治区气候的机理，提取对预测有价值的强信号，采用统计分析、模式产品释用等方法(翟盘茂 等，2009；张家城，2011；钱维宏，2012)，参考国家气候中心有关指导产品，形成延伸期、月、季、年等不同时间尺度的气候趋势预测产品。

3.1.3　业务流程

根据国家气候中心的指导产品，在数据应用和分析处理的基础上，制作延伸期—月—季—年尺度气候预测以及不同需求的气候预测，发布针对不同时段、不同性质、不同灾种和不同对象的预测产品。气候预测工作流程主要包括：资料收集处理、预测制作、预测会商、产品发布、结果评定及技术总结等几个方面。西藏短期气候预测业务工作流程见图 3.1。

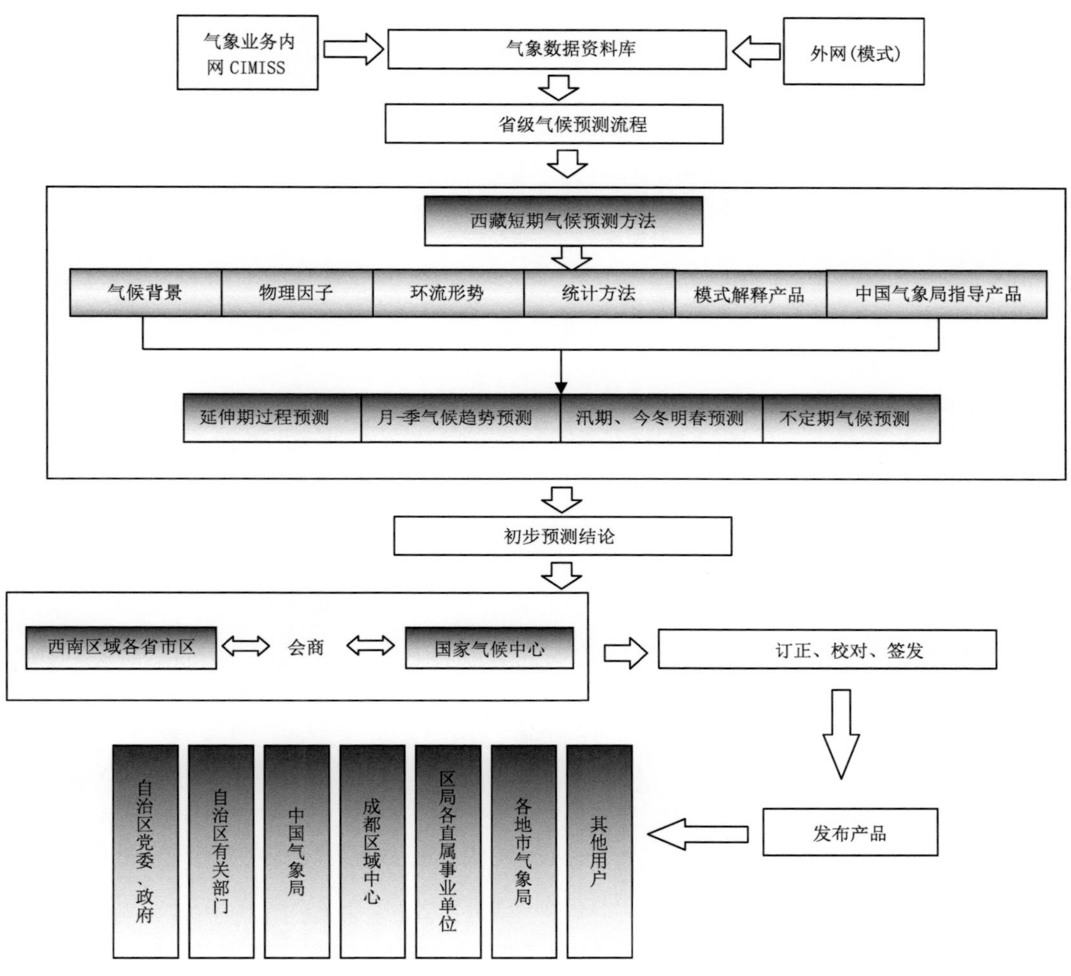

图 3.1　西藏短期气候预测业务工作流程

(1)资料收集处理

为保证气候预测业务正常运行，同时满足气候服务的需要，主要收集以下数据：实况观测资料(地面气温、降水)：西藏自治区 38 个国家气象观测站温度、降水、逐月资料，来源于西藏自治区气象信息与技术保障中心；NCEP/NCAR 逐月再分析数据；国家气候中心下发的气候系统环流监测指数集；本地化的动力与统计集成的季节气候预测系统(FODAS)和多模式解释应用集成预测系统(MODES)运行所需的数据；国家气候中心下发的 DERF2.0 模式产品和次季节-季节(S2S)多模式预测图形产品，美国 CFS 模式和欧洲中心 SYSTEM4 模式产品资料等。

(2)产品制作

业务值班人员通过分析全区在指定预测时段的气候背景，运用本地建立的智能气候预测系统、CIPAS、FODAS、MODES系统等客观化预报方法，再参考国内外各类模式对预测时段的预测结果，同时通过对前期和同期影响本地气候的外强迫、环流等各种物理强信号的分析，采用多种预测分析技术相结合的方法，初步形成未来气候趋势预测结果，再会商讨论。

(3)预测会商

会商的种类主要包括常规的延伸期—月—季—年、汛期及其滚动预测会商、专项预测服务会商、月气候监测预测技术总结会商等。其中汛期、年度预测会商主要采用现场会议的形式，其他预测会商一般采用视频或电话会商形式。汛期、冬季值班预报员与西南区域气象中心各省(区、市)预报员及专家进行会商，形成区域气候趋势的初步预测意见，西南区域气象中心预报员参加全国的气候趋势预测会商并对预测产品进行订正，最终形成预测服务产品提交领导签发。延伸期、月及不定期预测值班预报员主要采用电话会商的方式，与国家气候中心及本区域中心值班预报员会商后，形成决策服务产品提交领导签发。

(4)产品发布

气候预测产品主要包括延伸期、月、汛期、冬季气候趋势，春运气候趋势、重大活动、不定期趋势预测等，其中延伸期预报和月气候趋势预测产品的发布方式根据业务要求和服务需求的不同有所不同：延伸期产品主要在气象部门各级相关单位内部交流应用，不定期趋势预测产品主要为自治区政府分管主席、防汛抗旱办公室等政府预报部门用于决策服务；月、汛期、冬季气候趋势预测产品除在气象系统内部交流应用外，还会以公文交换和电子文档的形式服务于政府和相关部门，相关产品在自治区防汛抗旱办工作会及全区自然灾害趋势会上发言，供政府决策参考；春运、重大活动、气象灾害及其次生灾害、专题服务等预测产品主要以电子文档的形式服务于政府和相关部门。西藏自治区气候中心现有的气候预测业务服务产品见表3.1。

表3.1 预测业务服务产品表

序号	产品名称	完成时间	文件格式	发布方式	发送单位
1	延伸期预报	每月末前	Word文档	政务网平台	气象部门各级相关单位
2	月气候趋势预测	月末前1天	Word文档、纸质	公文交换、邮寄、网络、政务网平台	区党委宣传部、区发改、区自然资源厅、生态环境厅、区民政厅、区水文局、区农业农村厅、国网西藏电力有限公司、区交通厅、区住建厅、区卫生健康委、区广电局、区应急管理厅、区经信厅、民航西藏区局、区公安厅、区林业和草原局、区水利厅、西藏消防救援总队、西藏自治区出入境边防检查总站。气象部门各级相关单位。
3	汛期(5—9月)气候趋势预测	每年3月中下旬	Word文档、纸质		
4	今冬明春(10月—翌年4月)气候趋势预测	每年9月中下旬	Word文档、纸质		
5	春运、重大活动、专题服务等气候趋势预测	不定期	Word文档	网络、纸质	按需提供

(5)结果评定

在预测时段结束后对预测结果进行质量评定。目前中国气象局规定质量评定及考核的项目是延伸期预报、月气候预测、夏季气候预测。其中，月、季节气候预测中降水、气温要素趋势预测结果的考核评定按照气预函〔2013〕98 号文《月、季气候预测质量检验业务规定的通知》进行评定，延伸期强降水过程预测按照气预函〔2013〕43 号文《月内强降水过程预测业务规定(试行)》的通知》进行评定；强降温预测目前按照气预函〔2014〕96 号文(预报司关于印发《月内冷空气强降温过程预测业务规定(试行)》的通知)进行评定；高温过程预测按照气预函〔2017〕37 号《预报司关于开展延伸期高温过程预测业务试验的通知》进行评定。完成评定后预测人员需对上一阶段的预测工作进行技术总结。月气候预测技术总结主要针对每月气候预测模式产品检验评估、主要影响因子、影响系统预测以及业务预测结论正误等方面进行分析总结交流，凝练科学问题，提出预测着眼点和技术措施。

3.1.4　产品种类与内容

(1)月/汛期(今冬明春)气候趋势预测

1—12 月每月月底由当月业务主班发布下月气候趋势预测产品。其中，3 月底、9 月底发布汛期(当年 5—9 月)、冬季(10 月—翌年 4 月)气候趋势预测产品。月气候趋势预测内容包括前期(上个月)气候特征、未来一月气候趋势预测、生产建议；汛期(当年 5—9 月)气候趋势预测中包括前期(去冬今春)气候概况、当年 5—9 月气候趋势预测内容。冬季(10 月—翌年 4 月)气候趋势预测中包括当年汛期气候概况、当年冬季气候趋势预测与次年春季气候趋势预测内容。月/季气候趋势预测产品是预测业务产品的核心，该产品定期呈报至党委宣传部、区发改委、区自然资源厅、生态环境厅、区民政厅、区水文局、区农业农村厅、国网西藏电力有限公司、区交通厅、区住建厅、区卫生健康委、区广电局、区应急管理厅、区经信厅、民航西藏区局、区公安厅、区林业和草原局、区水利厅、西藏消防救援总队、西藏自治区出入境边防检查总站，为相关部门、决策部门提供具有针对性的科技支撑依据，切实做到防灾减灾。另一方面，该产品也是中国气象局对各省(区、市)气候中心预测能力考察的重点，因此做好月/季气候趋势预测是气候中心预测室的首要任务。

(2)延伸期气候趋势预测

每月末由业务主班发布未来 11～31 天气候趋势预测产品。延伸期气候趋势预测产品包括未来 11～31 天主要降温、降雨天气过程。延伸期预测是目前气候预测业务中的难点，也是公众及相关决策部门关注的重点，尤其是强降温、强降雨过程对防灾减灾提前部署具有重要参考意义。

(3)特殊时段预测

特殊时段预测包括春运期间气候趋势预测、各类重大活动的趋势预测。春运期间气候趋势预测由业务主班于 1 月中旬发布，其中包括前期的气候特点和当年春运期间短期气候趋势预测(总趋势、气温预测、降水预测、春运期间降温降雨(雪)天气过程预报、影响及建议)；除此之外，还有不定期决策服务产品，主要针对政府需求制作相关区域的延伸期以上的预测产品。

3.1.5　岗位设置及职责

为进一步规范各业务值班人员职责范畴及工作步骤，气候预测业务设置首席岗、主班岗、副般岗三类岗位。主要职责如下：

气候预测首席岗：负责全区所有常规和临时性材料、重要时段各类预报、预测会商及技术把关；主持预测会商，指导主班进行预测工作；参加重要季节值班工作；负责签发预报预测产品及决策服务材料；负责新闻媒体相关内容的采访工作；承担本专业业务发展规划的制定。

气候预测主班岗：负责本室所有常规和临时性材料编写；重要时段和转折性气候会商及预测的发言；参加各类业务值班工作；审核预测预报产品及决策服务材料；协助首席订正预测预报结论。

气候预测副班岗：协助主班完成资料收集、处理工作，辅助主班进行预测工作，协助主班完成所有常规和临时性材料编写，参加各类气候会商，做好业务值班的技术支持和其他相关辅助工作。

以上所有岗位均需参与业务值班，制作、发布西藏地区月/季/延伸期预报预测产品。

3.2 业务系统

目前在短期气候预测业务中，常用的主要业务系统有 CIPAS(Climate Inactive Plotting and Analysis System 气候信息交互显示与分析系统)、MODES(Multi-Model Downscaling Ensemble System -多模式解释应用集成预测系统)、中国多模式集合预测系统(CMME)v1.0 和 S2S(次季节-季节多模式预测产品可视化系统)。除此以外，还有西藏自治区气候中心开发的本地化短期气候预测系统，下面就主要系统进行介绍。

3.2.1 气候信息交互显示与分析系统(CIPAS)

CIPAS 是由国家气候中心开发的集约化业务系统，主要面向国家级和省级气候中心业务科研人员，实现的功能有气候与气候变化监测、预测、预测产品检验、预测产品制作、在线交互式分析等核心业务。该系统系统页面展示“监测”“预测”“交互分析”等各模块的统一界面。气候监测业务主要实现全球极端气候事件、全球大气环流、全球海洋、全球陆面过程、中国生态气候环境以及气候物理诊断量等的实时滚动、多维度监测。气候监测功能模块主要包括全球海洋监测、全球大气环流监测、极端气候事件监测、中国生态气候环境监测、陆面状况监测、气候物理诊断量监测、气候变化监测公报业务(表 3.2)。气候预测业务主要有多模式集成、动力统计、专项气候、气候现象、气候事件、预测产品检验等模块。交互分析基于多源实况观测资料、再分析资料和多模式数值资料等，借助于地理信息、图形制作、报表制作等工具实现智能化产品交互制作。

表 3.2 监测模块内容

业务类别	业务内容	业务数量
全球大气环流	对流层环流和特征量监测、平流层过程监测、亚洲季风系统监测	60
全球海洋	全球海表温度监测、太平洋监测、印度洋监测、大西洋监测	28
陆面状态	南北极海冰范围监测、北半球积雪覆盖监测、中国积雪深度监测、土壤温度湿度监测	40
生态气候环境	植被状况监测、湖泊状况监测、生态环境状态监测、生态环境影响因子监测	11

续表

业务类别	业务内容	业务数量
(极端)气候事件	全球气温降水监测、中国单站极端气候事件监测、全球单站极端气候事件监测、中国和全球区域性过程性极端事件监测	108
物理量诊断	大气加热视热源 Q_1、视水汽源 Q_2、温度平流、850 hPa 水汽通量、850 hPa 通量散度、整层水汽通量、整层通量散度、大气静力稳定度、罗斯贝波通量、E-P 通量及散度	20
诊断分析	气候数据检索显示、气候数据在线分析(时间序列相关分析、时间序列与空间场序列的相关分析、空间场与空间场的相关分析、合成分析、主分量分析、相似检索)	7
气候变化监测公报	气温变化监测、降水变化监测、全要素变化监测、天气现象变化监测、台风变化监测、干旱变化监测、积雪变化监测、海冰变化监测、水资源变化监测、牧场变化监测、生态环境变化监测	53

(1)监测模块

用户登录成功后,进入系统首页,默认显示“监测”菜单。

产品条件中包含:时间尺度(如日尺度、月尺度、候尺度、季尺度、任意时间段等)、时间条件、数据来源、高度层、统计条和地区范围选择等,如图 3.2 所示。

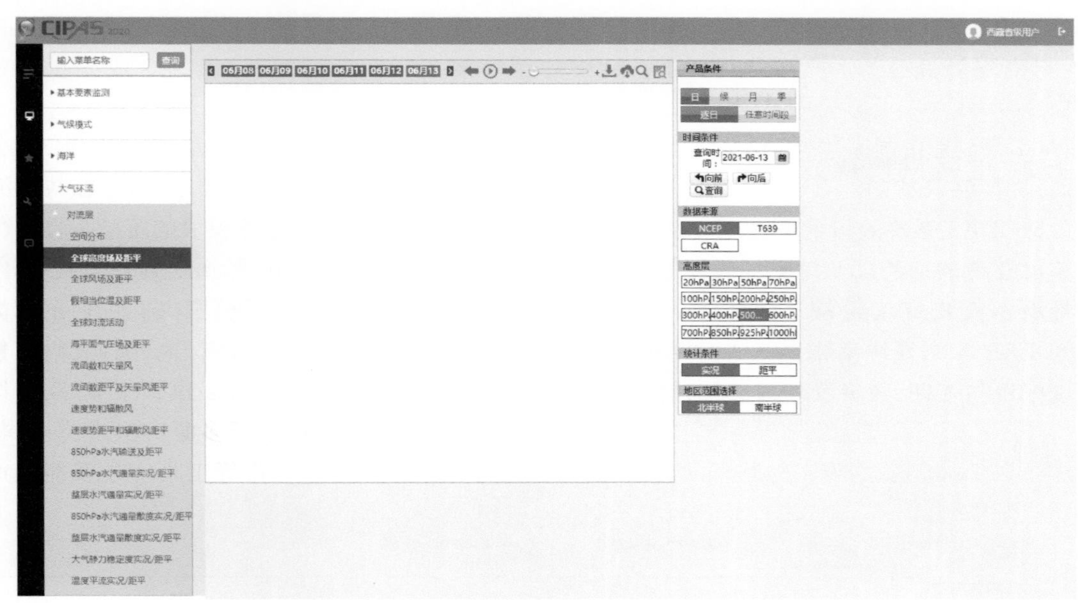

图 3.2　环流监测界面图

(2)预测模块

点击“预测”菜单,进入预测系统界面。

预测模块中所包含的内容如表 3.3 所示。

表 3.3 预测模块中一级菜单和二级菜单的内容

一级业务	二级业务	个数
多模式集成	多模式集合	3
动力-统计集成	常规业务预测	5
专项气候预测	季节内过程预测	4
	初霜冻和终霜冻日期预测	6
	春季沙尘日数监测预测	4
	春季早稻播种气候条件预测	9
	台风预测	5
气候现象预测	气候现象预测	7
气候事件预测	南海夏季风爆发	1
预测产品检验	常规业务产品检验	4

(3)交互分析模块

点击“交互分析”菜单，进入交互分析系统界面，该系统包括预测产品制作和交互诊断分析。

系统可以制作的产品有降水距平百分率预测图，根据降水距平反演降水量预报图，气温距平预测图，根据气温距平反演平均气温预报图，并生成报文。

点击“交互诊断分析”菜单，页面切换至交互诊断分析画面，交互诊断分析包含有合成分析、相关分析、EOF 分析、线性回归分析、奇异值分解五个业务，默认显示为合成分析制作画面。

3.2.2 多模式解释应用集成预测系统(MODES)

MODES 系统的目的是在已有基础上结合省级用户对多模式气候预测产品的不同需求，基于可获得的国外以及国家气候中心的气候模式季节预测的解释应用集成预测平台和软件，并推动多模式气候预测产品解释应用系统省级的升级及建设与应用。目前系统版本为 MODES1.2.2，系统整体界面如图 3.3 所示，系统总共包括三大模块的内容，从下往上依次是系统配置与管理、数据管理与更新、气候/预测/分析。

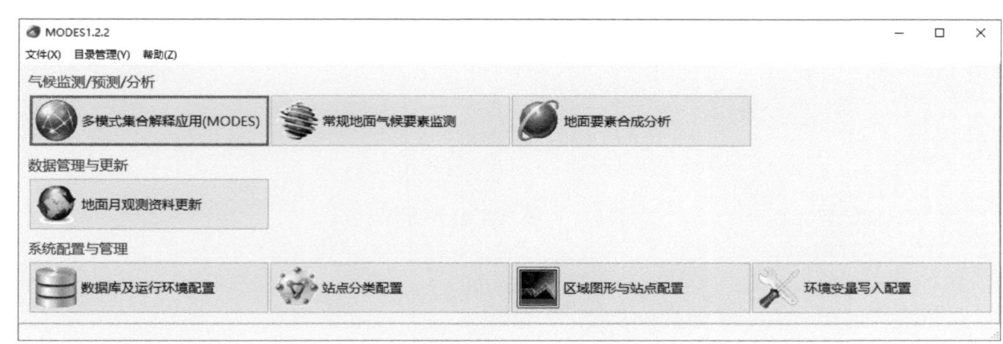

图 3.3 MODES 系统界面

(1)系统配置与管理

该模块为系统运行前的一些配置准备工作,包括数据库及运行环境配置、站点分类配置、区域图形与站点配置、环境变量写入配置。

(2)数据管理与更新

该模块为地面月观测资料的更新功能,包括 CIPAS 月观测数据存放位置(FTP)的设置、MUMON 文件本地存放位置的设置,同时包括下载、追加 MUMON 数据功能。

(3)气候/预测/分析

该模块为整个系统的重点部分,包括常规地面气候要素(如降水、气温等)的监测及其合成分析,以及多模式气候资料的降尺度和集合预报功能。

“多模式集合解释应用(MODES)”模块主要实现多模式的预报、诊断、评估工作。选取国家气候中心 NCC、美国 NCEP、欧洲 ECMWF 等的模式产品数据,基于本地气候要素(如降水、气温等)聚类分区的多模式产品进行降尺度预报,可供选择的降尺度方法有区域分区因子提取回归法、BP-CCA、EOF 迭代法等降尺度方法,再根据模式降尺度产品进行集合预测,可供选择的集合方法有算术平均集合法、距平符号最优集合法和超级集合法。利用相关相似和差异性 T 检验方法对多模式产品做分析评估,得出模式预测回报效果好的区域,利用独立样本检验法对多模式气候预测产品解释应用系统降尺度方法和集合方法进行回报检验,最终提供单方法、集成方法和最优集成方法 3 类预测和距平符号一致率验证、距平相关系数验证和逐年回报验证等检验产品。在主界面中点击“多模式集合解释应用(MODES)”按钮模块的整体界面如图 3.4 所示。

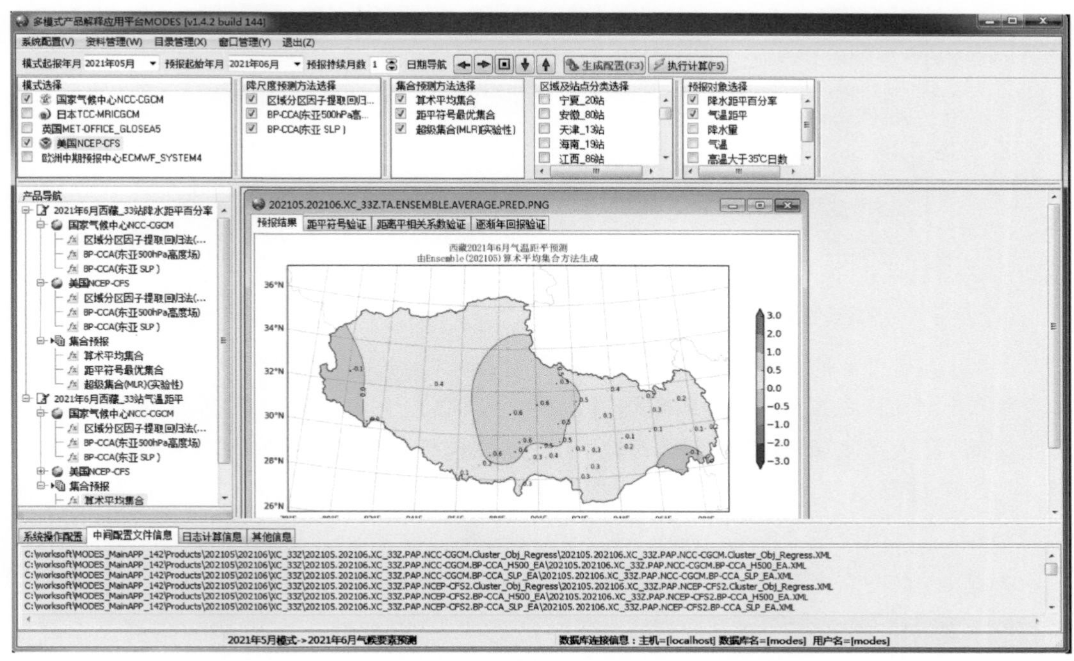

图 3.4　“多模式集合解释应用”界面展示

3.2.3 次季节-季节多模式预测产品可视化系统(S2S)

次季节-季节(subseasonal to seasonal,S2S)多模式预测产品可视化系统使用全球 11 个中心交换的 S2S 气候模式数据,制作中国、欧洲中心、美国等国家 S2S 气候模式未来 5～30 d 的候、周、旬尺度全球及区域、地面和高空多种要素气象预测可视化产品图。为方便用户使用 S2S 模式数据,国家气象业务内网发布 S2S 多模式预测产品专栏,该专栏展示次季节-季节多模式预测产品可视化系统所生产的预测图形产品,提供实时预报数据下载,用户可查看最新的预报产品图,登录并获取最新的实时预报数据文件。

(1)系统使用说明

国省业务用户可通过如下地址访问国家气象业务内网发布的 S2S 模式产品专栏:

http://10.1.64.154/s2s/

①页访问

主页面(图 3.5):右侧的缩略图按照要素和产品类型分类排列,左侧功能区可按照产品、要素、中心、区域四个维度进行筛选,选择定位具体产品。

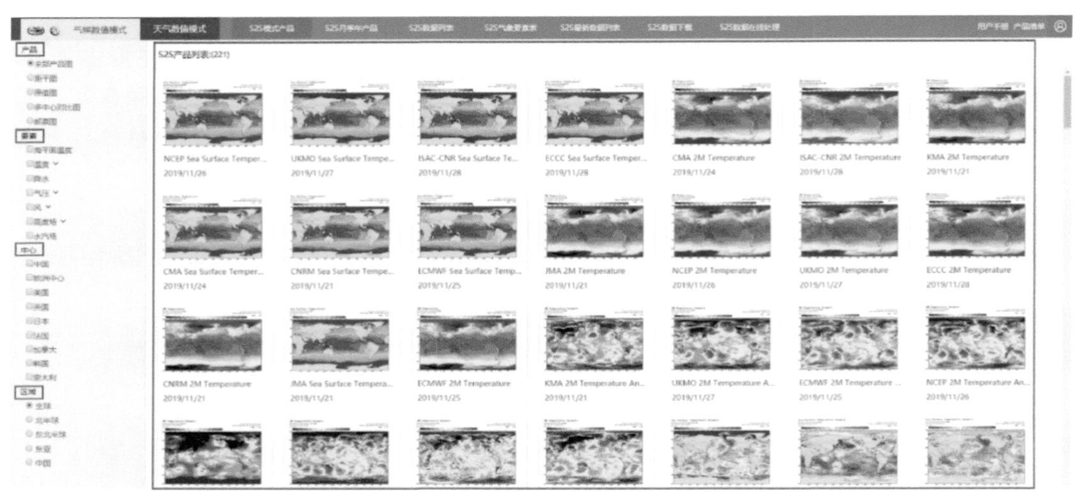

图 3.5 S2S 系统界面

产品对比:通过不同维度的选择,可进行图形产品的对比。

详细展示页面(图 3.6):点击缩略图进入展示页面,左上角为产品图名称,通过下拉框选择起报时间,可选择区域、层次中间为产品图,产品图包括名称、数据产生中心、数据起报时间、区域、时效、单位等信息,下侧预报时效可按照候(5 d)、周(7 d)、旬(10 d)展示未来 30 d 的均值预测;右上角提供图形下载,登录后可进行数据下载。

用户登录:点击右上角 ⓐ 登录获取数据下载权限,登录后可点击 ⊖ 退出数据下载权限。

数据下载:用户登录后,可通过下载界面下载数据文件,数据文件为 grib 格式。在线提供的数据下载为实时预报数据文件,回算数据文件获取通过离线服务提供(图 3.7)。

②数据文件名规则

S2S 文件命名规则如下:

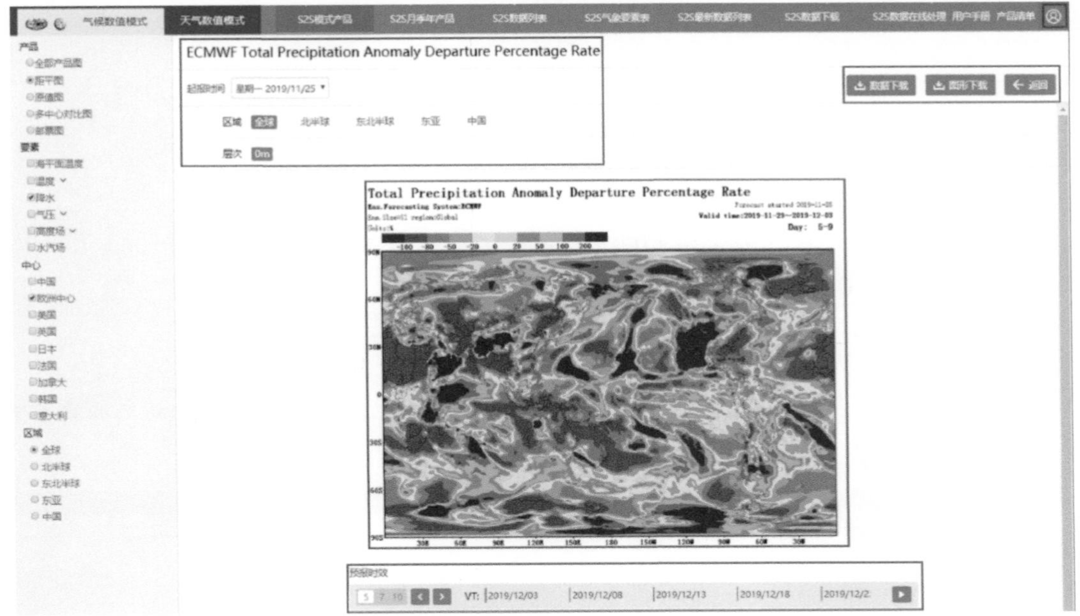

图 3.6　S2S 系统产品展示界面

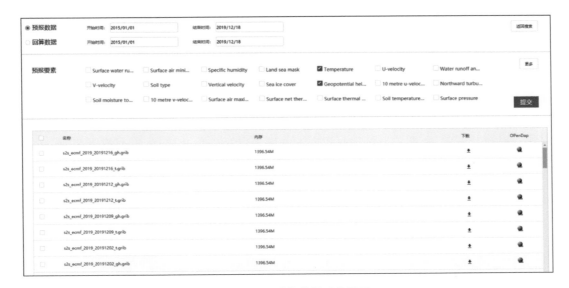

预报数据　开始时间：2015/01/01　结束时间：2019/12/18　返回搜索
回算数据　开始时间：2015/01/01　结束时间：2019/12/18

预报要素　Surface water ru...　Surface air mini...　Specific humidity　Land sea mask　Temperature　U-velocity　Water runoff an...　更多
V-velocity　Soil type　Vertical velocity　Sea ice cover　Geopotential hei...　10 metre u-veloc...　Northward turbu...
Soil moisture to...　10 metre v-veloc...　Surface air maxi...　Surface net ther...　Surface thermal ...　Soil temperature...　Surface pressure　提交

名称	内存	下载	OPenDap
s2s_ecmf_2019_20191216_gh.grib	1396.54M		
s2s_ecmf_2019_20191216_t.grib	1396.54M		
s2s_ecmf_2019_20191212_gh.grib	1396.54M		
s2s_ecmf_2019_20191212_t.grib	1396.54M		
s2s_ecmf_2019_20191209_gh.grib	1396.54M		
s2s_ecmf_2019_20191209_t.grib	1396.54M		
s2s_ecmf_2019_20191202_t.grib	1396.54M		
s2s_ecmf_2019_20191202_gh.grib	1396.54M		

图 3.7　S2S 系统数据下载界面

s2s_[centre]_{yearOfCycle}_[dataDate]_{shortName}. grib

s2s 为固定代码，表示 s2s 数据产品；

[centre]为模式中心代码；

{yearOfCycle}为数据产品生成年份

[dataDate]为数据文件起报时间；

{shortName}为要素名简称；

实时预报：{yearOfCyle}=[year] of [dataDate]

回算预报：{yearOfCyle}>[year] of [dataDate]

(2)数据情况说明

①S2S 可视化系统数据及产品图主要特点

多中心：包括 11 个中心实时预报与回算数据。

多要素：共 45 种要素。

多层次：主要包括 500 hPa，750 hPa，850 hPa。

多区域：包括全球、北半球、东北半球、东亚、中国。

多时间尺度：候、周、旬尺度，未来 5～30 d 预测（部分中心最长可至 60 d）。

②S2S 系统数据列表界面

S2S 模式数据列表、气象要素表、最新数据列表可通过点击专栏顶端的 tab 页面查看（图 3.8）。

Origins	Time range	Resolution	Ens.Size	Frequency	Re-forecasts	Rfc length	Rfc frequency	Rfc size
BoM(ammc)	d 0-62	T47L17	3*11	2/week	fix	1981-2013	6/month	3*11

图 3.8　S2S 系统数据列表界面

3.2.4　研发的气候预测系统

3.2.4.1　西藏智能气候预测业务系统

西藏自治区气候中心最新建立的“西藏智能气候预测业务系统”功能主要包括数据预处理、气候预测、预测工具、模式链接和其他五个功能模块，系统依托完整可靠的整体设计，实现系统集成与测试，使系统能彼此协调工作，达到整体性能最优。系统是将通过 NetCDF、GRIB1/2、二进制等多种格式存储的全球海洋、大气等逐日、月的再分析资料以及 DERF2、EC 等模式资料自动下载，在充分分析理解数据的基础上，整合、检查数据，进行数据清理，去除错误或不一致的数据后建立用于智能气候预测的数据库，并利用视图、游标、存储过程以及函数等对数据合理优化和资料重组，以数据库方式存储和应用，基于数据库技术，实现再分析资料和模式预报产品的时空扩展，动态实现不同时空尺度的预测对象和自定义环流指数的自动实现，基于上述气候大数据，通过采用多元回归等经验统计以及随机森林等机器学习方法得到客观定量预测结果，经由预测效果评估和机器再学习，不断优化客观化预测方法和评估预测结果，得到基于不同条件下的集合预报和概率预报，继而推荐得到智能最优预测。

系统总体功能结构如图 3.9 所示。

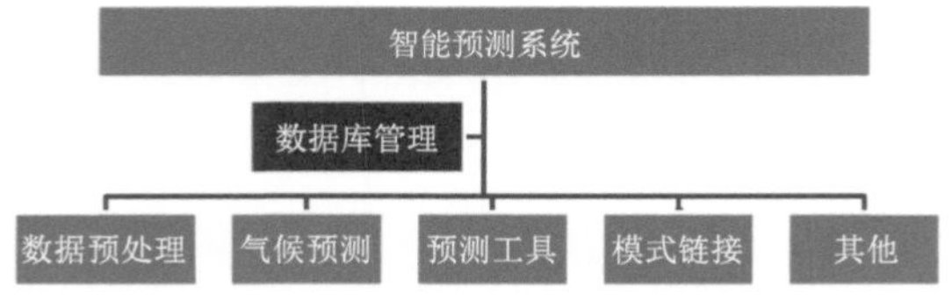

图 3.9　系统总体功能结构图

数据预处理部分是系统运行的基础，智能气候预测系统目前所涵盖的资料包括 NCEP 逐日、逐周、逐月的再分析资料；EC、CFS2、CSM 三种模式的月预测资料；全国逐日地面气象资料；MJO 实况（采用澳大利亚指数）和模式预测（采用国家气候中心多模式的预测结果）；NCC 提供的 142 项环流指数以及积雪指数。针对以上数据的处理，系统主要分为数据处理、数据统计、数据可视化和客观化预测等四个方面。

气候预测部分是系统的主体，分为智能推荐、背景、指数、物理（模式）场以及和 MJO 应用等五个部分。

预测工具部分是为预测过程中方便画图，提高工作效率而提供的实用工具，包括重现期计算、批量绘图、定制绘图、绘制预测图以及逐步回归、聚类分析和数据拟合。

模式链接收集整理了常用的月、季节等模式预测及著名组织、机构的网络链接以及一些集成地址。

其他部分包括了预测评分及区域设定。预测评分包括了月季的 Ps、Cc 评分以及延伸期时段的强降温、强降水和高温的 Sze 和 Cs 评分；区域设定可将系统中预测区域设定为本省、区域、流域和全国台站。

3.2.4.2　FODAS 本地化系统

“动力与统计集成的季节气候预测系统（The Forecast System on Dynamical and Analogy Skills）”以气候模式作为动力核心，分析模式误差的特征，将其作为预报对象；以历史相似作为统计核心，进行有针对性的预报，并将动力和统计方法的优点有机结合。对国家气候中心季节气候模式（BCC_CGCM）的月-季尺度降水预报误差分析的基础上，结合 132 项海气系统的气候因子，诊断模式存在误差的主要原因，确定既有一定物理意义，又与模式预报误差有一定联系的关键因子；基于关键因子选取历史相似年的模式预报误差，并与当前模式预报结果进行叠加以得到新的预报结果。FODAS 系统西藏本地化方法主要利用 FODAS 系统中的 GPCP 降水资料、123 项海气系统因子等研究适合西藏本地的前期相似方案，并结合 FODAS 系统各种功能（要素误差分析、绘图等），选择适合一代模式的历史误差信息的选取方案，开展适合西藏地区的动力一统计预测技术研发，建立基于一代模式的西藏地区的汛期降水预测模块。界面如图 3.10 所示。

①数据获取与预处理

中国气象局下发的 FODAS 需要使用的国家气候中心模式资料、123 项大气环流资料、实况降水气温资料；西藏本地降水气温资料。

②主要统计方法

通过双线性插值法将逐月（1—12 月）、各个季度 FODAS 原系统计算得到的预测结果插值到西藏本地站点上，得到 FODAS 预测西藏降水和气温。

③站点预测方法选择

通过插值到站点后，FODAS 的结果对应每个站点每年存在 8 个，通过检验每个站点历年来每个方法的预测准确率以确定下个预测年份所应该使用的方法 N。

④模型建立

对于某个预测时段，存在多个起报月，将最近 3 个起报月的多年评分进行多月综合，选取准确率最高的某个起报月的某个方法作为单个站点的下个预测时段的方法。

从 FODAS 西藏本地化预测质量评估看，10 年来 FODAS 西藏本地化预测主汛期 6—8 月

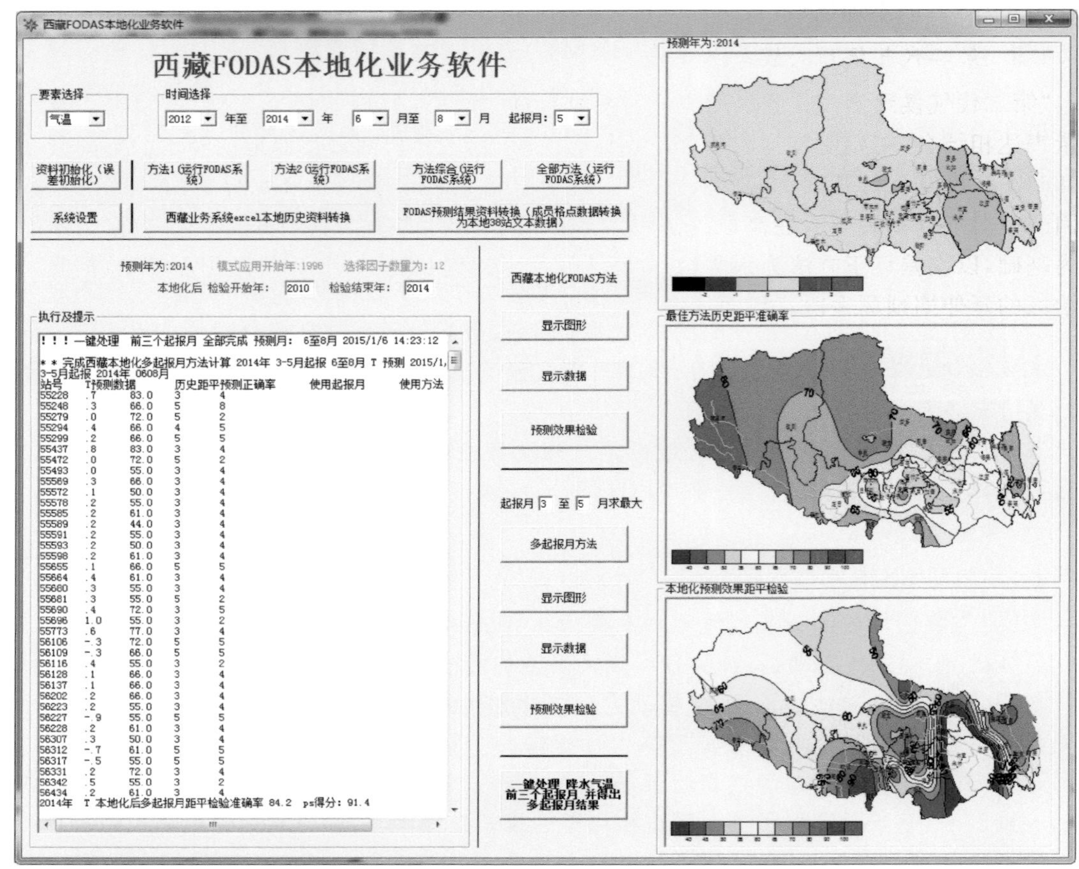

图 3.10 FODAS 西藏本地化系统界面

11 年来降水 PS 平均分为 65.1 分，而直接应用 FODAS 得分为 56.1 分，相比较提高了 9 分。从 11 年来历年得分情况分析，只有 4 年得分小于 60 分，这四年都大于 50 分，说明本地化后效果较稳定，能应用于汛期实际降水预测业务。对于气温的本地化后 11 年汛期平均分数为 69.3，比直接用 FODAS 的 59.7 提高了 9.6 分。11 年只有 3 年分数不及格，而且在 2010—2014 年直接分数稳定且较高。

在预测季节降水、气温方面效果稳定，各季节在近 11 年来，降水预测平均分为 61.6～65.0 分，气温为 64.5～75.7 分。

在月预测方面，各月历年平均分数为：降水 64.9，气温 69.8 分。降水各月分数为 58.5～76.7，气温为 65.3～77.2 分。从预测得分分析，降水本地化后历年效果较稳定，已经略高于实际业务得分，能实际应用于季节、月的预测业务。气温得分低于业务得分，但对于分型和业务参考有重要意义。

从起报单月起报和多月起报来分析，单月起报效果不是很稳定，有时得分很高，有时较低。应用前三个月多月起报（非三个月平均）能解决单月效果不稳定的情况，多月起报方法一般小于最高得分月、大于 2 个月的得分。虽然在前三个月中，多月起报方法得分不是最高，但是避免了选到了分数较差的起报月，并且效果接近得分最高的起报月。

FODAS 西藏本地化后，效果好，能应用于实际预测业务。

3.2.4.3　第二代气候预测模式省级解释应用

"第二代气候预测模式省级解释应用系统"以气候预测原理为理论基础，采用定性分析与定量表达相结合、初始值与预测值分析相结合的手段，在分析西藏高原地区降水的空间分布特征和时间尺度变化的基础上，从高、中、低层垂直环流结构寻求影响降水异常的关键区域和关键因子。对气候动力模式在高原的适用性进行探索研究，并以二代模式 DERF 数据的预报输出为基础，以误差订正方法为手段，建立动力统计相结合的西藏降水、气温预测模型，提升西藏自治区的延伸期预测手段。界面如图 3.11 所示。

图 3.11　第二代气候预测模式省级解释应用系统界面

研究方法：

①数据获取与预处理

获取西藏本地 38 个站的历年来的逐日降水量资料，选择任意要素、延伸期内任意时段为预测对象。国家气候中心提供 1983—2015 年二代模式 DERF 数据中 200 hPa、500 hPa、700 hPa 位势高度场。NCEP/ NCAR 再分析数据中心提供的 200 hPa、500 hPa、700 hPa 的位势高度场为基础模式数据。

②主要统计方法

●经验正交函数 EOF

●最优子集回归

●回归方程

③技术路线

●气候特征和物理因子分析

将西藏各个测站历年的降水量场进行经验正交函数(EOF)分解，分别得到降水量场的特征向量及其对应的时间系数，分析青藏高原地区降水的时空分布特征。

●订正方法研究

对 DERF 数据和 NCEP/NCAR 再分析的高度距平场进行 EOF 分解，分别计算其时间系数，对两者的前 5 层 EOF 空间形态对应的时间系数进行最优子集回归，得到再分析场每层时间系数和模式场各层时间的最优回归方程。用模式预测场得出对应 EOF 时间系数，用回归方程得到将要订正的高度场时间系数，将 NCEP/NCAR 高度距平场的典型空间分布场与得出时间系数相乘，得到订正后的各层位势高度场。

●模型建立

利用 EOF 误差订正后的位势高度场，应用最优子集回归方法，建立动力与统计相结合的延伸期预测模型，并对降水、气温进行独立样本回报试验。

最终得到 DERF 延伸期预测时段内对任意时段进行的西藏降水、气温的本地化预测，并显示预测图形、独立检验准确率、历史拟合率等图像，并对独立检验进行现行 PS 评分办法进行评分、显示所有站点的得分与历年的全区得分。展示如图 3.12 所示。

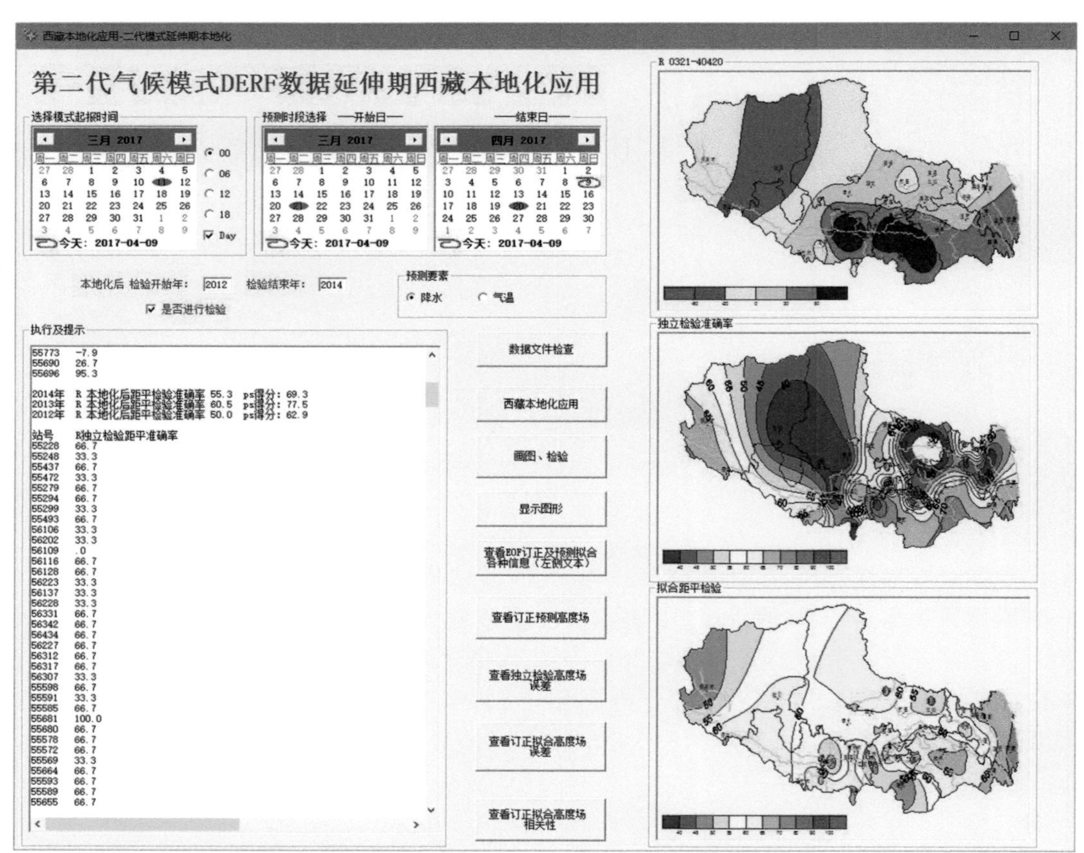

图 3.12　第二代气候预测模式省级解释应用系统主界面

3.2.4.4　西藏智能网格客观化气候预测系统

“西藏智能网格客观化气候预测系统”基于 CIMISS 数据环境及 DERF、CFS、S2S 等模式产品的使用与自行开发预测算法，实现使用多种模式数据、多种方法、多种要素进行延伸期预测。利用多模式集合与模式产品释用技术，基于多模式数据产品开展降水、气温预测，建设从月—季—年的气候预测系统，实现智能预测、推荐及报文编辑，实现次季节数据网格化展示。实现数据的格点化展示。在浏览器中输入地址后跳转至平台登录页面。为保障平台系统安全，通过输入用户账号与密码进行登录。勾选 7 天内自动登录可在一周内打开网页时自动填充账号密码登录。系统主页如图 3.13 和图 3.14 所示。

图 3.13　西藏智能网格客观化气候预测系统界面(一)

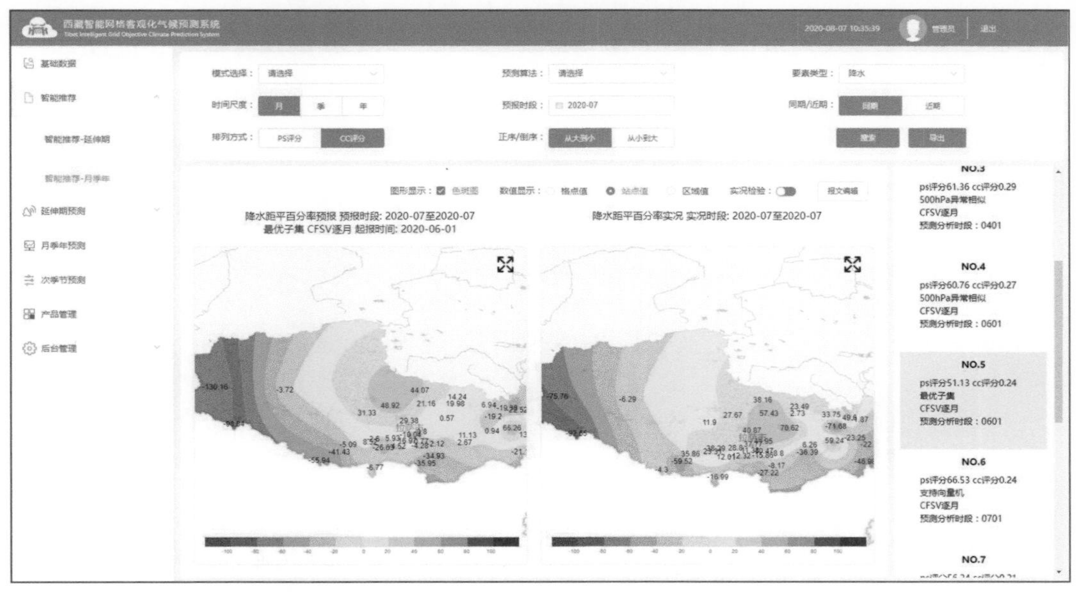

图 3.14　西藏智能网格客观化气候预测系统界面(二)

●开发了西藏智能网格客观化气候预测系统，系统使用多类气候模式，开发了多种气候预测方法，完成了延伸期、月、季、年等多时间尺度的智能客观化气候预测业务系统的开发；

●系统对 S2S 数据、DERF 数据、CIPAS 数据、BCC_CSM 数据进行了本地化解释应用，建设了基于客观模式数据与客观评分为基础的客观化预测系统；

●系统的开发实现了西藏自治区延伸期—月—季—年的无缝隙化气候预测，增强了气候预测业务服务能力。

推动了西藏自治区气候预测客观化进程，实现了延伸期、月季年时间尺度的无缝隙客观化气候预测。

●多种气候模式的应用。系统注重对模式的解释应用，使用了 EC(欧洲)、CFS(美国)、BCC(中国)的月气候模式以及延伸期气候模式的数据。对延伸期数据和月季年数据进行了不同的数据应用；

●在近几年积累的基础上，使用了多种气候预测方法。保留了效果较好的统计预测方法，并新开发了针对模式数据使用的新方法，比如 EOF 误差订正、EOF 时间序列相似法、500 hPa 异常相似等方法；

●加大了对延伸期预测预测方法的研究和应用(李维京，2012；丁一汇 等，2013；魏凤英，2007)，初步实现了西藏自治区无缝隙化气候预测。以延伸期气候模式为基础开发了 EOF 时间序列相似法、500 hPa 异常相似的解释应用方法，并采用多起报时段，实现了未来 6 个月的逐日气候预测；

●加强了预测效果检验，使得每一种预测方法均有对应的效果评估；

●输出的无缝隙气候预测数据。输出的无缝隙气候预测数据能支撑其他业务系统的应用开发：多种预测数据输出，包括格点预测数据、站点预测数据、延伸期逐日预测数据。

(1)月、季、年预测技术方案

利用多种模式集合与模式产品释用技术，基于 DERF、CFS 和多模式集合数据产品展开降水、气温的月预测，提供按时间段、气候带等查询调阅等功能，同时智能自动化展示最优的一种预测效果及其自动编报功能，支持预测结果格点化展示。本子系统包含模式预测、EOF 误差订正、最优子集、支持向量机和智能预测五个部分(图 3.15)。

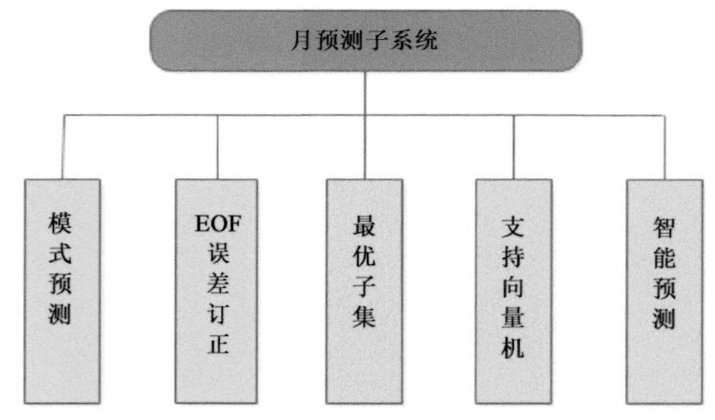

图 3.15　月、季、年预测方法结构图

(2)延伸期预测技术方案

采用 DERF、CFS、多模式集合数据，通过多种方法对气温、降水、风速、气压以及其他有历史资料的要素进行智能预测，提供延伸期模式预测查询，延伸期天气过程产品查询及调阅，提供预测结果格点化展示，支持 7 个气候带的分区展示及检验。同时智能自动化展示最优的一种预测效果及其自动编报功能。本子系统包括模式预测、主观预测——150 d 韵律预测、相似年客观预测——500 hPa 高度场 EOF 时间序列相似法、相似年客观预测——90 d 韵律、相似年客观预测——500 hPa 异常相似、智能预测共六个部分(图 3.16)。

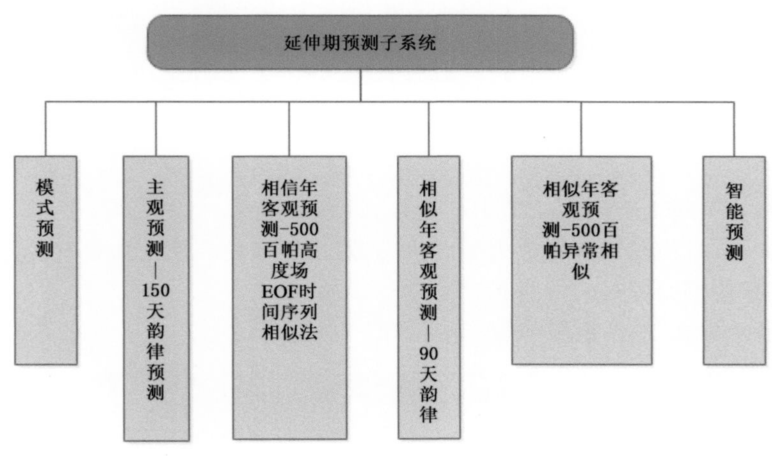

图 3.16　延伸期预测子系统方法结构图

(3)主要功能介绍

智能推荐：登录后点击跳转至智能推荐模块，该模块综合所有预报算法。延伸期展示包括 90 d 韵律、EOF 时间序列相似法、500 hPa 异常相似、150 d 韵律。月季年展示包括：支持向量机、最优子集、EOF 误差订正、500 hPa 异常相似、150 d 韵律；根据预报的结果得到相应色斑图展示。

①延伸期

●智能推荐结果：以色斑图与数值显示形式展示所有能提供所选择的要素和时段预报结果的因变量输入；右侧展示要素、基态数据的历史 PS 评分排名；

●查询与导出：可通过点击“模式资料类型”“算法类型与要素类型”下拉框选择进行查询。点击“导出”即可保存至本地；

●时段选择：以下拉框的方式选择预报时段，选择开始时间；

●资料类型：DERF2.0 逐日、CIMISS 逐日；

●实时检验：实时检验开关默认为开启状态，点击可关闭。展示预报时段内的西藏本地色斑图结果，无实况数据则不显示内容。

②月季年

●智能推荐结果：以色斑图与数值显示形式展示所有能提供所选择的要素和时段预报结果的因变量输入，右侧展示要素、基态数据的历史 PS 评分排名；

●查询：可通过点击“算法类型”“模式资料类型与要素类型”下拉框选择进行查询；

●时段选择：点击选择月季年。以下拉框的方式选择预报时段，选择开始时间；

●资料类型：CFSV2 逐月、EC 逐月、BCC 逐月；

●实时检验：实时检验开关默认为开启状态，点击可关闭。展示预报时段内的西藏本地色斑图结果，无实况数据则不显示内容。

延伸期预测：本模块使用 DERF2.0、CIMISS、CFSv2 四类模式预报数据，根据延伸期天气过程的各项定义进行预报，并展示延伸期天气预报结果。

①延伸期预测

●搜索结果：以色斑图与数值显示形式展示所有能提供所选择的要素和时段预报结果的因变量输入；

●查询：可通过点击“算法类型”“模式资料类型与要素类型”下拉框选择进行查询；

●时段选择：点击选择起报时间，可选择候。以下拉框的方式选择预报时段，选择开始时间；

●模式选择：DERF2.0 逐日、CIMISS 逐日、CFSv2 逐日；

●实时检验：实时检验开关默认为开启状态，点击可关闭。展示预报时段内的西藏本地色斑图结果，无实况数据则不显示内容；

●可切换展示方式：GIS 地图与散点图，如图 3.17 所示。

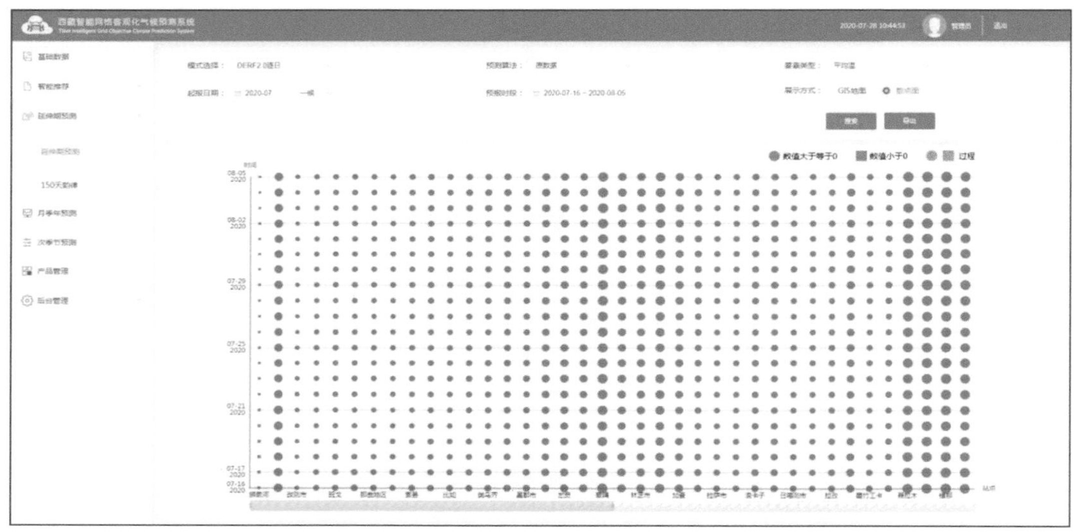

图 3.17　西藏智能网格客观化气候预测系统界面——GIS 地图与散点图

②150 d 韵律

●查询：通过点击“时间选择框”，选择起报日期，输出查询结果，可点击“上一页”“下一页”逐日查看。

月季年预测：

●搜索结果：以色斑图与数值显示形式展示所有能提供所选择的要素和时段预报结果的因变量输入；

●查询：可通过点击“算法类型”“模式资料类型与要素类型”下拉框选择进行查询；

●时段选择：点击选择月季年。以下拉框的方式选择预报时段，选择开始时间；

●资料类型：CFSV2 逐月、EC 逐月、BCC 逐月；

●实时检验：实时检验开关默认为开启状态，点击可关闭。展示预报时段内的西藏本地色斑图结果，无实况数据则不显示内容。

次季节预测：本模块提供全球次季节预测色斑图查看。

●通过中心选择下拉框可选择“中国”“欧洲中心”“美国”；

●通过要素种类可选择位势高度 500 hPa、位势高度 700 hPa、平均温、最低温、降水；

●时间选择可通过起报月份下拉框选择起报时间；

●预报时效可点选切换周或旬，预报时效可点击“时间选择框”根据预报时效周、旬选择切换时间区间；

●点击“搜索”即可输出查询结果；

●区域选择可通过点击“全球”“北半球”“中国”快速切换显示区域；

●预报时效可点击选择周或旬，后在右侧快速选择区间时间。

3.3　预测质量评定办法

3.3.1　评定方法

3.3.1.1　月季气温降水评定方法

(1)预测表述

月、季气候趋势预测采用六分类预测描述。在气候业务中，通常认为当气温、降水距平超过 1 个标准差时为异常(降水特多特少、气温特高特低)，当气温、降水距平超过 0.5 个标准差且小于 1 个标准差时为较异常(降水偏多偏少、气温偏高偏低)，小于 0.5 个标准差时为正常。因此该方法首先统计逐月逐站(西藏 38 站)气温、降水分别 0.5 和 1 个标准差分布情况，并将其转化为降水距平百分率和气温距平。分析后认为过去业务评分中对气温使用 2 ℃和 1 ℃、对降水使用 5 成和 2 成来表征特多(高)特少(低)、偏多(高)偏少(低)是可行的。在此基础上，制定该方法。该方法气候平均时段为 1981—2010 年。

(2)综合评分原则

该方法主要分别考虑预报的趋势项、异常项和漏报项(异常量级漏报，详细请参看具体说明)。

趋势是以预报和实况的距平符号是否一致为判断依据，采用逐站进行评判。当预测(A)和实况距平(距平百分率，B)符号一致时认为该站预测正确(表 3.4 和表 3.5)。

表 3.4　降水预测的趋势评分标准

预测	实况					
	$B\geqslant50\%$	$50\%>B\geqslant20\%$	$20\%>B\geqslant0$	$0>B>-20\%$	$-20\%\geqslant B>-50\%$	$B\leqslant-50\%$
$A\geqslant50\%$	√	√	√	×	×	×
$50\%>A\geqslant20\%$	√	√	√	×	×	×
$20\%>A\geqslant0$	√	√	√	×	×	×
$0>A>-20\%$	×	×	×	√	√	√
$-20\%\geqslant A>-50\%$	×	×	×	√	√	√
$A\leqslant-50\%$	×	×	×	√	√	√

表 3.5　气温预测的趋势评分标准

预测	实况					
	$B\geqslant2$ ℃	2 ℃$>B\geqslant1$ ℃	1 ℃$>B\geqslant0$	0 ℃$>B>-1$ ℃	-1 ℃$\geqslant B>-2$ ℃	$B\leqslant-2$ ℃
$A\geqslant2$ ℃	√	√	√	×	×	×
2 ℃$>A\geqslant1$ ℃	√	√	√	×	×	×
1 ℃$>A\geqslant0$	√	√	√	×	×	×
0 ℃$>A>-1$ ℃	×	×	×	√	√	√
-1 ℃$\geqslant A>-2$ ℃	×	×	×	√	√	√
$A\leqslant-2$ ℃	×	×	×	√	√	√

异常是以考察预报对一级异常(50%$>X\geqslant$20%,$-$20%$\geqslant X>-$50%;2 ℃$>X\geqslant$1 ℃,$-$1 ℃$\geqslant X>-$2 ℃)和二级异常($\geqslant$50%,$\leqslant-$50%;$\geqslant$2 ℃,$\leqslant-$2 ℃)的预报能力。采用逐站、逐级进行评判,见表 3.6—表 3.9。

表 3.6　降水的一级异常预报评分标准

预报	实况			
	$B\geqslant$50%	50%$>B\geqslant$20%	$-$20%$\geqslant B>-$50%	$B\leqslant-$50%
50%$>A\geqslant$20%	×	√	×	×
$-$20%$\geqslant A>-$50%	×	×	√	×

表 3.7　气温的一级异常预报评分标准

预报	实况			
	$B\geqslant2$ ℃	2 ℃$>B\geqslant1$ ℃	-1 ℃$\geqslant B>-2$ ℃	$B\leqslant-2$ ℃
2 ℃$>A\geqslant1$ ℃	×	√	×	×
-1 ℃$\geqslant A>-2$ ℃	×	×	√	×

表 3.8　降水的二级异常预报评分标准

预报	实况	
	$B\geqslant$50%	$B\leqslant-$50%
$A\geqslant$50%	√	×
$A\leqslant-$50%	×	√

表 3.9　气温的二级异常预报评分标准

预报	实况	
	$B\geqslant2$ ℃	$B\leqslant-2$ ℃
$A\geqslant2$ ℃	√	×
$A\leqslant-2$ ℃	×	√

评分步骤如下:

①逐站判定预报的趋势是否正确,统计出趋势预测正确的总站数 N_0;

②逐站判定一级异常预报是否正确,统计出一级异常预测正确的总站数 N_1;

③逐站判定二级异常预报是否正确，统计出二级异常预测正确的总站数 N_2；

④没有预报二级异常而实况出现降水距平百分率≥100%或等于－100%、气温距平≥3 ℃ 或≤－3℃的站数(称为漏报站，记为 M)；

⑤统计实际参加评估的站数 N，即规定参加考核站数减去实况缺测的站数；

⑥使用公式

$$\mathrm{Ps} = \frac{a \times N_0 + b \times N_1 + c \times N_2}{(N - N_0) + a \times N_0 + b \times N_1 + c \times N_2 + M} \times 100\% \tag{3.1}$$

式中：a,b,c 分别为气候趋势项、一级异常项和二级异常项的权重系数，本办法分别取 $a=2,b=2,c=4$。

3.3.1.2　符号一致率评分(PC)

(1)预测表述

气候趋势预测采用六分类预测描述。在气候业务中，通常认为当气温、降水距平超过 1 个标准差时为异常(降水特多特少、气温特高特低)，当气温、降水距平超过 0.5 个标准差且小于 1 个标准差时为较异常(降水偏多偏少、气温偏高偏低)，小于 0.5 个标准差时为正常。因此该方法首先统计逐月逐站(西藏 38 站)气温、降水分别 0.5 和 1 个标准差分布情况，并将其转化为降水距平百分率和气温距平。分析后认为过去业务评分中对气温使用 2 ℃和 1 ℃、对降水使用 5 成和 2 成来表征特多(高)特少(低)、偏多(高)偏少(低)是可行的。在此基础上，制定该方法。该方法气候平均时段为 1981—2010 年。

(2)符号一致率评分原则

该方法主要是以预报和实况的距平符号是否一致为判断依据，采用逐站进行评判。当预测和实况距平(距平百分率)符号一致时认为该站预测正确(表 3.10 和表 3.11)。

表 3.10　降水预测的一致率评分标准

预测	实况					
	$B\geq50\%$	$50\%>B\geq20\%$	$20\%>B\geq0$	$0>B>-20\%$	$-20\%\geq B>-50\%$	$B\leq-50\%$
$A\geq50\%$	√	√	√	×	×	×
$50\%>A\geq20\%$	√	√	√	×	×	×
$20\%>A\geq0$	√	√	√	×	×	×
$0>A>-20\%$	×	×	×	√	√	√
$-20\%\geq A>-50\%$	×	×	×	√	√	√
$A\leq-50\%$	×	×	×	√	√	√

表 3.11　气温预测的一致率评分标准

预测	实况					
	$B\geq2$ ℃	2 ℃$>B\geq1$ ℃	1 ℃$>B\geq0$	0 ℃$>B>-1$ ℃	-1 ℃$\geq B>-2$ ℃	$B\leq-2$ ℃
$A\geq2$ ℃	√	√	√	×	×	×
2 ℃$>A\geq1$ ℃	√	√	√	×	×	×
1 ℃$>A\geq0$ ℃	√	√	√	×	×	×

续表

预测	实况					
	$B\geqslant2$ ℃	2 ℃$>B\geqslant1$ ℃	1 ℃$>B\geqslant0$	0 ℃$>B>-1$ ℃	-1 ℃$\geqslant B>-2$ ℃	$B\leqslant-2$ ℃
$0>A>-1$ ℃	×	×	×	√	√	√
-1 ℃$\geqslant A>-2$ ℃	×	×	×	√	√	√
$A\leqslant-2$ ℃	×	×	×	√	√	√

评分步骤如下：

①逐站判定预测是否正确。假定 A 为预测（距平/距平百分率），B 为实况（距平/距平百分率）。

●当 $A\times B>0$ 时，判定该站预测正确；

●当 $A\times B=0$ 时，若 $A=0$ 且 $B>0$ 时，判定该站预测正确；

若 $B=0$ 且 $A>0$ 时，判定该站预测正确；

若 $A=B=0$ 时，判定该站预测正确；

若 $A=0$ 且 $B<0$ 时，判定该站预测错误；

若 $B=0$ 且 $A<0$ 时，判定该站预测错误。

●当 $A\times B<0$ 时，判定该站预测错误。

②统计预测正确站数 N 和实际参加评估站数 M（有效实况资料站数）。

③计算得出一致率评分：$\mathrm{Pc}=100\times N/M$。

3.3.1.3　距平相关系数（ACC）

评分原则：使用降水距平百分率和平均气温距平计算距平相关系数。用下式表示：

$$ACC=\frac{\sum_{i=1}^{N}(\Delta R_f-\overline{\Delta R_f})(\Delta R_0-\overline{\Delta R_0})}{\sqrt{\sum_{i=1}^{N}(\Delta R_f-\overline{\Delta R_f})^2\,(\Delta R_0-\overline{\Delta R_0})^2}} \tag{3.2}$$

式中：ΔR_f，$\overline{\Delta R_f}$ 为降水距平百分率（或平均气温距平）的预报值及其多年平均值；ΔR_0，$\overline{\Delta R_0}$ 为相应观测值；N 为实际参加评估的总站数。

注：若预报值为相同数值，则无法使用 ACC 进行评估。网页中显示为 999 或/。

3.3.1.4　分级评分（Pg）

分级评分为 2009 年中国气象局预报与网络司颁布的《短期气候预测质量分级检验办法》（气预函〔2009〕141 号）中的评分方法。

（1）预测表述

①降水趋势预测分级和预测用语规定

●预测站点月降水趋势预测按照六级评分制进行评定；

●降水距平百分率在 0～±20%以内为正常级（正常略多或正常略偏少），超过±20%以外为异常级（特多和偏多或特少和偏少），其中 20%～50%和－20%～－50%为一级异常，±50%以外为二级异常；

●降水六级评分制预测用语：特少、偏少、正常略少、正常略多、偏多、特多。各级划分标准见表 3.12。

②气温趋势预测分级和预测用语规定

●预测站点月气温趋势预测按照六级评分制进行评定；

●平均气温距平在 0～±1℃以内为正常级(正常略高或正常略低)，超过±1℃以外为异常级(特高和偏高或特低和偏低)，其中 1℃～2℃和－1℃～－2℃为一级异常，±2℃以外为二级异常；

●气温六级评分制预测用语为：特低、偏低、正常略低、正常略高、偏高、特高。各级划分标准见表 3.12。

(2)分级评分原则

①单站检验评分规则：检验方法最高分为 100 分，最低分为 0 分。

●当预测与实况的距平符号和量级均一致时，评分为 100 分；

●当预测与实况的量级相差 1 个级别时，减 20 分；量级相差 2 个级别时，减 40 分；量级相差 3 个级别时，减 60 分；依次类推，减至 0 为止；

●当预测与实况的距平符号不一致时，在量级减分的基础上再减 20 分；减至 0 为止；

●鼓励预报异常，当预报为异常级且实况与预报相差 1 个量级时，可以在上述得分的基础上再加 10 分。

②单站六级评分制预测检验评分的各级得分见表 3.12。

表 3.12　气温、降水趋势预测六级检验评分制单站评分表

实况	预测					
	特少(低)	偏少(低)	正常略少(低)	正常略多(高)	偏多(高)	特多(高)
特少(低)	100	80＋10	60	20	0	0
偏少(低)	80＋10	100	80	40	20	0
正常略少(低)	60	80＋10	100	60	40	20
正常略多(高)	20	40	60	100	80＋10	60
偏多(高)	0	20	40	80	100	80＋10
特多(高)	0	0	20	60	80＋10	100

③多站气候趋势预测检验总评分计算公式为：

$$\mathrm{Ps} = \frac{\sum_{i=1}^{N} P_i}{N} \tag{3.3}$$

式中：Ps 为多站气候趋势预测评分，P_i 为单站的评分，N 为本省(区、地(市))参加评分的总站数。

3.3.2　月内强降水过程预测检验评分方法

基本符号术语(与《月内强降水过程预测业务规定》第四条规定的一致)：

P_m：某月降水量的常年值(多年平均值)，规定取 1981—2010 年的 30 年平均值；

P_i：某过程内的日降水量；

P_z：某过程的总降水量，即过程内逐日降水量的总和，$P_z = \sum_{i=1}^{N} P_i$，其中 N 为过程日数；

P_a:为某过程平均日降水量,$P_a = \frac{P_z}{N}$;

P_c:为某过程降水的强度;

P_b:为某过程内的最大日降水量;

P_t:为强降水阈值,即界定某过程降水的强度是否为强降水过程的阈值,P_t的确定,根据本地气候特点、服务需求使用绝对阈值(P_t=10/25/50 mm)或相对阈值($P_t=P_m\times10\%$)。

3.3.2.1 Zs 检验评分方法

该评分方法主要考核强降水过程预测是否准确,不严格考核过程降水强度(量级)。在考核预测强降水过程对错时,为了既考虑服务的需求抓住最强降水,又考虑确定过程不易太复杂,且容易计算评估。

考核重点为:

(1)过程降水强度是否达到强降水条件。

(2)是否预测出月内 10～30 天的 2 个最强降水日。

①预测正确的过程数、空报过程数

●所预测的强降水过程强度 P_c,满足强降水过程条件(即:$P_c\geqslant P_t$,或 $P_b\geqslant 3P_t$),则认为本次过程预测正确,记为正确 1 次;否则不正确为空报,记为空报 1 次。

●月内准确次数累计为正确数,月内空报次数累计为空报数。

②漏报过程数

所预测的若干次强降水过程,均包含月内最强 2 次日降水,则无漏报。未包含最强 2 次日降水中的几次,则记为漏报几次,最多记漏报 2 次。月内漏报次数累计为漏报数。这里所指的 2 个最强降水日的实况降水量均要求大于或等于 P_t。如果过程内没有日降水量大于或等于 P_t的情况,则记为无漏报数。

③单站 Zs 评分的计算

Zs=(预测正确的过程数)/(预测正确过程数+空报过程数+漏报过程数)　(3.4)

若:预测正确过程数+空报过程数+漏报过程数=0,即实况没有出现强降水过程,也没有预测该站月内有强降水过程,则该站不作记分处理。

④区域预测 Zs 评分

区域预测 Zs 评分=区域内各考核站 Zs 的平均值。

3.3.2.2 Cs 检验评分方法

该评分方法是针对强降水过程预测正确、空报、漏报的天数进行评分。

(1)过程降水条件:指预测强降水过程中的每日降水量 P_i都大于或等于强降水阈值 P_t,即 $P_i\geqslant P_t$。

(2)预测正确的日数、空报日数和漏报日数:预测正确日数是指满足降水过程条件(即 $P_i\geqslant P_t$)的降水日包含在降水过程预测时段内的日数(容许偏差 1 日);空报日数指过程预测时段内未出现满足降水条件等级的日数;漏报日数指未包含在过程预测时段内(偏差 2 日及以上)的满足降水条件等级的日数。

(3)单站 Cs 评分的计算:对应降水过程等级的单站 Cs 评分公式为:

Cs=(预测正确日数)/(预测正确日数+空报日数+漏报日数)　(3.5)

若:预测正确日数+空报日数+漏报日数=0,也就是说实况没有出现强降水过程,也没有预测该站有强降水过程,则该站不作记分处理。

(4)区域预测 Cs 评分:区域预测 Cs 评分=区域内各考核站 Cs 的平均值。

3.4 预测会商流程

为进一步贯彻落实《现代气候业务发展指导意见》,扎实推进气候预测业务发展,发挥现代气候业务试点建设成果效益,改进气候预测会商流程,提高预测会商质量,特制定西藏自治区气候预测会商流程改革实施方案。

3.4.1 总体思路

西藏自治区气候预测会商总体思路是依托西藏自治区气候预测业务系统、全国气候业务内网、CIPAS 平台和预测检验评估系统等统一的基础业务环境,优化西藏自治区气候预测业务会商流程,构建动力一统计相结合的客观化气候预测业务技术体系。西藏自治区技术体系以客观预测产品为基础,主要通过结合本地气候特征,利用影响本区域的关键因子,通过 FODAS、MODES 等系统的本地化应用,利用本地特色化且经过检验证明有较好效果的预测工具和方法,在客观预测产品的基础上,利用气候业务内网提供的基本气候监测诊断信息,通过 CIPAS 平台的数据分析功能以及西藏自治区开发的气候预测业务系统的查询分析统计功能,进行物理因子分析,对国家级指导预测产品进行既有物理意义又有一定统计信度检验的客观订正,制作西藏自治区订正预测产品。

特别强调要通过 CIPAS 平台和气候业务内网实现与中国气象局的方法和产品在技术上的有效衔接。在会商环节,主要阐述对指导产品的订正意见和订正依据;会商后开展针对会商效果的检验评估。

3.4.2 主要内容

3.4.2.1 基础业务环境和技术规范

借助于 CIPAS 等业务技术推广以及气候业务内网建设的实施,建立气候预测业务环境:基本气候资料、监测指标、基本预测工具和基础业务平台。具体内容重点包括:

(1)基础气候资料。统一气候预测业务使用的气温、降水等基本台站要素资料,以及海洋、大气环流、陆面、冰雪等气候系统资料,使气候预测业务的预测气候要素和气候事件、预测背景因子及预测检验等所使用的数据基本一致。

(2)基本监测指标。规范气候监测业务,建立和使用统一的监测方法和指标。通过 CIPAS 平台调用基本气候指标的监测,通过气候业务内网接收监测数据和产品。

(3)预测对象。针对目前西藏自治区常规的气候预测业务要素(如:月、季温度和降水等),以及月内主要过程强度预测和冬季雪灾等建立统一的定义和计算方法

(4)主要预测分析工具和方法。建立统一的客观定量气候预测方法(如:FODAS、MODES、常用的统计相似分析方法等)。通过 CIPAS 平台进行应用,不断丰富基本的预测工具和客观方法。

(5)统一预测检验方法。针对不同预测对象和方法,制定和使用统一的检验方法和标准。

(6)统一基础业务平台。基于 CIPAS 平台，在统一基础数据环境、预测方法以及基本分析工具等条件下，使用统一的基本分析平台，同时利用西藏自治区自行开发的“气候预测业务系统”的特色功能，形成省级气候预测分析工具。

3.4.2.2 预测会商分类及技术要求

西藏自治区气候预测业务会商分为月-季节会商、气候事件会商和专项预测服务会商三大类，参考中国气象局编制的会商技术手册，确定各类预测会商的技术方案，明确技术要求，增强会商的针对性，重视国家级的对西藏自治区指导，提高自治区的订正能力。会商技术手册包含各类预测会商的会商重点、技术方案和技术要求以及需重点讨论的问题。

(1)业务会商分类及会商重点

①常规月-季节会商

●月预测会商重点分析降水趋势及特征(主要过程时间、强度的极端性或异常性)、气温趋势及特征(高或低温极端性或异常性、阶段性变化)、月内主要气候灾害风险(夏半年：极端降水、流域洪涝、台风影响、地质灾害；冬半年：强冷空气、低温趋势、雨雪冰冻)；

●汛期预测会商重点分析汛期旱涝总体趋势(降水总体偏多还是偏少为主，干旱重还是洪涝重)、主要气象灾害(流域洪涝、地质灾害、高温、干旱等)；

●冬季预测会商重点分析冷暖趋势、阶段性特征(前冬后冬差异)、干湿分布(降水趋势，尤其是北部牧区是否降雪异常偏多)以及主要气象灾害(强降温、区域低温、雪灾)；

②专项预测服务会商

●主汛期青藏铁路沿线气候预测；

●汛期西藏自治区主要江河趋势的气候预测；

●冬季藏北一线雪灾预测；

●东部地区森林火险等级气候预测、南部边缘地区强降雪趋势预测；

●重大活动保障专项会商：自治区要求的气候预测。

(2)气候预测会商基本技术要求

参照国家级的会商技术要求制作西藏自治区的气候预测产品；积极探索开展西藏自治区的气候预测方法，在区域中心内部会商时，能针对共同的预测对象开展会商讨论。主要参加由区域级组织的会商，必要时参加国家级预测会商。在区域级会商中的技术要求下，但要更加突出区域气候特征和服务特色。

对国家级下发的业务会商指导产品提出订正意见及主要依据，对国家级下发的监测、诊断信息以及对影响因子的预测提出意见及依据，如无不同意见，则不必再重复国家级给出的基本监测诊断信息；订正意见要给出定量结果，并要考虑异常性特征(尽可能根据服务需要预报出异常等级，如降水预测给出 2～5 成或 5 成以上异常级，温度预测给出 1℃ 以上的异常级预测)；清晰阐述主要预测思路，根据会商重点，要给出影响本地区气候异常的关键因子和环流系统、需要重点分析和关注的影响因子；重点分析和阐述对本地区起关键作用的因子影响本地区气候异常的物理机制；明确和细化本地区指定月、季节会商内容，在按要求会商的基础上，根据实际需要加入本地特色的内容；可以使用本地特色化的预测方法，但客观(动力或统计)预测结果要给出历史回报检验信息；根据本地服务重点，给出需重点关注的灾害；有能力的区域(流域)级可以深入开展针对本地区和所在流域的气候预测诊断业务工作，针对影响本地区不同季节气候异常的关键因子和环流系统开展分析讨论。

3.4.2.3 加强预测检验和业务会商效果评估

根据统一检验评分办法，对各类气候预测产品进行全程检验评估，包括气候模式集合预测和解释应用结果、客观预测方法结果、国家级指导预测产品、国家级和省级业务发布预测产品等，增强各类预测产品检验信息的应用。对业务指导预测和正式发布预测进行实时检验。

3.4.2.4 增强气候异常机理分析总结提升省级订正的作用

加强常规的月季预测总结和预测技术交流，提升对气候异常影响机理的认识，对客观方法和物理模型进行改进和完善，不断提升省级补充订正的能力。国家级从气候系统多圈层相互作用、不同纬度带相互作用、对流层一平流层相互作用等角度，加强气候异常形成及其预测的机理分析，区域（省）级则从区域月、季气候异常的主要影响系统、影响因子特殊性的角度深入开展区域性气候异常的机理分析。

3.4.3 会商产品制作要求

（1）演示文件的首页应写明会商主题、发言单位、发言人以及会商日期。

（2）文件的版面应以浅色调为背景，且背景图案应尽量简洁。

（3）文字建议采用宋体或黑体，并尽量选用黑色或深色字体；对于预报结论等主要文字，字号不小于 24，行距不小于 1.0；其他文字字号一般不小于 20，20 及以下字号的文字应加粗；在使用表格时，字体应适当放大加粗。

（4）使用文件扫描件时，应在扫描件旁边用大字体显示关键文字内容。

（5）每页文档最好只包含单幅图片，并尽量满屏显示；需同时显示多幅图片的，每页最多不得超过 4 幅图片，应合理布局图片及标注文字，充分利用版面空间。

（6）演示文件的图形底图中的本地（市）边界应适当加粗，周边地（市）尽量标注名称。

（7）在绘制等值线图形时，应尽量避免使用单像素宽度的线条，特征等值线应作加粗处理；降水、温度预报等值线图形绘制应以预报区域边界为界，预报区域以外不得随意画线；所有等值线应标注线条图例。

（8）文件中含有动画插件时，动画速度不能过快，以每秒 3 帧为宜，动画幅面也不宜过大。

（9）文件中所使用的资料，均应使用醒目文字标注资料种类及时次，必要时要指明出处。

（10）文件应使用标准预报用语和标准国际单位符号。

3.4.4 区地(市)县气候预测业务服务方案

3.4.4.1 区地（市）县业务服务流程

西藏自治区气候中心利用本单位的气候预测业务系统、全国气候业务内网、CIPAS 平台和预测检验评估系统等统一的基础业务环境，优化西藏自治区气候预测业务，构建动力-统计相结合的客观化气候预测业务技术体系。以客观预测产品为基础，主要通过结合本地气候特征，利用影响本区域的关键因子，通过 FODAS，MODES，MAPFS 等系统的本地化应用，利用本地特色化且经过检验证明有较好效果的预测工具和方法，在客观预测产品的基础上，利用气候业务内网提供的基本气候监测诊断信息，通过 CIPAS 平台的数据分析功能以及西藏自治区开发的气候预测业务系统的查询分析统计功能，进行物理因子分析，制作西藏自治区订正预测产品，并进行下发。

地(市)局在区局下发气候预测指导意见基础上,利用本地气候背景、统计方法订正地区各地市气候预测产品,并进行下发到县局。县局使用地(市)局下发的气候预测指导意见直接使用。

根据服务对象需求,将预报结果进一步处理为以文本、图形、表格、电子产品等方式输出的预报产品。区—地(市)—县短期气候预测业务产品和业务范围如表 3.13 和表 3.14。

表 3.13　区—地(市)—县短期气候预测业务产品

类别	材料内容
冬季气候趋势预测	冬季、春季(10—4 月)气温、降水总趋势;前冬、后冬、春季气候趋势;冬季雪灾情况;重点是那曲地区雪灾、东部地区和南部边缘地区的积雪情况。
夏季气候趋势预测	夏季(5—9 月)气温、降水总趋势;初夏、盛夏气候趋势预测;重点是主要牧区降水、气温情况、东部地区山体滑坡、泥石流可能发生情况。
月气候趋势预测	西藏地区月气候趋势预测。含上月气候概况;下月降水、气温等气候趋势预测;生产建议。
不定期产品	为局领导和政府部门、相关单位提供特定时段气候趋势预测。

表 3.14　区—地(市)—县气候预测业务范围

区地(市)县	产品范围	预测制作	服务内容
西藏自治区气候中心	全区各地(市)38 气象台站	方法研究、产品发布到地(市)	季节、月、月内预测、各种气候预测服务、对各地(市)进行指导
地(市)气象台	各地(市)	参考气候中心产品进行制作发布	地(市)气候预测、下发到各县
县气象局	本县	仅根据地(市)指导意见进行服务	全县

3.4.4.2　区地(市)县各级会商制度

(1)参与全区气候预测会商,做好各种预测意见电子版,在会商中积极发言,阐述理由。根据气候背景、气候预测方法结果及检验做出客观的气候预测结论。

(2)每月月底按时向区局信息中心发布下月的气候预测数据。

(3)在参考区局气候预测结论基础上,结合本地特点,严禁直接使用区局的气候预测结论。

(4)在气候预测制作完成后,及时向县局发布指导预测意见。

第 4 章　农业气象

生态与农业气象室主要制作和发布全区农业气象情报(包括旬、月、季和年报)、土壤水分监测公报、春耕春播专报、秋收秋种专报、春播预报、农用天气预报、粮食产量预报、农作物病虫害发生气象等级预报预警等农业气象服务产品;制作发布牧草返青期预报、牧草生长期气象条件评价等生态评估服务产品。开展全区农业气候区划、种植业精细化区划及农业气象灾害风险区划,系统指导全区三农专项建设和乡村振兴农业气象服务保障工作。近年来,业务技术人员主持和参与省部级以上项目 10 余项,参与完成《西藏农业气候资源区划》《西藏气候》《西藏自治区县级青稞种植气候适宜性区划》《气候变化对西藏青稞种植的影响研究》等著作。

4.1　农业气象业务流程

为强化农业气象业务发展,提高农业气象服务质量,规范农业气象业务的职责分工以及制作发布流程,更好地为地方乡村振兴服务,特制定了《西藏自治区农业气象业务流程和规范》。

4.1.1　业务产品分类与发布

4.1.1.1　业务内容

依据西藏自治区天气气候特征和种植业结构,主要开展农业气象旬报、月报、季报和年报、农用天气预报的制作,以及春播预报、牧草返青期预报、青稞产量预报、粮食产量预报等,作物生长发育期关键期开展春耕春播专报、秋收秋种专报等服务。农业气象服务产品目录见表 4.1。

表 4.1　农业气象服务产品目录

序号	产品类型	产品名称
1	农业气象情报	农业气象旬报
2		农业气象月报
3		农业气象季报
4		农业气象年报
5		土壤水分监测公报
6		春耕春播气象服务专报
7		秋收秋种气象服务专报

续表

序号	产品类型	产品名称
8	重要气象报告	春播适宜期预报
9		青稞产量趋势、定量预报
10		粮油产量趋势、定量预报
11	特色作物气象服务	拉萨优质青稞播种期预报
12		拉萨优质青稞收割期预报
13	生态质量评价	牧草返青期预报
14		植被生态质量监测评估
15		牧草生长季气象条件评价
16	病虫害	林芝条锈病气象等级预报
17		病害调查
18		虫害调查
19	不定期	农用天气预报
20		农业气象服务增刊
21		其他

4.1.1.2 产品及发布时间

气候影响评价产品及发布时间见表 4.2。

表 4.2 气候影响评价产品及发布时间

序号	产品名称	主要内容	发布时间
1	农业气象旬报	本旬农业气候概况(气温、降水距平百分率、日照、极端气温)、作物发育期及气象条件对作物生长发育的利弊、下一旬天气预报及生产建议。	每旬逢 1 日制作发布
2	农业气象月报	本月农业气候概况(气温、降水距平百分率、降水量、日照、极端气温)、作物发育期及气象条件对作物生长发育的利弊、下一月气候预测及生产建议。	每月逢 1 日制作发布
3	农业气象季报	本季度及本季各月农业气候概况(气温、降水、日照、极端气温)、作物发育期及气象条件对作物生长发育的利弊、下一季节气候预测及生产建议	季节结束后的第一个月 10 日前制作发布
4	农业气象年报	本年度及本年度各季节农业气候概况(气温、降水、日照、极端气温)、作物发育期及气象条件对作物生长发育的利弊、对粮食生产的影响及农业气象灾害总结。	年结束后的第一个月 10 日前制作发布
5	土壤水分监测公报	农业气象观测试验站作物发育期及观测点不同深度土壤相对湿度及遥感面上土壤湿度空间分布,对土壤湿度进行评价。	每旬逢 1 日制作发布
6	春耕春播气象服务专报	作物发育进程和春耕春播进度、未来 7 天天气对春耕春播影响分析及农业天气预报图、措施建议等,如遇低温阴雨、干旱等重大农业气象灾害,增加灾害落区预报图。春耕春播进度信息来源于农业农村部门的须注明。	3 月中旬至 5 月下旬每周二 11:30 前完成

续表

序号	产品名称	主要内容	发布时间
7	秋收秋种气象服务专报	作物收割进程及冬作物播种进度、收割期气象条件及对收割打场的利弊；冬作物播种进度及天气条件对秋播及出苗等的影响。	8 月底至 9 月初每周二 11:30 前完成。
8	春播适宜期预报	播种前的冬季气温、降水、日照情况，进入春季后的气候条件评述，进入适宜播种期需要的气温、土壤湿度；汛期的气候条件，本年度主要农区春作物适宜播种期及可播期；提出生产建议。	3 月上旬开始制作，3 月中下旬发布
9	青稞产量趋势、定量预报	青稞单产和总产预报结论，预报依据、有利气象条件和不利气象条件、社会经济等因素分析、未来天气趋势与生产建议。	分别为 6 月 15 日和 7 月 15 日。
10	粮食产量趋势、定量预报	包括冬小麦春小麦、青稞、粮食总产和单产预报结论，预报依据、有利气象条件和不利气象条件、社会经济等因素分析、未来天气趋势与生产建议。	分别为 7 月 25 日和 8 月 25 日
11	拉萨优质青稞播种期预报	主要农区冬季气候概况和春播前期农业气象条件、生长关键期气候预测及影响、拉萨市各主要农区优质青稞适宜播种期预报、对策建议。	3 月下旬
12	拉萨优质青稞收割期预报	拉萨优质青稞生长期农业气象条件分析(热量、水分、光照)、作物生育期间农业气象条件、青稞收割期预报、8 月上旬天气趋势与生产建议。	8 月上旬
13	草原区牧草返青期预报	冬季草原区气候概况、入春以来主要草原区的气候概况、未来气候预测、预测依据、主要草原区返青期预测、生产建议。	4 月上旬
14	牧草生长季气象条件评价	草原区(4—10 月)气象条件分析，生产建议。	11 月上旬
15	植被生态质量监测评估	牧草返青分析、植被生长季气象条件(3—5 月；6—10 月)、植被净初级生产力(net primary productivity，NPP)和生态质量、牧草黄枯期预报和评估。	12 月上旬
16	林芝条锈病气象等级预报	条锈病发生趋势等级预报、预报依据(越冬期间气象条件及其对麦类条锈病发生的影响、入春以来气象条件及其对麦类条锈病发生的影响、品种抗病性)、未来气候趋势、防控对策与建议。	6 月上旬
17	病虫害调查	大田调查	3—8 月
18	农用天气预报	本周天气预报、上周天气对作物生长的影响、农业生产建议。	不定期、主要为 6—7 月
19	农业气象服务增刊	农业气象灾害对设施农业的影响情况调查、特色农业调研的报告等。	作物生长发育关键期制作

4.1.1.3　产品统一命名

西藏公共气象服务产品见表 4.3 和表 4.4。

表 4.3 西藏公共气象服务产品

序号	文件描述	文件名称	传输时间	产品制作频次
1	农业气象灾害评估与预警	Z_MSP3_XZ－CC_MDDRGRA_ME_L88_XZ_YYYYMMDD0000_00000－00000. DOC	不定期	不定时
2	粮油产量预报	Z_MSP3_XZ－CC_AGRYTEFC_SUM_L88_XZ_YYYYMMDD0000_M0000－M0000. DOC	成熟季度发布	7 月,8 月
3	病虫害气象等级预报	Z_MSP2_XZ－CC_MDINSPMF_DW_L88_XZ_YYYYMMDD0000_00000－00000. DOC	5 月、6 月	5 月 1 期
4	土壤水分监测公报	Z_MSP3_XZ－CC_SMMFC_TR1_L88_XZ_YYYYMMDD0000_T0001－T0000. DOC	每旬逢 1 日	每月 3 期
5	秋收秋种气象服务	Z_MSP3_XZ－CC_AGRKFST_AHCY_L88_XZ_YYYYMMDD0000_00000－00000. DOC	9—11 月	9 月、10 月 22 日。每周 1 期
6	农用天气预报	Z_MSP2_XZ－CC_AGRFC_AGR_L88_XZ_YYYYMMDD0000_00000－00000. DOC	不定期	不定时
7	春播期预报	Z_MSP2_XZ－CC_AGRSEDF_FOODC_L88_XZ_YYYYMMDD0000_W0001－00000. DOC	3 月下旬—5 月	每周 1 期
8	优质青稞收割期专题服务	Z_MSP3_XZ－CC_AGRHVTF_FOODC_L88_XZ_YYYYMMDD0000_00000－00000. DOC	7 月底—8 月中旬	收割期服务 1 期
9	农业气象情报(季报、年报)	Z_MSP3_XZ－CC_AGRINF_MSG_L88_XZ_YYYYMMDD0000_S0001－00000. DOC	季度、次年 1 月底前发布	4 期季报、1 月底前年报
10	农业气象专题(春耕春播专报)	Z_MSP3_XZ－CC_AGRKFST_AGR_L88_XZ_YYYYMMDD0000_00000－00000. DOC	11:30 分前	春播期间每周 2
11	农业气象月报	Z_MSP3_XZ－CC_AGRINF_MSG_L88_XZ_YYYYMMDD0000_M0001－M0000. DOC	每月逢 1 日	每月 1 期
12	农业气象旬报	Z_MSP3_XZ－CC_AGRINF_MSG_L88_XZ_YYYYMMDD0000_T0001－T0000. DOC	每旬逢 1 日	每月 3 期
13	生态气象监测评估	Z_MSP3_XZ－CC_ECOMA_ME_L88_XZ_YYYYMMDD0000_S0001－S0000. DOC	季度发布	春季、夏季各 1 期

表 4.4 西藏公共气象服务产品

序号	分类	产品	命名	文件名称
1	农气情报产品类	农业气象旬报	AMDB	Z_SEVP_C_BELS_y1y1y1y1m1m1ddhhm0m0ss_P_AGRM－AMDB. DOC
2		农业气象月报	AMIN	Z_SEVP_C_BELS_y1y1y1y1m1m1ddhhm0m0ss_P_AGRM－AMIN. DOC
3		土壤水分监测公报	AMSM	Z_SEVP_C_BELS_y1y1y1y1m1m1ddhhm0m0ss_P_AGRM－AMSM. DOC

续表

序号	分类	产品	命名	文件名称
4	农气情报产品类	农业干旱监测预报	AMDF	Z_SEVP_C_BELS_y1y1y1y1m1m1ddhhm0m0ss_P_AGRM－AMDF. DOC
5		农业气象灾害(病虫害)监测评估、预测预报预警	AMDP	Z_SEVP_C_BELS_y1y1y1y1m1m1ddhhm0m0ss_P_AGRM－AMDP. DOC
6		关键农事季节和作物关键发育期气象服务	AMTP	Z_SEVP_C_BELS_y1y1y1y1m1m1ddhhm0m0ss_P_AGRM－AMTP. DOC
7		现代农业(设施农业、特色农业)气象服务	AMMA	Z_SEVP_C_BELS_y1y1y1y1m1m1ddhhm0m0ss_P_AGRM－AMMA. DOC
8		其他的农业气象服务产品	AMSV	Z_SEVP_C_BELS_y1y1y1y1m1m1ddhhm0m0ss_P_AGRM－AMSV. DOC
9 10	作物产量趋势预报类	冬小麦	EXM3	Z_SEVP_C_BELS_y1y1y1y1m1m1ddhhm0m0ss_P_AGRM－EXM3－1. DOC
11 12		春小麦	EXM2	Z_SEVP_C_BELS_y1y1y1y1m1m1ddhhm0m0ss_P_AGRM－EXM2－1. DOC
13		粮食总产	ELS1	Z_SEVP_C_BELS_y1y1y1y1m1m1ddhhm0m0ss_P_AGRM－ELS1－1. DOC
		主要夏收粮油作物	ESUM	Z_SEVP_C_BELS_y1y1y1y1m1m1ddhhm0m0ss_P_AGRM－ESUM－1. DOC
		主要秋收作物产量及全年粮食总产	EWIN	Z_SEVP_C_BELS_y1y1y1y1m1m1ddhhm0m0ss_P_AGRM－EWIN－1. DOC

4.1.1.4　产品发送渠道

农业气象服务产品发送发布渠道见表 4.5。

表 4.5　农业气象服务产品发送发布渠道

产品名称	发送渠道
所有农业气象服务产品	1. 政府领导(纸质版)、区政府办公厅,通过区局机要室报送;电子信箱发送涉农部门。 2. 国家气象业务内网(Word 版或者 PDF 版)http://10.1.64.154/datain/WEB/Word/index. html。 3. 气象政务管理信息系统(PDF 版)http://10.1.65.64/下综合管理的气候监测。 4. 服务中心(CuteFTP:10.216.38.211)。 5. 决策服务信息共享平台(10.1.64.187)。 6. 全国农业气象业务共享网 http://10.1.64.179:4848/的格点数据下载中上传产品。

4.1.2　产品制作流程

4.1.2.1　资料来源

(1)气温、降水、日照数据通过西藏农业气象一体化平台(http://10.216.10.13:8080/

web/pc_tibet/index. html? loginout＝true)获取和制图，数据校对可查询西藏气象业务一体化平台 http://10.216.47.211/login. do 的气候监测中查询，也可以在 CMISS 气象数据统一服务接口(http://10.216.89.55/cimissapiweb/)上查询或当地台站进行核实。

(2)旬、月气候预测从气象政务管理信息系统 http://10.1.65.64/下综合管理的预测预报获取。

4.1.2.2 产品制作

分析旬、月、季、年的气温、降水、日照时数的空间分布基本特征；计算气温、降水、日照基本要素与 30 年气候平均值的距平或距平百分率，并做出偏高(低)、偏多(少)或者正常的判断；结合分析本旬、月、季、年的气候状况对作物生长发育的影响；根据气候预测或天气预报提出科学合理的农业生产建议。旬、月、季、年气象情报标准见表 4.6—表 4.9。

表 4.6 旬气象情报标准

等级	描述	业务标准	
气温	偏高	$\Delta T \geqslant 0.5$ ℃	气温偏高
	正常	-0.5℃$<\Delta T<0.5$ ℃	气温正常
	偏低	$\Delta T \leqslant -0.5$ ℃	气温偏低
降水	偏多	$\Delta R\% \geqslant 30\%$	降水偏多
	正常	$-30\%<\Delta R\%<30\%$	降水正常
	偏少	$\Delta R\% \leqslant -30\%$	降水偏少
日照	偏多	$\Delta S \geqslant 5.0$ h	日照偏多
	正常	-5.0 h$<\Delta S<5.0$ h	日照正常
	偏少	$\Delta S \leqslant -5.0$ h	日照偏少

注：ΔT 为气温距平(℃)；$\Delta R\%$为降水距平百分率(%)；ΔS 为日照时数距平(h)。

表 4.7 月气象情报标准

等级	描述	业务标准	
气温	偏高	$\Delta T \geqslant 0.5$ ℃	气温偏高
	正常	-0.5℃$<\Delta T<0.5$ ℃	气温正常
	偏低	$\Delta T \leqslant -0.5$ ℃	气温偏低
降水	偏多	$\Delta R\% \geqslant 20\%$	降水偏多
	正常	$-20\%<\Delta R\%<20\%$	降水正常
	偏少	$\Delta R\% \leqslant -20\%$	降水偏少
日照	偏多	$\Delta S \geqslant 10.0$ h	日照偏多
	正常	-10.0 h $<\Delta S<10.0$ h	日照正常
	偏少	$\Delta S \leqslant -10.0$ h	日照偏少

注：ΔT 为气温距平(℃)；$\Delta R\%$为降水距平百分率(%)；ΔS 为日照时数距平(h)。

表 4.8　季气象情报标准

等级	描述	业务标准	
气温	偏高	$\Delta T \geqslant 0.5$ ℃	气温偏高
	正常	$-0.5℃ < \Delta T < 0.5$ ℃	气温正常
	偏低	$\Delta T \leqslant -0.5$ ℃	气温偏低
降水	偏多	$\Delta R\% \geqslant 20\%$	降水偏多
	正常	$-20\% < \Delta R\% < 20\%$	降水正常
	偏少	$\Delta R\% \leqslant -20\%$	降水偏少
日照	偏多	$\Delta S \geqslant 20.0$ h	日照偏多
	正常	-20.0 h $< \Delta S < 20.0$ h	日照正常
	偏少	$\Delta S \leqslant -20.0$ h	日照偏少

注：ΔT 为气温距平(℃)；$\Delta R\%$ 为降水距平百分率(%)；ΔS 为日照时数距平(h)。

表 4.9　年气象情报标准

等级	描述	业务标准	
气温	偏高	$\Delta T \geqslant 0.5$ ℃	气温偏高
	正常	$-0.5℃ < \Delta T < 0.5$ ℃	气温正常
	偏低	$\Delta T \leqslant -0.5$ ℃	气温偏低
降水	偏多	$\Delta R\% \geqslant 20\%$	降水偏多
	正常	$-20\% < \Delta R\% < 20\%$	降水正常
	偏少	$\Delta R\% \leqslant -20\%$	降水偏少
日照	偏多	$\Delta S \geqslant 30.0$ h	日照偏多
	正常	-30.0 h $< \Delta S < 30.0$ h	日照正常
	偏少	$\Delta S \leqslant -30.0$ h	日照偏少

注：ΔT 为气温距平(℃)；$\Delta R\%$ 为降水距平百分率(%)；ΔS 为日照时数距平(h)。

(1)产品签发

按照产品要求的制作和发布时间，由主班撰稿、副班协助、首席审核、领导签发。

(2)产品发送

农业气象服务产品经过审核和签发后，根据规定渠道发送指定服务单位。

(3)产品示例(略)

4.2　土壤水分监测

4.2.1　土壤湿度

土壤水分监测公报是通过烘干法或其他自动观测仪器获得土壤的体积含水量，结合土壤田间持水量换算成土壤相对湿度，表征不同土壤类型下作物在不同发育期的水分供应是否充足的报告。土壤湿度是土壤的干湿程度，即土壤的实际含水量，可用土壤含水量占烘干土重的百分数表示：土壤含水量＝水分重/烘干土重×100%。

4.2.2 土壤相对湿度

土壤相对湿度是指土壤含水量与田间持水量的百分比，或相对于饱和水量的百分比等相对含水量表示，土壤水分主要受到降水、灌溉、气温、植被类型及地形条件等因素的影响。

根据土壤相对湿润度(R)的干旱等级指标，可以分为 $60\%<R$ 为无旱，$50\%<R\leqslant 60\%$ 为轻度干旱，$40\%<R\leqslant 50\%$ 为中度干旱，$30\%<R\leqslant 40\%$ 为重度干旱，$R\leqslant 30\%$ 为特别重度干旱。

土壤相对湿度是表征农业旱情的一项重要指标，可以综合反映土壤水分状况和地表水文过程的大部分信息。根据土壤的相对湿度可以知道，土壤含水的程度，还能保持多少水量，在灌溉上有参考价值。

土壤湿度受大气、土质、植被等条件的影响。在野外判断土壤湿度通常用手来鉴别，一般分为四级：(1)湿，用手挤压时水能从土壤中流出；(2)潮，放在手上留下湿的痕迹可搓成土球或条，但无水流出；(3)润，放在手上有凉润感觉，用手压稍留下印痕；(4)干，放在手上无凉快感觉，黏土成为硬块。

依据土壤相对湿度(R)划分的干旱等级见表 4.10，土壤墒情对比分析分级标准见表 4.11。

表 4.10 土壤相对湿度旱涝等级划分表

等级	类型	土壤相对湿度(实时)(%)
1	渍涝	$100\leqslant R$
2	湿度过大	$95<R<100$
3	土壤过湿	$90<R\leqslant 95$
4	良好	$80<R\leqslant 90$
5	适宜	$60<R\leqslant 80$
6	无旱	$60<R$
7	轻度干旱	$50<R\leqslant 60$
8	中度干旱	$40<R\leqslant 50$
9	重度干旱	$30<R\leqslant 40$
10	特别重度干旱	$PA\leqslant -95$

表 4.11 土壤墒情对比分析分级标准

墒情级别	分级标准	墒情级别	分级标准
土壤持续缺墒	$W_1<60\%,W_2<60\%$	土壤缺墒	$W_1\geqslant 60\%,W_2<60\%$
土壤缺墒解除	$W_1<60\%,60\%\leqslant W_2<90\%$	土壤墒情适宜	$60\%\leqslant W_1<90\%,0\%\leqslant W_2<90\%$
土壤过湿解除	$W_1\geqslant 90\%,60\%\leqslant W_2<90\%$	土壤过湿	$W_1<90\%,W_2\geqslant 90\%$
土壤持续过湿	$W_1\geqslant 90\%,W_2\geqslant 90\%$		

注：W_1 为前次测量土壤相对湿度；W_2 为本次测量土壤相对湿度。

4.2.3 业务产品内容与发布

(1)业务内容

利用 4 个农业气象观测站的 10 cm、20 cm、50 cm 深度土壤相对湿度和作物生长发育期进行分析，分析土壤湿度对作物生长发育的利弊；同时对全区现有土壤自动站数据进行图形显示，表述不同区域的土壤湿度情况。同时，根据每旬 Terra/MODIS 500 m(或 1000 m)最大值合成卫星遥感资料监测分析土壤湿度遥感监测空间分布，分析不同区域土壤(2 cm 深度)体积含水量，描述不同地(市)表层土壤含水量的高低。

(2)产品与发布时间

产品名称为“西藏土壤水分监测公报”，每旬逢 1 制作发布。

(3)产品发送渠道

①气象政务管理信息系统(PDF 版)，地址：http://10.1.65.64/，产品名称示例：

西藏土壤水分监测公报(2020 年第 1 期).PDF

②服务中心(Word 版)，CuteFTP 地址：10.216.38.211

(4)土壤水分监测产品示例(略)。

4.3 农业气象服务平台

4.3.1 平台简介

农业气象服务平台集气象观测数据查询、气候灾害分析数据查询、气象预报数据、农气观测数据、部门行业数据、常规服务产品制作、专业服务产品制作及知识管理为一体，打造农业气象综合服务系统平台，与全国综合气象信息共享系统(CIMISS)对接，建设全自治区农业气象数据处理平台，为农业气象服务提供基础支撑。

(1)平台使用环境

操作系统：Windows 系统。

客户端浏览器：谷歌浏览器、360 浏览器等主流浏览器。

显示分辨率建议 1366×768，以达到最好的显示效果。

网络：网络畅通。

(2)平台基本操作说明

在浏览器中输入支撑平台地址，单击“回车”，即可进入支撑平台页面，页面集成农业气象业务支撑系统、气象灾害生态影响评估系统、西藏惠农气象 App 业务管理等业务管理系统于一体，用户通过点击不同的业务系统，并根据分配的用户权限进入到相应的管理系统中，如图 4.1 所示。

(3)用户登录

点击右上角 登录 ，弹出用户登录框，如图 4.2 所示。输入用户名称及正确的用户密码，点击“登录”，用户即可登录成功，页面右上角显示当前登录用户的姓名。用户账号可向系统管理申请。

图 4.1　西藏自治区农业气象综合业务支撑平台主页面

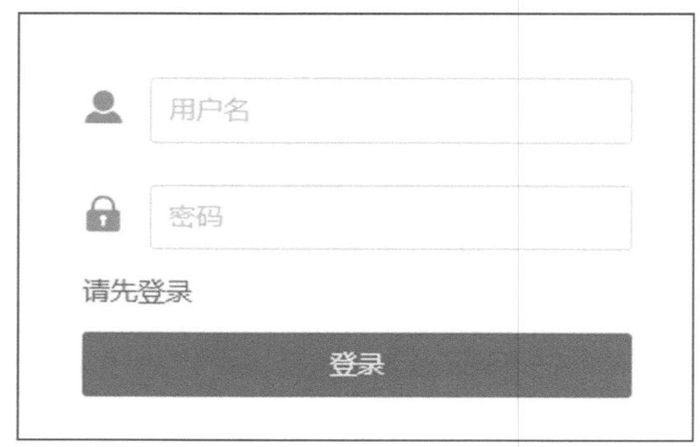

图 4.2　西藏自治区农业气象综合业务支撑平台登录界面

(4)菜单操作

用户登录成功后,点击各业务管理系统,进入到对应的管理系统,如用户进入到农业气象业务支撑系统,页面展示如图 4.3 所示。

图 4.4 平台设置为固定菜单栏,用户可通过点击菜单进入相应的功能页面,其中将菜单分为三级,一级为模块菜单、二级为功能菜单、三级为子功能菜单。

图 4.5 用户点击顶上白色箭头 ← ,可收起菜单;收起后点击顶上的白色三线 ≡ ,则可展开菜单。

(5)功能区操作

平台中间区域为功能操作展示区域,用户点击菜单,在此区域即可展示用户操作界面,用户在此区域进行查询、增加、修改等操作;标签页,显示当前页面的名称。如图 4.6 所示。

图 4.3　西藏自治区农业气象综合业务支撑平台——农业气象业务支撑系统主菜单

图 4.4　西藏自治区农业气象综合业务支撑平台——农业气象业务支撑系统一级菜单

图 4.5　西藏自治区农业气象综合业务支撑平台——农业气象业务支撑系统二级菜单

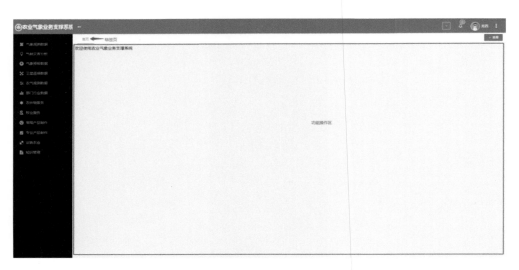

图 4.6　西藏自治区农业气象综合业务支撑平台——农业气象业务支撑系统三级菜单

(6)用户修改密码

平台右上角显示当前用户登录信息,用户可进行密码修改或者退出当前页面;点击当前用户信息,如图 4.7 弹出修改密码内容。

输入正确的原账号密码、新密码及确认密码(新密码和确认密码需保持一致),点击“确

图 4.7　西藏自治区农业气象综合业务支撑平台登录界面密码修改

定”，密码修改成功，且用户退出当前系统用新密码重新登录；点击“取消”或者弹框中的右上角“×”，可取消修改密码的操作。

(7)退出系统

点击“退出”，可退出当前系统，且页面跳转平台支撑页面。如图 4.8 所示。

图 4.8　西藏自治区农业气象综合业务支撑平台退出界面

4.3.2　农田小气候及作物自动观测

4.3.2.1　实景观测

经过查询，可以缩略图的形式，同时显示指定时段多个站的实景观测图 4.9。

双击图片可放大图像，并展示图像观测时次所对应的作物特征数据，农作物，观测时间，发育期，发育期持续时间，密度，冠层高度，盖度等。如图 4.10 所示。

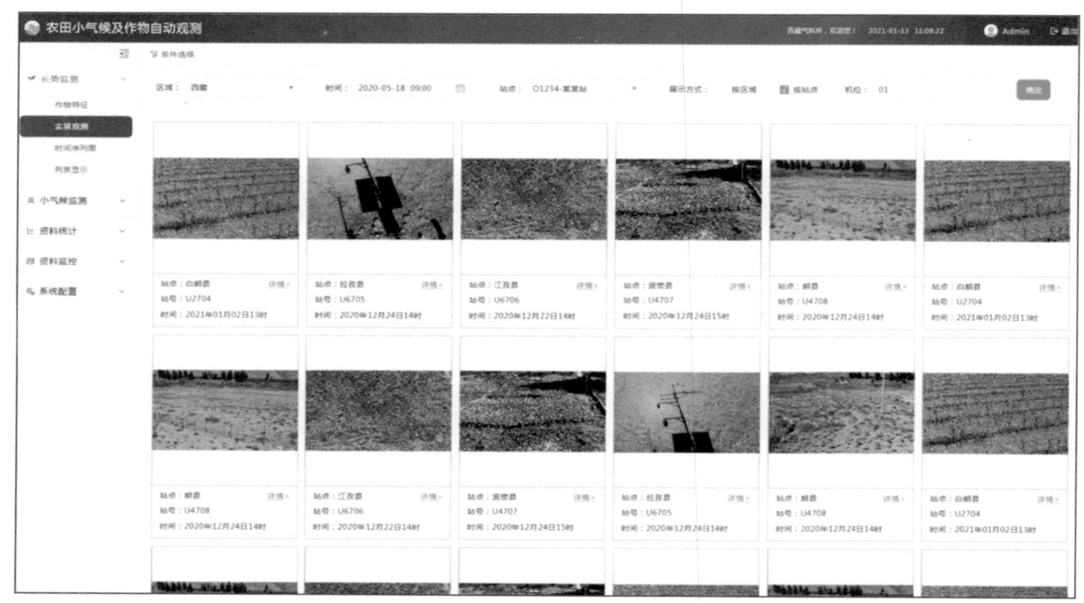

图 4.9　农田小气候及作物自动观测——实景观测(一)

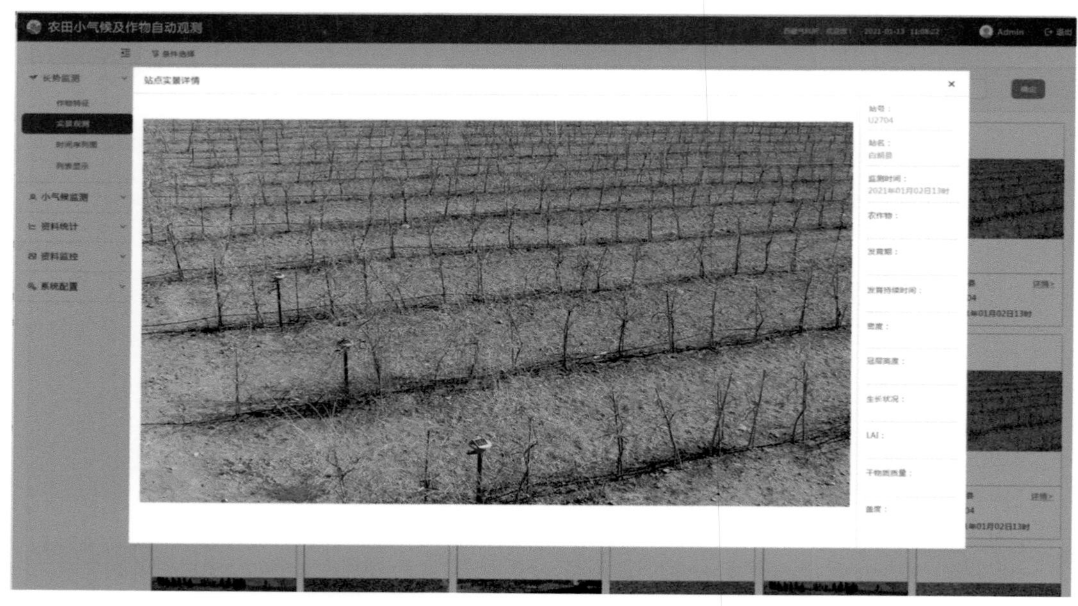

图 4.10　农田小气候及作物自动观测——实景观测(二)

4.3.2.2　小气候监测

小气候监测菜单主要包含要素分布图、表格显示、时间序列图三个子功能菜单。可将查询结果导出至本地。如图 4.11—图 4.13 所示。

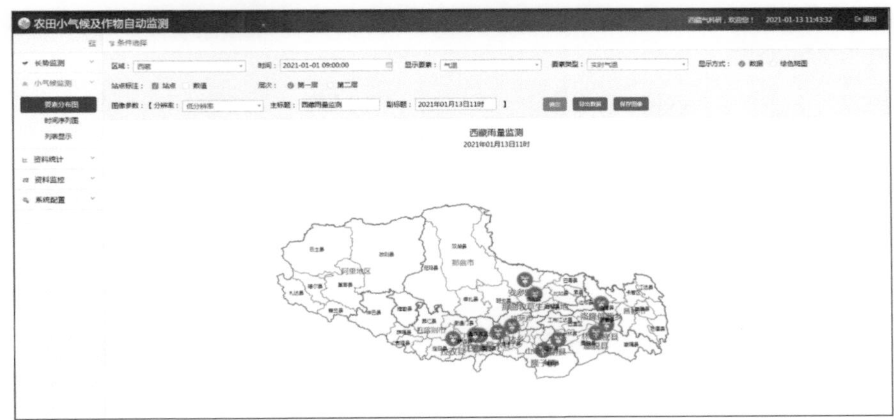

图 4.11 农田小气候及作物自动观测——小气候监测(要素分布图-1)

图 4.12 农田小气候及作物自动观测——小气候监测(要素分布图-2)

图 4.13 农田小气候及作物自动观测——小气候监测(要素分布图-3)

小气候资料种类有雨量、气温、气压、空气湿度、风速、辐射、红外冠层温度、地温等,其中空气温度、空气湿度、地温、土壤湿度可分为多个层次,用户可下拉选择,数据在时间上也有日、小时、分钟区分,用户均可自由选择。

第 5 章　生态遥感

承担本站卫星遥感数据的接收处理，以遥感技术在高原生态环境和防灾减灾等领域的应用与研究为重点，利用实时接收的卫星数据及下载的高分数据开展雪灾、植被、林火、水情、干旱、沙尘、冰川、土地利用变化、地质灾害等遥感监测服务。同时，承担国家级卫星遥感指导产品真实性检验，编写生态遥感年度报告。

5.1　监测平台

目前，中心使用的遥感业务服务平台以中国气象局下发的 SMART2.2 监测分析服务系统和 SWAP 卫星天气应用平台为主，其次是生态环境质量监测平台。针对不同的监测使用不同的业务服务平台。火情监测参考“卫星监测分析遥感应用系统 2.2、风云四号省级利用站地面应用系统、火情卫星遥感监测服务、NASA 资源火情监测平台、火情宝 App、风云四号卫星天气应用平台”；干旱使用的是自主研发的“西藏遥感旱情监测系统”；积雪以自主研发的“卫星遥感地表监测系统(Proms)”为主，“生态气象监测与评估系统”为辅的监测系统。数据处理平台有“PIE4.0 遥感图像处理软件、PIE-SAR 雷达影像数据处理软件试用版、ENVI5.3 破解版以及高分辨率卫星资料气象应用软件”等。

5.2　系统简介

西藏自治区气象局风云三号 02 批气象卫星应用系统工程数据接收系统省级利用站(拉萨站)是由北京华云星地通科技有限公司安装。FY3 气象卫星资料接收处理系统按照功能分布体系结构模式分解成“站运行管理分系统、数据接收分系统、数据预处理分系统，遥感应用分系统，数据存档分系统”五个部分。它可自动接收处理中国的 FY3 卫星 L 波段的 HRPT 和 X 波段的 MPT、美国 NOAA 系列的 AVHRR，以及 EOS-TERRA/AQUA 卫星 X 波段的 MODIS 和 NPP 卫星 X 波段的 VIIRS 等直接广播数据。利用中国气象局下发，由航天宏图信息技术股份有限公司联合研发的升级版“SMART2.2 监测分析服务系统”提供服务产品。

5.2.1　系统组成

(1)站运行管理分系统

是一个按功能分布式系统架构配置的信息处理与设备监控分系统，由计算机、相关软件及多媒体设备等组成，主要对整个系统的运行进行自动调度和监控，包括根据轨道根数、轨道预报数据、制定作业表及调度命令等下达给各设备，进行全站的时间校准，是实现系统目标的关键；

(2)数据接收分系统在按照站运行管理分系统的要求，控制天线进行 L 波段、X 波段数据接收，完成对卫星遥感信号的接收、放大、滤波、变频和数据解调、纠误译码、CCSDS 同步处理，生成卫星原始数据，同时进行 L0 数据快视，并对 FY3 卫星的原始数据进行质量统计；在必要的条件下，根据国家卫星气象中心提供的 MPT 密钥，进行 MPT 解密；

(3)数据预处理分系统主要是将接收到的卫星相关载荷数据进行自动预处理，生成具有标准格式、标准文件名称的 L1 数据文件；同时将 L1 级数据分发到数据存档、遥感应用分系统或用户指定位置；

(4)遥感应用分系统分为监测分析和产品生成两个部分，监测分析是运行在客户端的人机交互业务软件，需具备业务应用相关的各项技术，具体包括：遥感数据处理技术、遥感信息提取技术、图像图形处理技术、地理信息系统技术和业务流程支撑技术等，以及支撑全业务过程的专业的、便捷的工具包和功能组；产品生成是运行在服务端自动化业务软件包，基于 1 级数据，按照产品科学算法，生成满足精度要求的实时或准实时、大气、海表、陆表地球物理参数产品；

(5)数据存档分系统是对接收和预处理等数据进行自动编目，进行长期存档，为省级各类用户提供上述数据的数据检索服务，便于用户进行其他处理和分析。

5.2.2　系统开关机顺序

整个系统的开机顺序为：先开计算机、然后打开交换机、最后打开机柜内的所有设备。其中，所有计算机没有开机顺序，可先打开任意一台计算机。机柜内的设备也无开机顺序，但是建议开机顺序为自上而下打开。同时，注意天线控制器有两个开关，开机时需先打开上面的开关(低压开关)，待设备自检完毕后，再打开下面的开关(高压开关)。

系统的关机顺序正好与开机顺序相反。需先关闭机柜内的设备，然后关闭交换机，最后关闭计算机。在关闭天线控制器时需要注意一点，其关闭顺序与开机顺序正好相反：需先关闭下面的开关(高压开关)，再关闭上面的开关(低压开关)。其系统开机流程如图 5.2.1 所示。

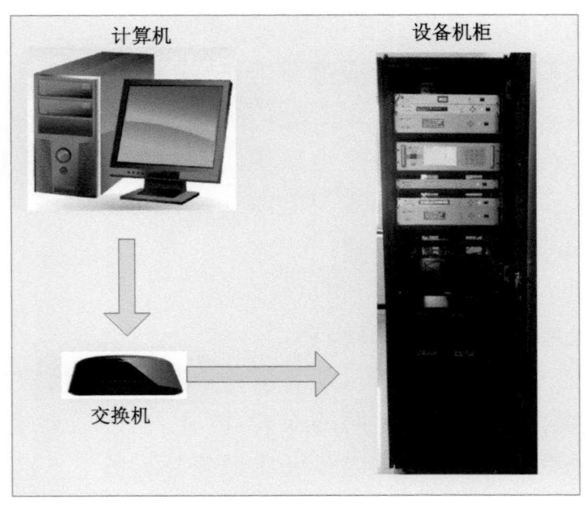

图 5.2.1　系统开机流程图

5.3 系统维护

5.3.1 日常维护

5.3.1.1 天线控制部分的日常维护

天线控制部分的日常维护包括机械和电气两部分。机械部分主要针对 X-Y 装架天线进行，电气部分主要针对天线控制器等设备进行。

(1)机械部分维护

①至少 15 天左右检查一次天线运行情况，主要包括：

检查主要螺钉是否有松动现象(重点查看皮带压带轮处螺丝)，如有松动，应及时拧紧。天线在运转的时候，是否有异常声音，如有，应及时与厂家联系。

②保持天线罩内清洁，每季度检查天线面降尘情况。

对天线面进行定期清洁，保持锅面无灰尘。对于没有天线罩的天线锅面，定期清洁，冬天下雪时，锅面积雪会影响接收信号质量，积雪过多不仅无法接收信号、还会毁坏天线。配有天线罩的也要注意天线罩不能积雪，尤其北方的冻雨，容易造成天线罩结冰、积雪，要及时清除。

另外注意防雨、防水，一旦设备进水，转动机构生锈，或造成电器短路，都会影响天线正常工作。

③每 60 天给齿轮和电机换润滑油。

天线机械部分每天不断运转，像汽车一样要定期保养，对易磨损器件要定期更换，定期在传动齿轮、轴承加润滑油。一般运转每 60 天加一次润滑油，当接收卫星很多时，应在每 40 天加一次润滑油，在每次加油时，将天线转到要加油的齿轮一侧，然后关闭天线电源，将天线大齿轮保护带打开，在齿轮上加油(注：添加润滑油不宜过多，填满大约三分之一齿轮槽即可)。夏天，一般加高温油，型号可采用昆仑牌 2 号常温润滑脂；冬天北方要加低温油，型号可用昆仑牌 2 号低温润滑脂，然后恢复保护带，注意在恢复时拉紧后再加固，防止在天线运行中损坏皮带。

④在雷雨季节到来之前必须仔细检查避雷接地系统是否良好。

天线自身不具备避雷功能，为防止天线遭受雷击，需在天线旁边安装避雷针，用户方应找有避雷资质的单位按照国家标准建设避雷设施。在浇筑基座时应使基座与天线一起可靠接地，当在雷雨季节来临之前必须对其避雷接地系统进行检查，看是否接地良好。同时，射频电缆及控制电缆线最好走金属管道，金属管道与电缆馈线的屏蔽网应可靠接地。天线的户外接地线不要与室内的接地线共用，要分别接地。

(2)电气部分维护

①至少每周检查一次所有电缆是否有损坏。

检查天线两轴旁边的电缆是否有磨损，如有磨损，必须采取相应的调整方式，以防止电缆进一步的损坏；对所有电缆接头要进行定期的检查，防止其进水、老化；检查电缆是否有老化现象，如若老化严重，要及时更换，防止由于电缆老化而损坏设备。

②检查天线控制器显示状态。

首先每天检查天线控制器所显示的时间是否为准确时间，如不准确一定通过自动校时或手动校时将时间进行校正。

每季度检查各端口接线情况。发现天线控制器 X、Y 轴出现告警代码及时处理或报给华云星地通公司。将天线控制器机箱盖打开后即可看到图 5.3.1 天线控制器 X、Y 轴显示告警代码的位置。表 5.3.1 为天线控制器常见告警代码说明。

（Y 轴出现告警代码位置） （X 轴出现告警代码位置）

图 5.3.1 天线控制器 X、Y 轴显示告警代码位置图

表 5.3.1 天线控制器常见告警代码说明

告警代码	说明
16	显示天线的转动力矩过大
21	显示供电电源异常
22	显示线缆接线柱断裂

5.3.1.2 接收解调部分的日常维护

接收解调部分的日常维护包括供电、远程控制和信道三部分。

(1)供电部分维护

①每周至少检查一次供电网络是否满足本系统的供电要求，防止因突然断电、跳闸等现象而损毁设备。(注：整套系统应由 UPS 供电)

②平时注意检查各个设备的供电及接地情况。查看电源线的插头是否牢靠，防止打火等现象的发生。对有问题的电源线要及时进行更换。

③设备使用时，要按操作程序的要求依次开关，设备在开启时严禁插拔电源。

(2)远程控制部分维护

应定期检查串口服务器的各个接口是否有松动，对有问题的网线接口要及时进行更换。同时要注意接口顺序，不可随意插接。具体顺序如下：

1 口：天线控制器

2 口：L 波段变频器

3 口：低速多功能解调器

4 口：X 波段二级变频器

5 口:高速多功能解调器

检查连接到各个设备上的 DB9 头,在切换时有问题时要及时查找原因,如是接头的问题,要及时进行维护、更换。

(3)信道部分维护

①定期检查一次各个信号电缆是否有损伤,对有损伤、老化的电缆要及时进行更换。

②检查电缆接头是否牢靠,信号连接的接头是否拧紧,同时做好电缆接头的防水工作,对进水老化的接头要及时进行维护、更换。

③设备使用时,要按操作程序的要求依次开关,设备在开启时严禁插拔电源和信号电缆。设备设置的参数在安装时已全部调试好,不要随意修改参数。

④状态检测参数:系统设备变频器,解调器均有参数检测功能,变频器有电平检测,解调器中也有信号电平参数,通过面板、计算机监测界面均可检测到这些状态参数。

⑤在日常维护中,通过使用万用表、频谱仪等测试仪器,可以监控和测量系统设备和线路运行。现提供 FY-3、NPP、TERRA 和 AQUA 卫星 X 波段,以及 NOAA-18 卫星 L 波段信号的使用频谱仪监控信道接收情况分别参见图 5.3.2—图 5.3.6。

实测工具:频谱仪　　Agilent N9340B　　9K—3.0 GHz

实测参数:载频　　X:140 MHz　L:70 MHz

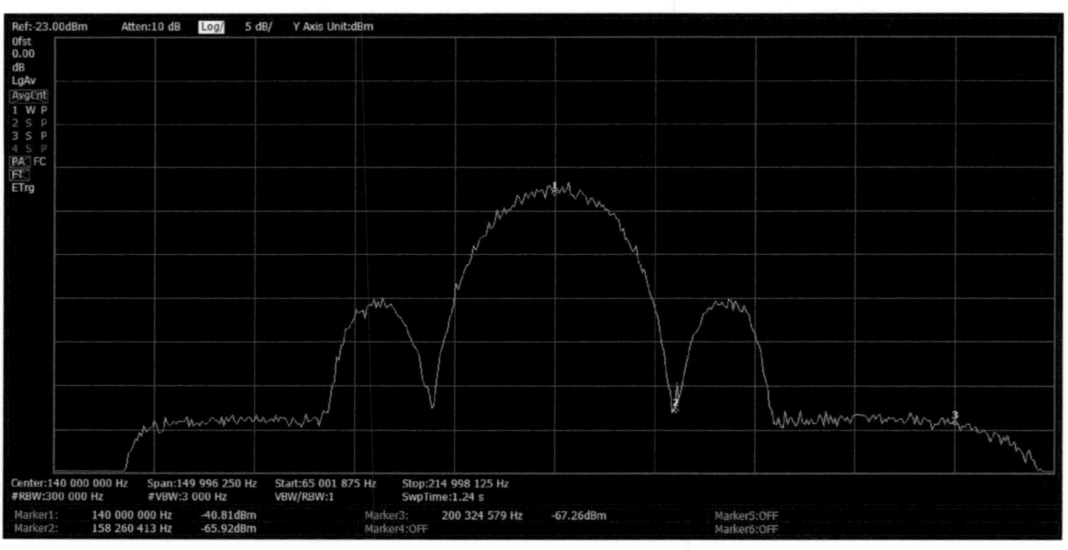

图 5.3.2　FY-3 卫星 X 波段信号的实测频谱

5.3.1.3　数据处理应用部分的日常维护

数据处理应用部分的维护主要为网络维护。网络维护具体操作步骤同 5.3.3 风云三号省级站手动更新两行报和辅助参数。

(1)本系统通过一个交换机组成一个局域网,然后与外网相连。系统中的所有微机已绑定 IP 地址,用户平时需注意其他微机不可再绑定本系统所用 IP 地址,防止出现 IP 地址冲突。

(2)本系统在运行过程中,需从网上下载轨道报等资料,因此本系统需要与外网相连。用户需平时注意本系统的网络连接状态,以防止网络堵塞而引起的设备所需资料的无法获取。

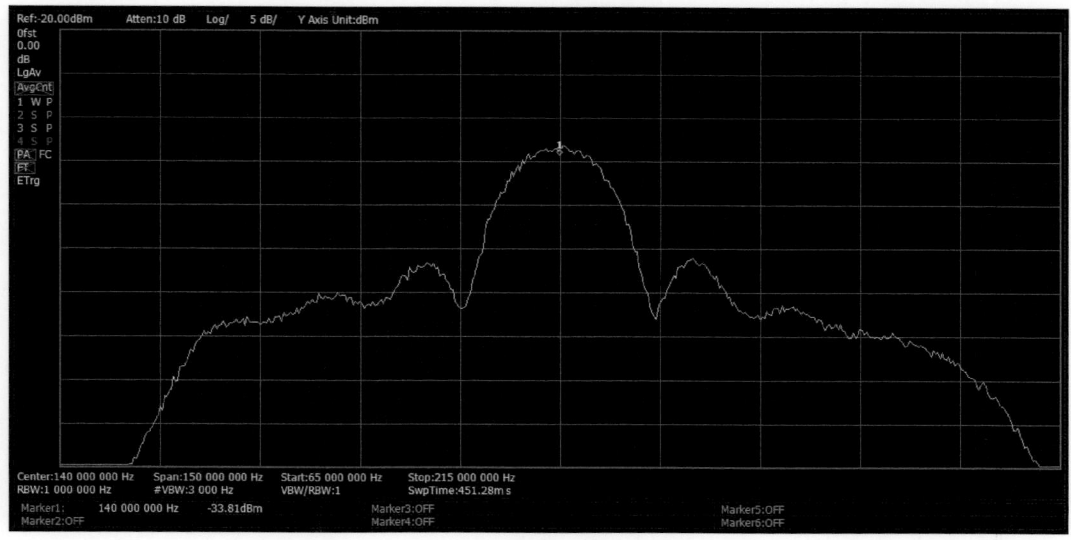

图 5.3.3　NPP 卫星 X 波段信号的实测频谱

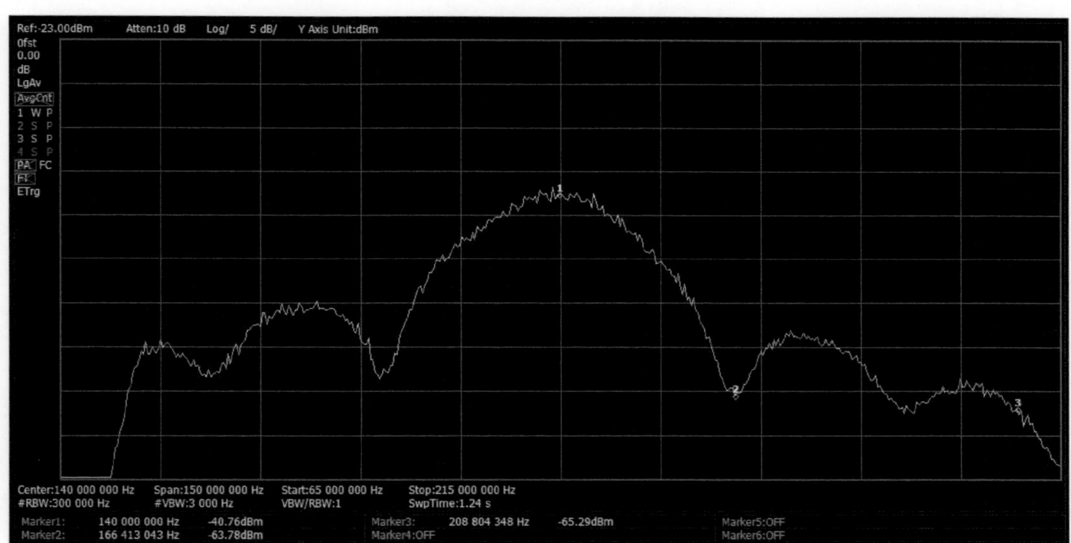

图 5.3.4　TERRA 卫星 X 波段信号的实测频谱

如若暂时无法连接网络，可通过其他电脑进行手动下载，然后复制到本系统的站运行管理机中。注意，资料的更新最长时间为 2 天。具体方式：登录 http://www.shinetek.com.cn/eos_data 页面，如图 5.3.7 所示。

下载其中的“NOAA.TLE”“TERRA.TLE”“FY3A.TLE”“FY3B.TLE”“FY3C.TLE”及辅助参数“utcpole.dat”“leapsec.dat”“fy3a1line.dat”“fy3b1line.dat”“fy3c1line.dat”。

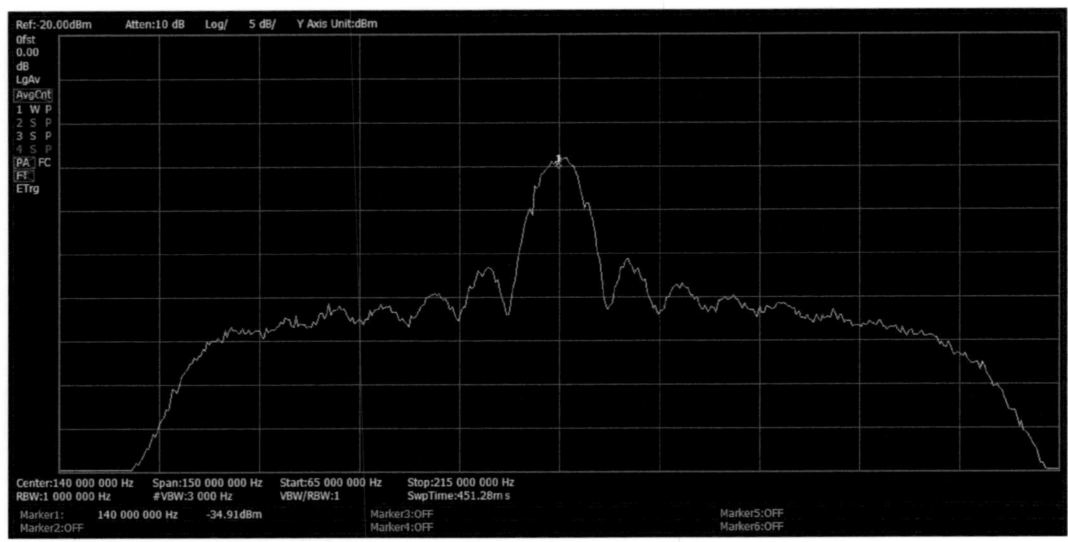

图 5.3.5　AQUA 卫星 X 波段信号的实测频谱

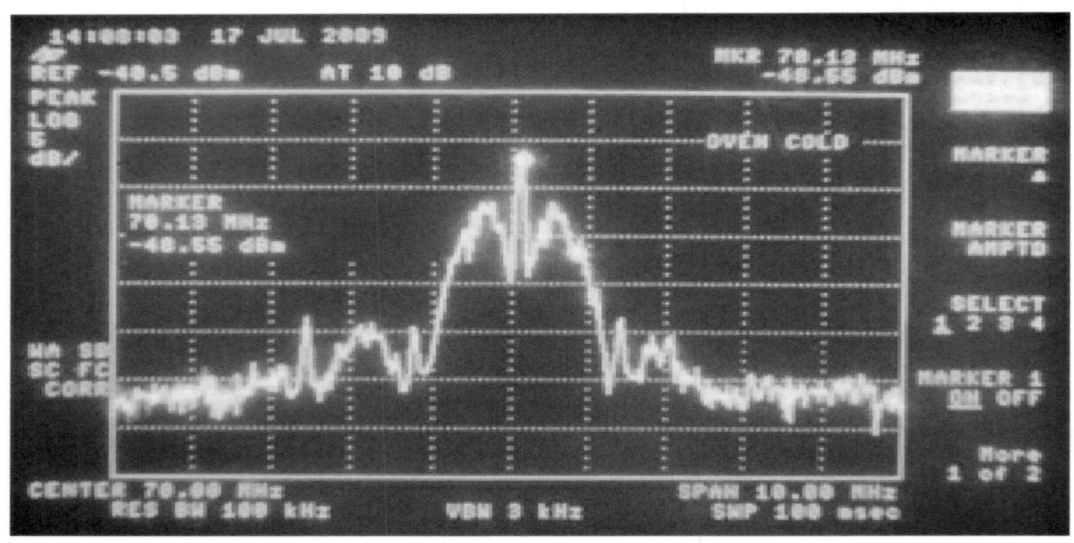

图 5.3.6　NOAA-18 卫星 L 波段信号的实测频谱

(3)查看数据处理监视软件运行状态

每日查看数据处理监视软件中各载荷状态与数据预处理机器的运行状态如图 5.3.8 所示。图中，各载荷预处理及分发状态列表可查看预处理状态，绿色为处理成功，红色区域显示为处理失败。点击处理失败的作业，在下方作业流处理日志窗口可查看失败日志。红色方框为数据预处理机器运行状态与磁盘空间状态，运行状态处于绿色为正常连通状态，红色为异常。

Index of /eos_data

www.shinetek.com.cn/eos_data/

Name	Last modified	Size	Description
Parent Directory		-	
AQUA.TLE	2019-09-26 15:01	168	
FY1D.TLE	2019-09-26 15:01	168	
FY3A.TLE	2019-09-26 15:01	168	
FY3B.TLE	2019-09-26 15:01	168	
FY3C.TLE	2019-09-26 15:01	168	
METOP-A.TLE	2019-09-26 15:01	168	
NOAA.TLE	2019-09-26 15:01	2.3K	
NOAA12.TLE	2019-09-26 15:01	168	
NOAA15.TLE	2019-09-26 15:01	168	
NOAA16.TLE	2019-09-26 15:01	168	
NOAA17.TLE	2019-09-26 15:01	168	
NOAA18.TLE	2019-09-26 15:01	168	
NOAA19.TLE	2019-09-26 15:01	168	
NWP/	2019-09-26 09:50	-	
SUOMINPP.TLE	2019-09-26 15:01	168	
TERRA.TLE	2019-09-26 15:01	168	
drl.tle	2019-09-26 15:01	672	
fy3a1line.dat	2019-09-26 15:01	299K	
fy3b1line.dat	2019-09-26 15:01	269K	
fy3c1line.dat	2019-09-26 15:01	181K	
fy3d1line.dat	2019-09-26 15:01	56K	
leapsec.dat	2019-09-26 15:01	3.7K	
resource.txt	2019-09-26 15:01	26K	
utcpole.dat	2019-09-26 15:01	1.1M	
weather.txt	2019-09-26 15:01	8.9K	

图 5.3.7　辅助参数下载页面

图 5.3.8　数据处理监视

5.3.2 故障诊断

5.3.2.1 日常天线控制部分故障及处理

当天线控制器发生故障时，其外在表现主要有以下三个方面：四个限位灯中某一个灯常亮、四个限位灯中某两个或是四个限位灯全部呈闪亮状态、液晶屏的示数长时间停留在某组数字下未发生变化。

(1)限位灯常亮

当这种情况发生时，是天线触发了硬件极限限位开关。

天线 X、Y 两轴的运动范围为 3°～177°，当天线运动超出此范围时，天线就会触发硬件极限限位开关，从而达到保护天线的目的。出现这种情况后，首先应查明造成触发硬件极限限位开关的原因，查明原因、采取相应的措施后，即可手动恢复天线运动。在主界面下选择手动界面(MAN)，通过连续按按键“8 4 2 6 8 4 2 6 8”进入天线控制器的密码操作菜单，按动按键 F2，使 X 轴 Y 轴数据复位，按动方向控制键 2、4、6、8 键，运行天线(注：天线运行方向应与报警灯指示方向相反)先让报警灯熄灭；然后按键控制天线运动，使 X 轴、Y 轴中点位置指示灯亮；两个指示灯都亮后，(注：天线实际状态与角度不对应)退出到主界面，再进入手动界面(MAN)，再通过连续按按键“8 4 2 6 8 4 2 6 8”进入天线的密码操作菜单，按动按键 F2，使 X 轴 Y 轴数据复位。此时天线实际状态与角度就完全对应了。此时，回到“AUTO”状态下，即可接收下一条轨道数据。

(2)四个限位灯中某两个或是全部灯呈闪亮状态

当出现这种情况时，表明天线控制器中的电机驱动器出现错误并在持续报警。

天线控制器中的电机驱动器自身有一些保护程序，当它的某些输入输出信号发生异常时，便会自动报警。在出现这种情况时，可先重新启动一下天线控制器，看一下是否恢复正常状态。如果无法恢复，打开天线控制器，观察天线控制器的电机驱动器面板指示灯有无闪动报警，如有记下其报警号码后及时与供应商联系。

常见天线电机驱动器面板指示灯报警号码含义如下：

ERR 12——驱动器主电压过高。

ERR 14——主电源瞬时断电或波动。

ERR 16——电机驱动力矩超载。

ERR 21——电机编码器出现异常错误。

ERR 22——电机编码器连线错误。

ERR 38——天线两个方向(左右或上下)同时出现硬件限位

(3)液晶屏的示数长时间停留在某组数字下未发生变化

当系统传完轨道报后，天线停止在“90”状态下不动，首先要检查一下天线控制器是否是在“AUTO”状态下，确定天线在“AUTO”状态下后，检查天线控制器数据传输线是否松动：如以上都没有问题，请与供货商联系。

如系统传完轨道报后，天线运行到预置位，等待时间无限大，有如下情况：

●轨道报过期(重新下载最新轨道报)

●天控器时间不正确(可用 GPS 重新校正)

如果是天线在某个角度停止了运动，打开天线控制器，观察天线控制器的电机驱动器面板指示灯有无闪动报警，如有可先重新启动一下天线控制器，看一下是否恢复正常状态。如果无法恢复，记下其报警号码后及时与供应商联系。

5.3.2.2　室外天线故障及处理

室外天线部分出现问题后，用户需立刻关闭此系统中的“天线控制器”，并及时与供货商进行联络。不建议用户私自进行天线部分的维护、维修工作。

5.3.2.3　接收解调部分故障及处理

（1）变频器部分故障及处理

此处所说变频器是指 L 波段变频器及 X 波段二级变频器部分。

①变频器部分所有参数无法进行切换

首先用户需检查其远程控制的连接电缆与变频器及串口服务器的连接是否正确，是否按照所要求的接口顺序进行了连接。然后看连接电缆头是否牢靠，如若有所松动，插紧后再手动切换一次，看是否恢复。若插紧后还是没有恢复，检查其接头是否有虚焊或损坏现象，若有，及时对其进行更换。

②变频器切换后参数乱码

首先用户检查软件中所设置的参数是否正确（详细步骤可参阅《软件安装说明》）。若正确，检查电缆接头是否出现虚焊、损坏现象，若有，及时对其进行更换。若还是无法恢复，重启变频器，然后进行手动切换，看是否可以恢复。若不能，需及时与供货商进行联系。

③其他

若用户在使用中发现，变频器所有的设置等均正确，通过频谱仪发现其中频输出无信号，此时，不建议用户私自进行维护、维修工作，需及时与供货商联系。

（2）低速多功能解调器故障及处理

①无法远程设置低速多功能解调器

首先用户检查其连接电缆是否正确，是否按照所要求的接口顺序连接到了串口服务器的 3 口。然后看连接电缆头是否牢靠，若有所松动，插紧后再手动切换一次，看是否恢复。若插紧后还是没有恢复，检查其接头是否有虚焊或损坏现象，若有，及时对其进行更换。若这些都没有问题，检查低速多功能解调器的远程设置是否正确，同时通过硬件监控程序查看其默认网关是否变更。

②其他

若用户在使用中发现，低速多功能解调器所有的设置及指示灯等均正确，但无任何数据进机，此时，不建议用户私自进行维护、维修工作，需及时与供货商联系。

（3）高速多功能解调器故障及处理

①无法远程设置高速多功能解调器

首先用户检查其连接电缆是否正确，是否按照所要求的接口顺序连接到了串口服务器的 5 口。然后看连接电缆头是否牢靠，若有所松动，插紧后再手动切换一次，看是否恢复。若插紧后还是没有恢复，检查其接头是否有虚焊或损坏现象，若有，及时对其进行更换。如若这些都没有问题，检查低速多功能解调器的远程设置及 MAC 地址是否正确（具体操作步骤参阅《设备说明》），也可通过硬件监控程序查看其各项设置是否变更。

②其他

如果用户在使用中发现，高速多功能解调器所有的设置及指示灯等均正确，但无任何数据进机，此时，不建议用户私自进行维护、维修工作，需及时与供货商联系。

5.3.2.4 数据处理应用部分故障及处理

此分系统主要由软件构成，其故障主要为网络故障。

(1)无法连接外网

首先检查是否所有外网都已断开，然后查看是否是交换机出现断电问题，如无问题，查看是否是 IP 地址设置问题。

(2)无法自动下载轨道报

首先检查外网是否通畅，如若没问题，再看前端控制软件中的设置是否正确，特别是下载轨道报的网址是否设置正确。

(3)数据无法传输至后端机

首先检查本系统的局域网是否通畅，然后看数据接收机的 IP、用户名及密码设置是否与后端预处理程序中所设置的一致，若修改后还是无法恢复，请及时与网络管理人员或是供货商联系。

5.3.2.5 整个系统故障及处理

极轨卫星接收处理系统常见故障现象：系统不收图、收图时出现丢线、噪声点多以及过顶信号不好等故障。

(1)系统不收图

系统无法接收数据，需从进机网口开始逐级向前检查。

①检查进机电缆连接是否可靠；

②在卫星过境时，检查解调器上的载波锁定指示灯是否点亮(若接收 FY-3A 数据，译码指示灯也应该点亮)如果载波指示灯点亮，但仍然没有数据进机，可检查数据进机计算机和解调器的网络连接和 IP 设置是否正常；若载波指示灯不亮，则继续向下检查；

③观察变频器前面板液晶屏电平指示值比正常工作时是否明显偏小，如是，则将下变频器与解调器断开，用频谱仪检测下变频器输出信号是否正常，如果电平及信噪比满足要求，则可能是解调器发生故障；

④如果变频器输出不正常，或根本看不到输出信号，则检查天线系统运转是否正常(轨道报是否更新、GPS 校时是否完成，天线跟踪是否正确等)若天线系统工作正常，则怀疑是上、下变频器或低噪声放大器故障，可以通过逐一更换备件来确定故障设备。

(2)收图质量问题

有数据进机，但质量不好，有噪点、丢线。这种现象主要检测：

①天线跟踪质量：如果 GPS 定时不够准确，直接影响接收效果，同时系统要求卫星轨道根数时间应最新下载，如果根数时间太久，比如一周前就对系统跟踪造成影响。

②天线系统跟踪效果，如果天线系统跟踪不准确，会严重影响接收效果。

③如果外界干扰也可造成丢线，严重可能无法收图。

④确认故障部件后，一是通过电话或传真等手段来寻求供货商的技术支持，另外就是把故障部件以特快专递的方式，发往供货商的维修部门。

⑤过顶接收数据不好，首先检查天线控制其时间是否准确，可以根据电视台显示时间，确

认，准确值应在毫米量级；其次检查轨道根数是否为最新数据，一般要求在两天内，应该及时更新最新卫星轨道根数，并作预报。如果上述检查都正确，那及时和供货商联系。

5.3.3　风云三号省级站手动更新两行报和辅助参数

下载网址：http://www.shinetek.com.cn/eos_data/，如图 5.3.9 所示。

Edge 浏览器（URL 见标签）下载两行报（weather.txt、resource.txt）、轨道辅助参数文件（utcpole.dat、leapsec.dat、fy3a1line.dat、fy3b1line.dat、fy3c1line.dat、fy3d1line.dat）文件，可选中文件右键下载链接保存。

10.216.111.18 机在站管软件打开设置→两行报→文件导入→wearther.txt→打开→保存设置，两行报→文件导入→resource.txt→打开→保存设置，点击“重新计算时间表”，轨道辅助参数文件拷贝到 d:\PUUSFTP\AuxFiles，在 10.216.50.45 机上数据处理监视软件上点击“更新参数”。

具体操作：

(1)下载两行报文件：weather.txt 和 resource.txt 到站管 D:\PUUSFTP\AuxFiles

(2)下载辅助参数文件到到站管 D:\PUUSFTP\AuxFiles

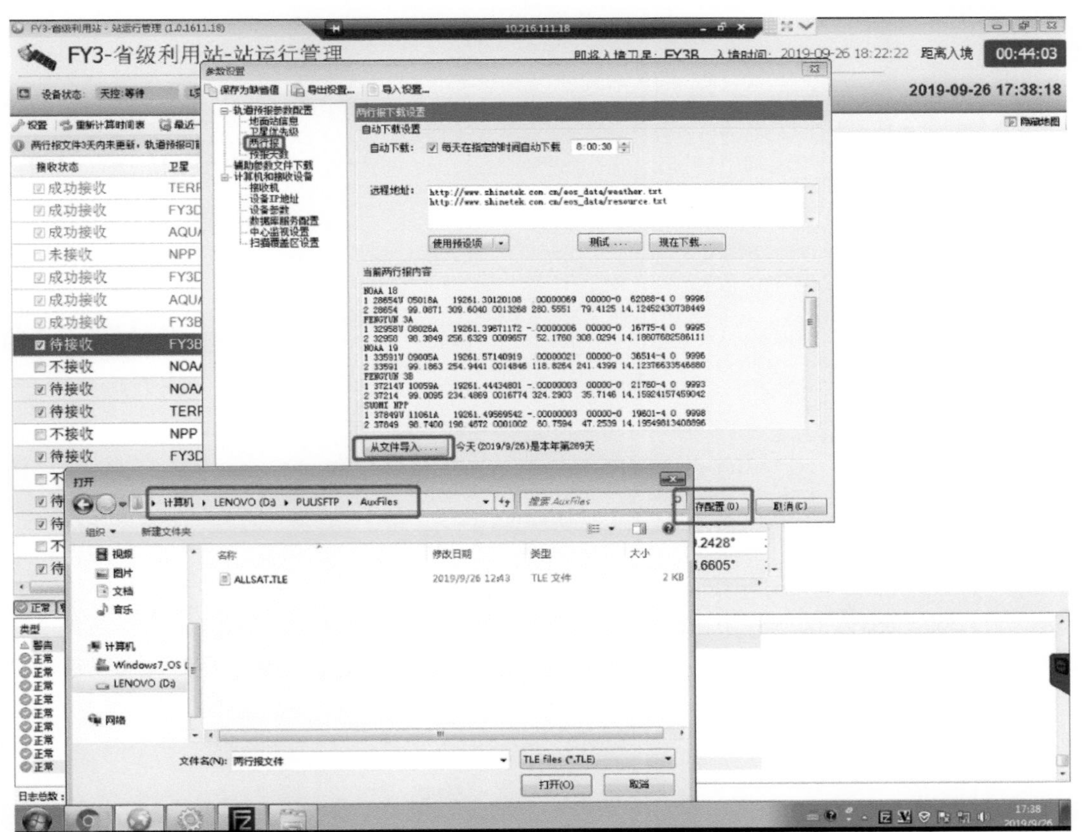

图 5.3.9　两行报文件导入界面

utcpole. dat

leapsec. dat

fy3a1line. dat

fy3b1line. dat

fy3c1line. dat

(3)导入两行报

●两行报→从文件导入→选择下载的 weather. txt→打开→保存设置

●两行报→从文件导入→选择下载的 resource. txt→打开→保存设置

(4)站管软件重新计算时间表

●两行报导入后，在站管软件点击“重新计算时间表”(图 5. 3. 10)。

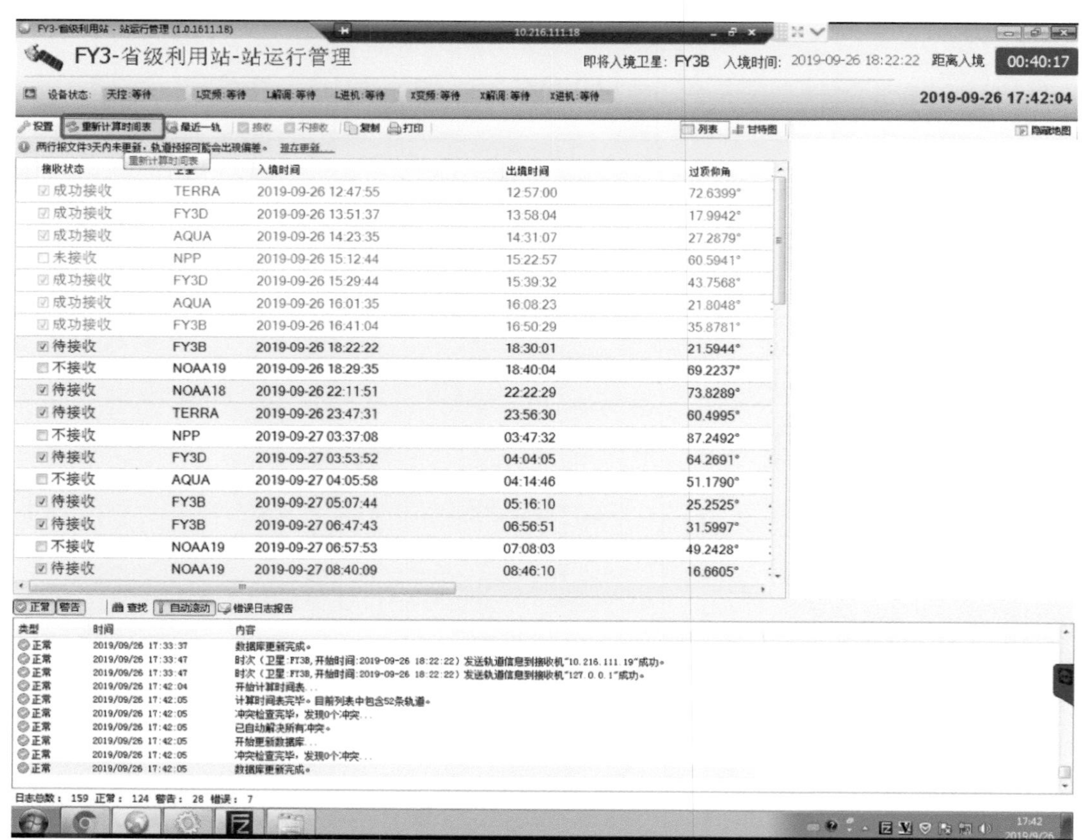

图 5. 3. 10　站管软件“重新计算时间表”界面

●辅助参数更新到 D:\PUUSFTP\AuxFiles 后，不需要导入，在数据处理监视软件点击“更新参数”即可(图 5. 3. 11)。

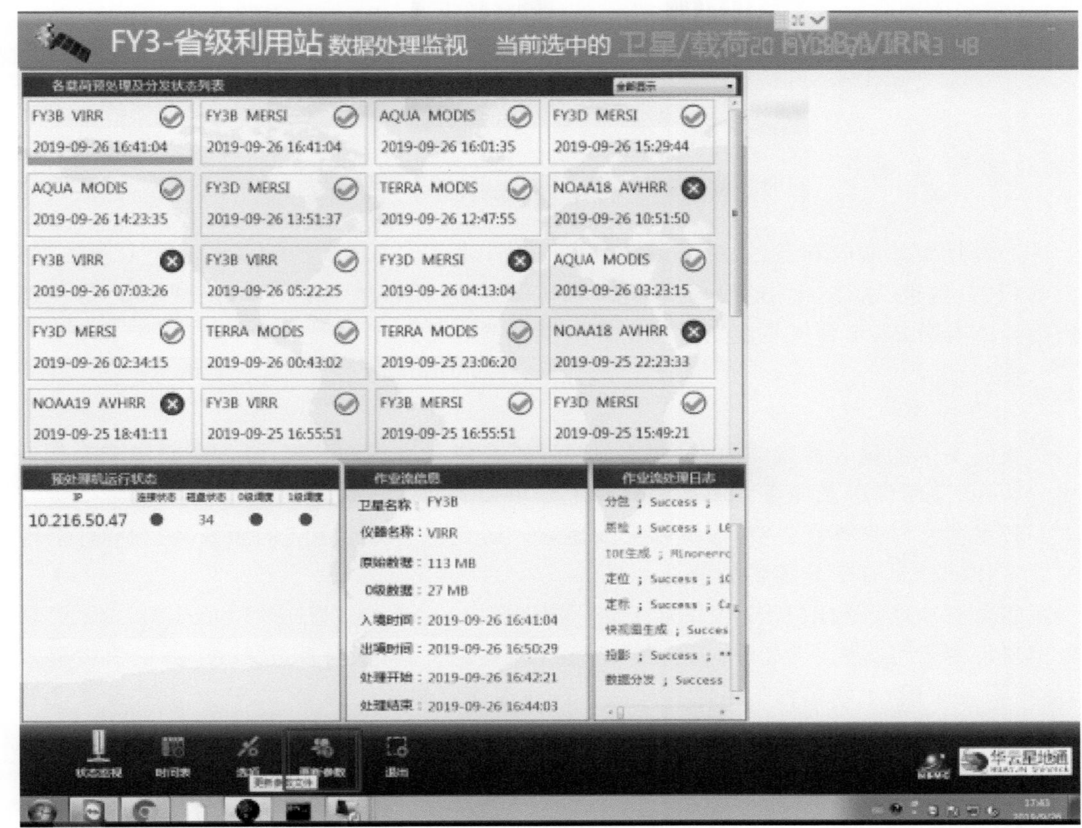

图 5.3.11　数据处理监视软件界面

5.4　应急预案

根据西藏自治区气象局应急办的工作要求，区气候中心灾害应急评估室负责制定卫星遥感应急保障服务方案，其工作流程具体如下。

(1)接到西藏自治区气象局/气候中心发布的自然灾害应急响应命令，第一时间由科长召集相关人员，召开工作部署会议，安排好制作遥感监测与分析评估产品、材料报送、联系相关部门等具体完成的任务。

(2)根据任务分工，第一时间了解灾情点信息，包括具体地理位置(经纬度或所在乡、村等信息)。完成下载和搜索灾害点遥感影像数据(包括高分、环境减灾和其他国外免费的中高分辨率卫星数据)，同时联系国防科工局和资源卫星应用中心等上级部门，申请卫星紧急加密观测。

(3)获取卫星数据后，及时完成灾情点遥感影像专题图制作，灾情点服务信息、专报等编写工作。

(4)由首席气象服务专家对服务产品进行技术把关，完成材料的报送。

(5)实时关注灾情动态，做好后续监测服务工作。

(6)接到西藏自治区气象局/气候中心发布的自然灾害应急响应撤销命令，科长召开科室会议，总结分析此次的应急服务工作、分享总结经验、形成总结报告并宣布撤销本次的自然灾害应急响应命令的决定。

5.5 常规业务

中心利用本站接收和通过“中国资源卫星应用中心”下载获取到的多源卫星遥感数据，对西藏的积雪、植被、水体(湖泊、河流)、火情(森林草原)、冰川(冰湖)、干旱(土壤水分)等生态环境进行监测与分析，定期或不定期发布遥感监测服务产品。

5.5.1 积雪

积雪是基本的地表覆盖物之一，利用卫星遥感资料开展积雪监测，分析积雪动态变化对于气候分析、水文研究以及防灾减灾等都具有十分重要的意义。过量的大范围积雪对社会经济和人们日常生活带来不利影响，形成白灾或雪灾。研究积雪对于雪灾的预警、监测和评估等防灾减灾工作同样具有十分重要的意义。

积雪监测功能可利用FY3/VIRR、FY3/MERSI、NOAA/AVHRR、EOS/MODIS、NPP等气象卫星探测器可见光、近红外、短波红外、远红外通道资料，区分积雪和云，提取积雪覆盖信息，估算积雪面积，生成多种积雪监测产品。在地理信息数据的支持下，估算积雪覆盖区域的不同土地利用类型所占面积，为雪灾影响评估提供信息，还可对多时次积雪信息生成积雪日数统计产品，为气候研究、气候变化等提供依据。

5.5.1.1 原理

卫星遥感积雪判识主要根据积雪在可见光、近红外、短波红外以及远红外通道的光谱特性，采用多通道阈值法提取出积雪信息，进而获取积雪覆盖范围及面积等。

由云、积雪反照率光谱曲线图5.5.1可知，积雪在可见光-短波红外多通道的光谱特性包括：

●积雪在可见光和近红外(0.5～1.0 μm)通道具有较高的反照率，纯雪面的反照率可达到70%以上，这一高反照率特性与云十分接近，而与低反射的水陆表面区分明显。

●积雪在短波红外通道(1.57～1.64 μm、2.1～2.25 μm)具有强吸收特性，因而反照率较低，纯雪的反照率一般低于15%，这一特性为积雪与水、云(水、云在其他通道与积雪具有十分相似的光谱特性，十分容易与积雪混淆)的区分提供了主要判据，使得积雪信息自动提取成为可能，大大提高了积雪判识精度。

●积雪在远红外通道(10.3～11.3 μm)的亮度温度虽略低于周围陆表，但明显高于中高云，这为区分积雪和极易与积雪混淆的冰晶云提供了有效判据。

(1)FY-3B卫星积雪判识

VIRR数据积雪信息提取算法的研究是根据积雪特殊的可见光差异特性，FY-3B/VIRR积雪判识使用表1.2中的可见光第9通道(0.53～0.58 μm)、短红外第6通道(1.55～1.64 μm)的反照率值R_9和R_6，计算积雪指数NDSI，实现积雪的像元判识，公式为：

$$\mathrm{NDSI}=\frac{R_9-R_6}{R_9+R_6} \tag{5.1}$$

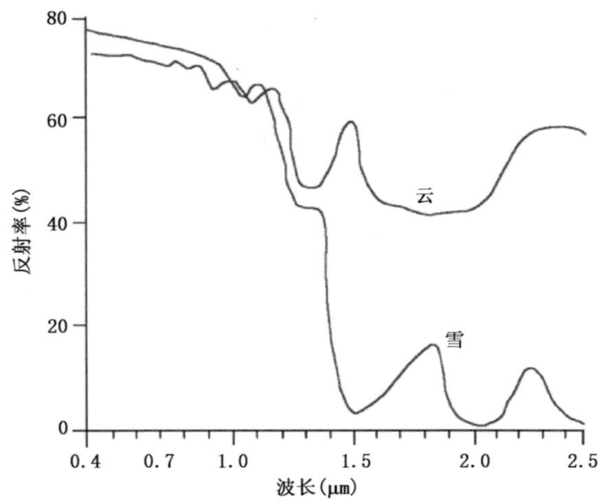

图 5.5.1　云、积雪反照率光谱曲线图

式中：R_6和 R_9分别是 FY-3B/VIRR 数据进行预处理后的通道 6 和通道 9 的反照率值。

FY-3/VIRR，FY-3/MERSI 均具有可见光、近红外、短波红外通道，可结合通道运算等形成多个积雪判识变量，以多通道阈值法提取积雪信息。

提取积雪覆盖信息选用红(R)通道 CH_6、绿通道(G)CH_2、蓝通道(B)CH_1 三通道(RGB)合成显示。

(2)NOAA 系列卫星积雪判识

NOAA 系列卫星具有可见光、近红外和短波红外通道，根据积雪和云以及地表的不同光谱特征，可以从卫星资料中提取积雪信息。目前，在积雪监测业务中，主要利用归一化积雪指数、亮温以及可见光波段的反照率等多个物理量来进行积雪信息的判识提取。由表 1.6 中的 CH_1、CH_2、CH_{3A}通道进行积雪判识。

提取积雪覆盖信息选用红(R)通道 CH_{3A}、绿(G)通道 CH_2、蓝(B)通道 CH_1 三通道合成显示。

(3)EOS/MODIS 卫星积雪判识

MODIS 数据积雪判识使用表 1.5 中的 CH_1、CH_2、CH_4、CH_6 通道，主要是中心波长在 1.66 μm、2.15 μm 的两个波段。由于雪有很强的可见光反射和强的短红外吸收特性，因此使用可见光第 4 通道 CH_4(0.545～0.565 μm)和短波红外第 6 通道(CH_6：1.628～1.652 μm)的反照率计算归一化差分积雪指数(NDSI)，实现积雪的判识。NDSI 计算公式为：

$$\text{NDSI} = \frac{CH_4 - CH_6}{CH_4 + CH_6} \tag{5.2}$$

当 NDSI＞0.4 且 CH_2反照率＞11%、CH_4反照率＞10%时判定为雪，并且地表温度＜285 K。

$$\text{Bandi} = (\text{DN} - \text{Offsets}) \times \text{Scales} \tag{5.3}$$

式中：Bandi 是 MODIS 数据 CH_4、CH_6波段的反照率；DN 是 MODIS 1B 数据相应波段的灰度值；Offsets 和 Scales 可以从 HDF 数据的头文件中读取。MODIS 数据的 CH_2(0.841～0.876 μm)波段用来去除云的影响，西藏地区积雪覆盖区检测的流程见图 5.5.2 所示。计算得到 NDSI 后，再根据 NDSI 的大小以及 MODIS 数据 CH_2、CH_4、CH_6波段的反照率大小关系来判断每一个像元是否是积雪。一般来说，雪的 NDSI 值要比其他地表覆盖物的 NDSI 值要高，标准的 NDSI 阈值判别是：把 NDSI 的值作为阈值，如果像元 NDSI＞0.4，CH_2的反照率＞11％，CH_4的反照率＞10％，并且 CH_6的反照率＜20％，则判定该像元为积雪，否则为非雪。但这种阈值判定法会使清澈的水体、浓密的植被、阴影和低光照条件区域(比如黑云杉森林)被误判为积雪。

提取积雪覆盖信息选用表 1.5 中的红通道 CH_3—CH_7、绿通道 CH_2、蓝通道 CH_1 三通道合成显示。

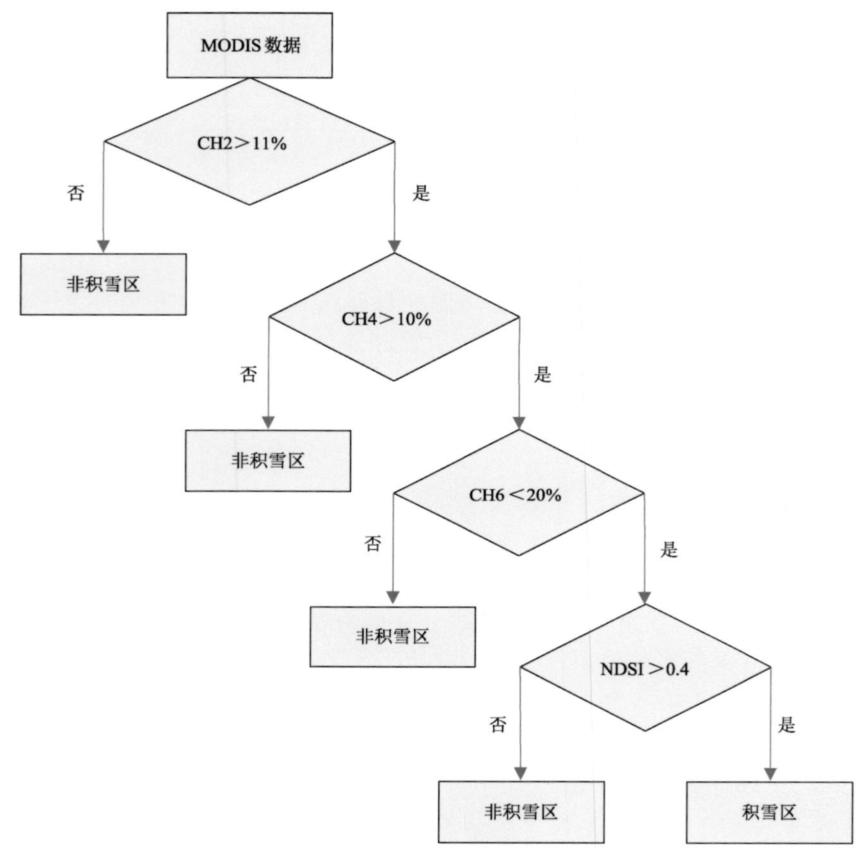

图 5.5.2　西藏地区积雪覆盖区监测流程

5.5.1.2　SMART2.2 积雪监测软件

(1)操作流程

①积雪提取

点击“遥感应用”选项中的“积雪监测”，面板上会增加积雪监测选项卡(图 5.5.3)。

②积雪判识

切换至积雪监测选项卡，点击“交互判识”→“积雪判识”，窗口右侧弹出“积雪判识”参数面板。即可对积雪判识调整阈值，直至阈值符合积雪判识为准。

点击“积雪判识”参数面板中的“生成”按钮，对当前打开的影像进行判识并生成临时图层。

图 5.5.3　SMART2.2 系统主界面

点击参数面板中的“保存”按钮，会将判识结果临时图层保存到工作空间。判识过程中可以多次点击“生成”按钮，来进行参数设置；判识结束后点击“保存”，可将结果进行存盘。如图 5.5.4 所示。

图 5.5.4　SMART2.2 积雪监测界面

在判识过程中，也可以对判识结果进行人机交互修改。根据经验，对结果进行纠正。交互修改功能由工具条中的橡皮擦、填充按钮提供。

人机交互修改功能以地图工具形式提供，地图工具包括“平移”“放大”“缩小”等等，当点击某一个工具按钮后就是设置当前地图的工具为对应的工具。退出当前工具可以点击“平移”按钮即可。

橡皮擦工具的使用方法：是以手绘线的形式圈住需要擦出的像元，绘制结束后会修改判识图像。填充工具的使用方法与橡皮擦工具一致。闪烁功能，点击后可以设置判识图像的显示与隐藏，方便目视判识（类似图层树上的选项框）。如图 5.5.5 所示。

（2）专题产品制作

积雪专题中的专题出图功能，是将积雪判识结果处理后，叠加对应的专题模板（PMD 文件）出图保存。对专题图进行编辑操作，需要使用“专题制图”选项卡下的系列按钮，对专题图效果进行编辑。积雪专题的出图功能，前提是完成了积雪判识，并将判识用到的局地文件打开并处于选中状态。

①通道合成图

打开局地影像文件，并选中工作空间的 DBLV 产品文件。点击“积雪专题”的“专题图—监测图”按钮，得到积雪多通道合成图（图 5.5.6）。

图 5.5.5　SMART2.2 积雪监测界面工具条

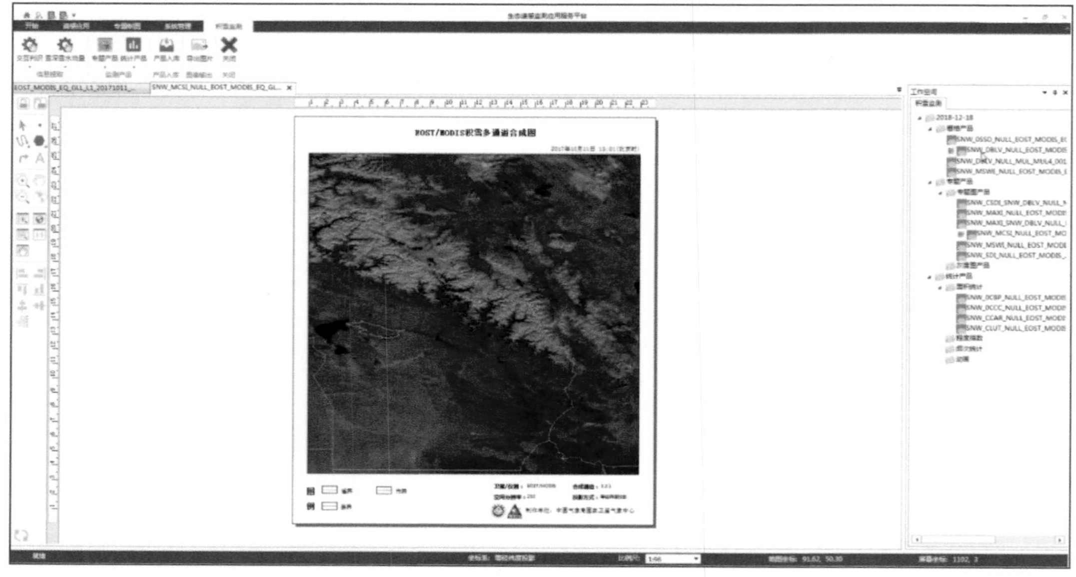

图 5.5.6　SMART2.2 积雪多通道合成图

当积雪多通道合成图窗口弹出后，系统会自动在输出口目录生成该专题图的 png 文件。如果对专题图中的图层样式与制图元素进行修改，需要点击专题制图选项卡中的“保存模板”，这样就可以将专题图 png 文件保存到工作空间中。

②监测示意图（图 5.5.7）

操作同①。

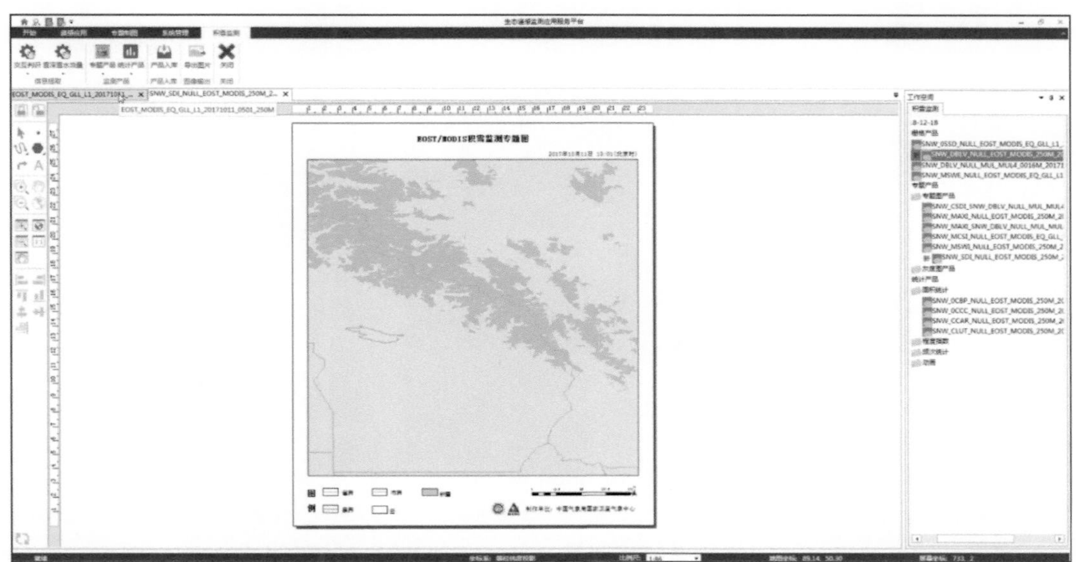

图 5.5.7　SMART2.2 积雪监测示意图

③积雪事件融合专题图

操作同①。在工作空间选中产品，在菜单中点击“专题产品”→“积雪事件融合专题图”（图 5.5.8）。

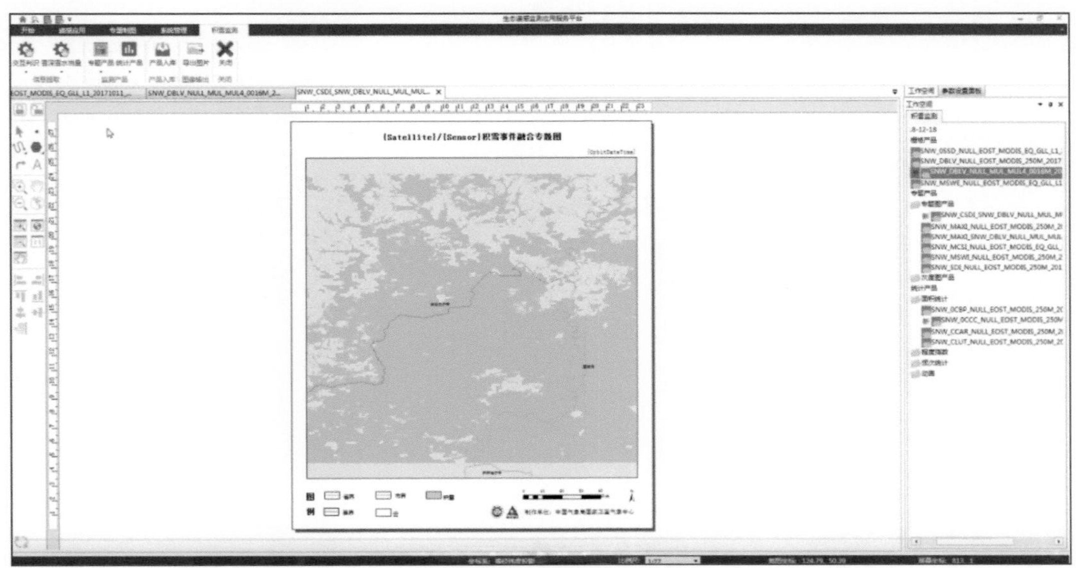

图 5.5.8　积雪事件融合专题图

(3)统计产品

①当前区域统计产品

在工作空间点击生成栅格产品,点击“统计产品”→“当前区域覆盖面积统计”,统计完成后显示统计结果窗口(图 5.5.9)。

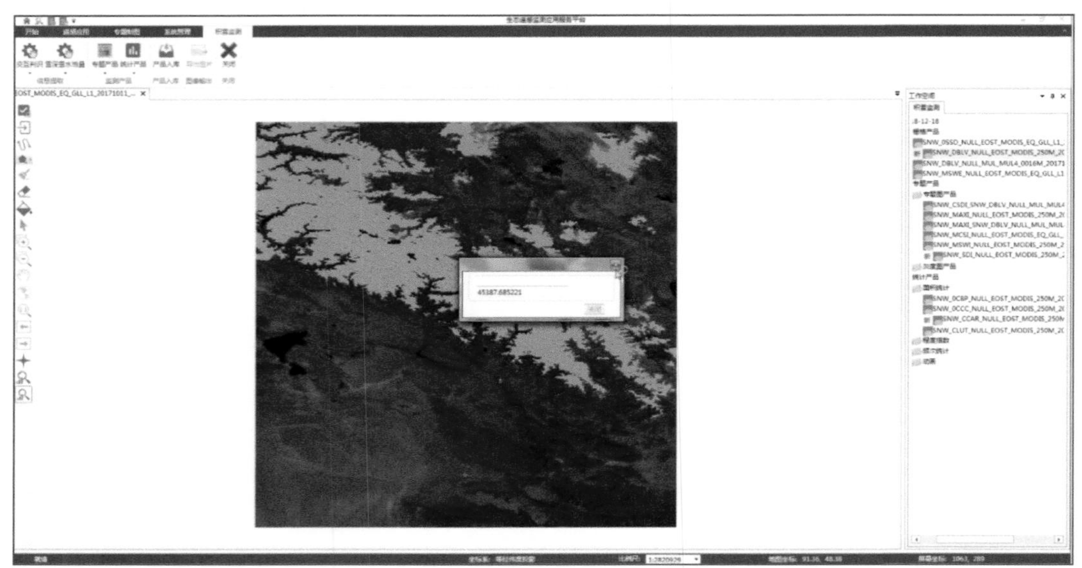

图 5.5.9 当前区域积雪统计结果窗口

②省界、地(市)县统计产品

在工作空间点击生成栅格产品,点击“统计产品”→“省界统计”或“地(市)县统计”,统计完成后显示省界或地(市)县统计结果窗口(图 5.5.10)。

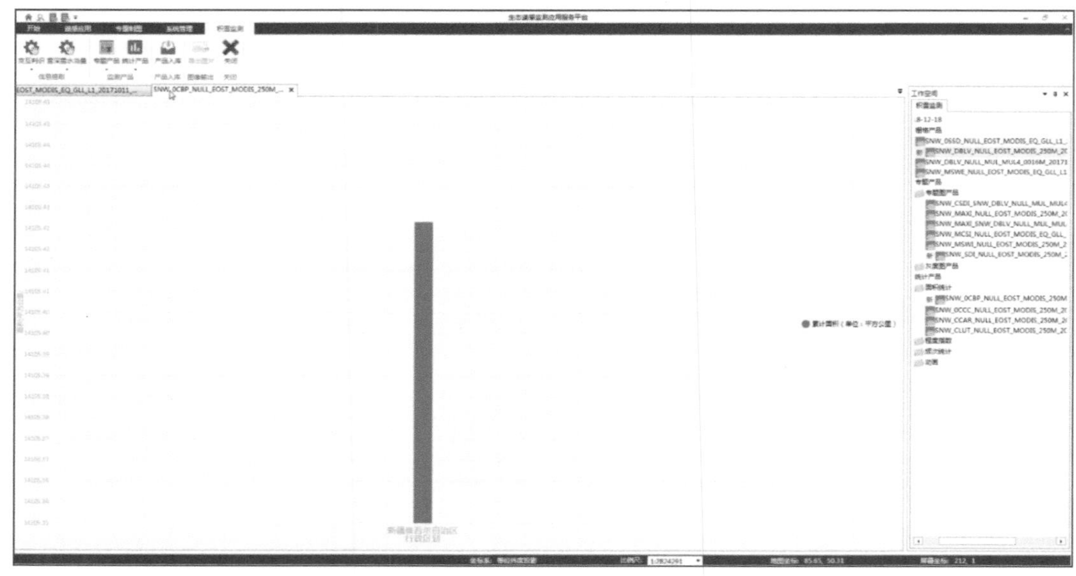

图 5.5.10 省界或地(市)县积雪统计结果窗口

5.5.1.3　PROMS Ver 2.0 积雪监测软件

PROMS Ver 2.0 程序是自行研发的以积雪监测为主的“西藏卫星遥感地表监测系统”软件。如图 5.5.11 所示。

(1)操作流程

①运行 10.216.50.56 机上的 PROMS Ver 2.0 程序；

②在系统界面中点击“遥感监测业务(R)”→“读取局地文件”，在显示的调入局地文件对话框中依次打开 500 m 的 ld3 文件→选择 CH_6 或 CH_7、CH_2、CH_1 通道合成，再点击 ✔ ；

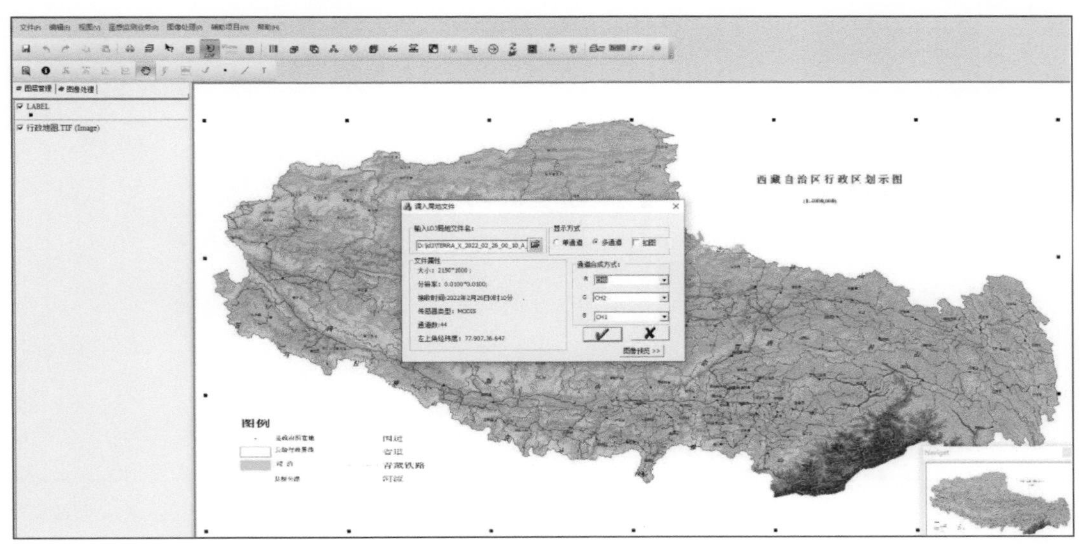

图 5.5.11　PROMS Ver 2.0 系统主界面

③再次点击系统界面中的“遥感监测业务(R)”→“辅助项目(W)”→“局地文件拼接”→打开拼接后的 ld3 文件→“确定”；

④系统界面中点击“遥感监测业务(R)”→“用当前数据监测地表”→“确定”→“确定”→“确定”→“确定”→“分类”→“更新”→“确定”，点击 ，(此 xls 数据存储在 10.216.50.56 机中的 d:\西藏卫星遥感测系统\data\Result.xls)，点击 ✔ →“确定”；

⑤在 10.216.50.56 中 D:\LDF\20220113\文件夹中(图 5.5.12)中生成…Ndvi.tif 格式和全区、7 个地(市)、“一江两河”等区域的卫星遥感地表监测图(图 5.5.13)。

(2)hdf 格式转换为 ld3 的操作步骤

通过“极轨卫星遥感生态环境监测系列产品”软件 实现 hdf 数据格式转换，生成 ld3 数据。其步骤为：hdf 卫星数据在\\10.216.50.49\Archfiles\PUUSData\202108\L1 中，运行 重新投影生成 ld3 数据。如图 5.5.14 和图 5.5.15 所示。

名称	修改日期	类型	大小
2022年1月13日MODIS_Ndvi.tif	2022/1/14 15:23	TIF 文件	7,821 KB
2022年1月13日MODIS_Ndvi.tif.ovr	2022/1/14 15:23	OVR 文件	418 KB
2022年1月13日MODIS_Npp.tif	2022/1/14 15:10	TIF 文件	33,606 KB
2022年1月13日MODIS_监测结果.bmp	2022/1/13 15:52	BMP 文件	1,429 KB
2022年1月13日MODIS_监测结果.bmpw	2022/1/13 15:52	BMPW 文件	1 KB
2022年1月13日MODIS_监测结果.jpg	2022/1/13 16:03	JPG 文件	5,968 KB
2022年1月13日阿里地区.bmp	2022/1/13 15:52	BMP 文件	2,806 KB
2022年1月13日阿里地区.bmpw	2022/1/13 15:52	BMPW 文件	1 KB
2022年1月13日昌都市.bmp	2022/1/13 15:52	BMP 文件	2,125 KB
2022年1月13日昌都市.bmpw	2022/1/13 15:52	BMPW 文件	1 KB
2022年1月13日拉萨市.bmp	2022/1/13 15:52	BMP 文件	1,462 KB
2022年1月13日拉萨市.bmpw	2022/1/13 15:52	BMPW 文件	1 KB
2022年1月13日林芝市.bmp	2022/1/13 15:52	BMP 文件	2,758 KB
2022年1月13日林芝市.bmpw	2022/1/13 15:52	BMPW 文件	1 KB
2022年1月13日那曲市.bmp	2022/1/13 15:52	BMP 文件	4,895 KB
2022年1月13日那曲市.bmpw	2022/1/13 15:52	BMPW 文件	1 KB
2022年1月13日日喀则市.bmp	2022/1/13 15:52	BMP 文件	2,298 KB
2022年1月13日日喀则市.bmpw	2022/1/13 15:52	BMPW 文件	1 KB
2022年1月13日山南市.bmp	2022/1/13 15:52	BMP 文件	1,902 KB
2022年1月13日山南市.bmpw	2022/1/13 15:52	BMPW 文件	1 KB
2022年1月13日一江两河地区.bmp	2022/1/13 15:52	BMP 文件	2,952 KB
2022年1月13日一江两河地区.bmpw	2022/1/13 15:52	BMPW 文件	1 KB
AQUA_X_2022_01_13_15_12_A_G.bmp	2022/1/14 15:09	BMP 文件	25,196 KB
AQUA_X_2022_01_13_15_12_A_G.bmpw	2022/1/14 15:09	BMPW 文件	1 KB
AQUA_X_2022_01_13_15_12_A_G.MOD02HKM.hdf	2022/1/13 15:47	HDF4 File	456,461 KB
AQUA_X_2022_01_13_15_12_A_G.MOD02HKM_PRJ.hdr	2022/1/13 15:51	HDR 文件	1 KB
AQUA_X_2022_01_13_15_12_A_G.MOD02HKM_PRJ.jpg	2022/1/13 16:02	JPG 文件	41 KB
AQUA_X_2022_01_13_15_12_A_G.MOD02HKM_PRJ.ld3	2022/1/13 15:47	LD3 文件	117,583 KB
AQUA_X_2022_01_13_15_12_A_G.MOD02HKM_PRJ.ld3.aux.xml	2022/1/14 15:09	XML 文档	3 KB
AQUA_X_2022_01_13_15_12_A_G.MOD02HKM_PRJ.txt	2022/1/13 15:47	文本文档	1 KB
AQUA_X_2022_01_13_15_12_A_G.MOD03.hdf	2022/1/13 15:30	HDF4 File	100,649 KB

图 5.5.12　卫星遥感地表积雪监测文件

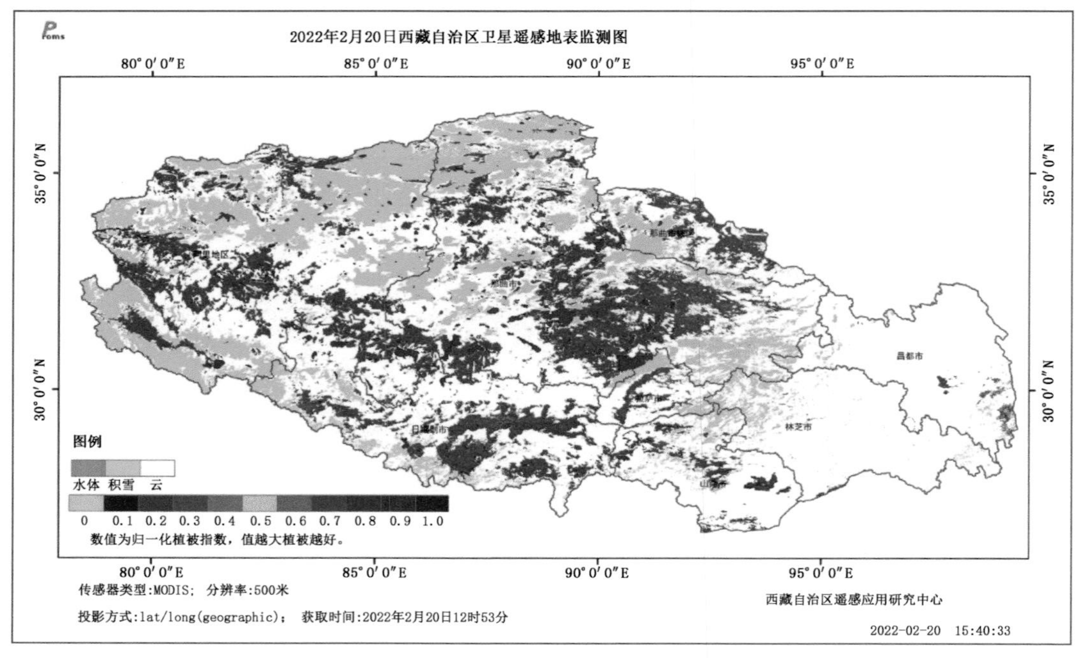

图 5.5.13　卫星遥感地表积雪监测图

网络 › 10.216.50.49 › Archfiles › ArchFiles › PUUSData › 202108 › MODIS › L1

名称	修改日期	类型	大小
AQUA_X_2021_08_01_03_54_D_G.MOD03.hdf	2021/8/2 14:53	HDF4 File	99,774 KB
AQUA_X_2021_08_01_03_54_D_G.MOD021KM.hdf	2021/8/2 14:53	HDF4 File	234,728 KB
AQUA_X_2021_08_01_03_54_D_G_L1A.hdf	2021/8/2 14:53	HDF4 File	308,149 KB
AQUA_X_2021_08_01_14_53_A_G.MOD02HKM.hdf	2021/8/2 11:16	HDF4 File	445,879 KB
AQUA_X_2021_08_01_14_53_A_G.MOD02QKM.hdf	2021/8/2 11:16	HDF4 File	463,700 KB
AQUA_X_2021_08_01_14_53_A_G.MOD03.hdf	2021/8/2 11:16	HDF4 File	98,316 KB
AQUA_X_2021_08_01_14_53_A_G.MOD021KM.hdf	2021/8/2 11:16	HDF4 File	556,589 KB
AQUA_X_2021_08_01_14_53_A_G_L1A.hdf	2021/8/2 11:16	HDF4 File	919,106 KB

图 5.5.14　hdf 卫星数据格式

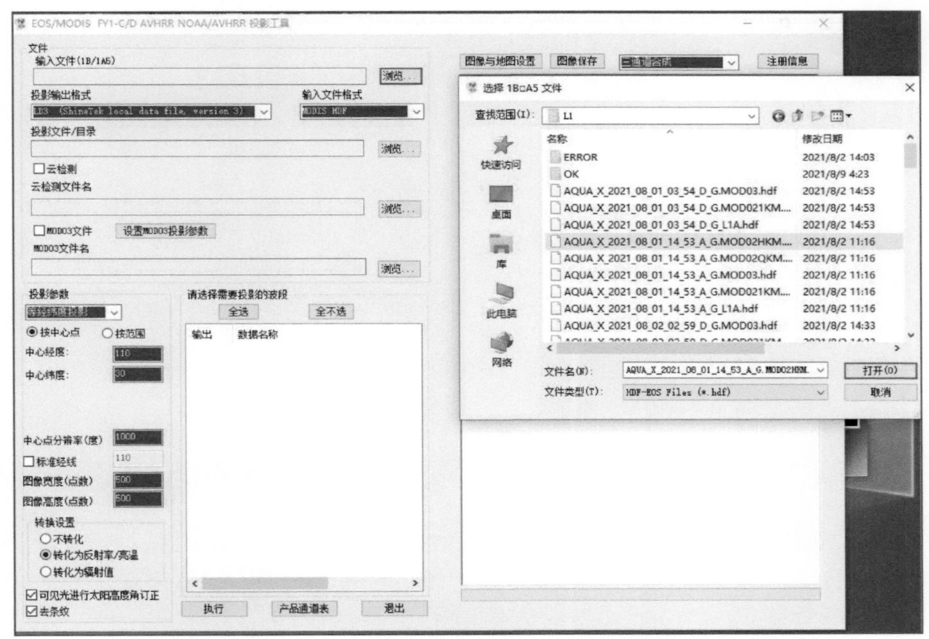

图 5.5.15　投影生成 ld3 卫星数据格式

5.5.1.4　FY-4A 制作积雪覆盖产品

(1)点击进入“生态气象监测与评估系统”

http://10.216.10.38:4501/emams2? fileName=SNC，如图 5.5.16 所示。

(2)点击“自定义选择”“选择积雪时间段”“开始时间和结束时间及数据类型选择”“时”，最后点击“选择视图”。

(3)勾选已选中的所有时间的卫星数据，可制作持续日数、频次分析、合成等产品(以合成最大值为例)。如图 5.5.17 所示。

(4)制作完成的合成最大值产品(右侧箭头处为专题图，点击后修改标题和加入遥感中心 logo 直接下载专题图)。如图 5.5.18 所示。

(5)可任意选择西藏自治区、地(市)统计积雪面积，并自动生成不同区域的积雪监测图。如图 5.5.19 所示。

(6)可导出 Excel 数据。如图 5.5.20 所示。

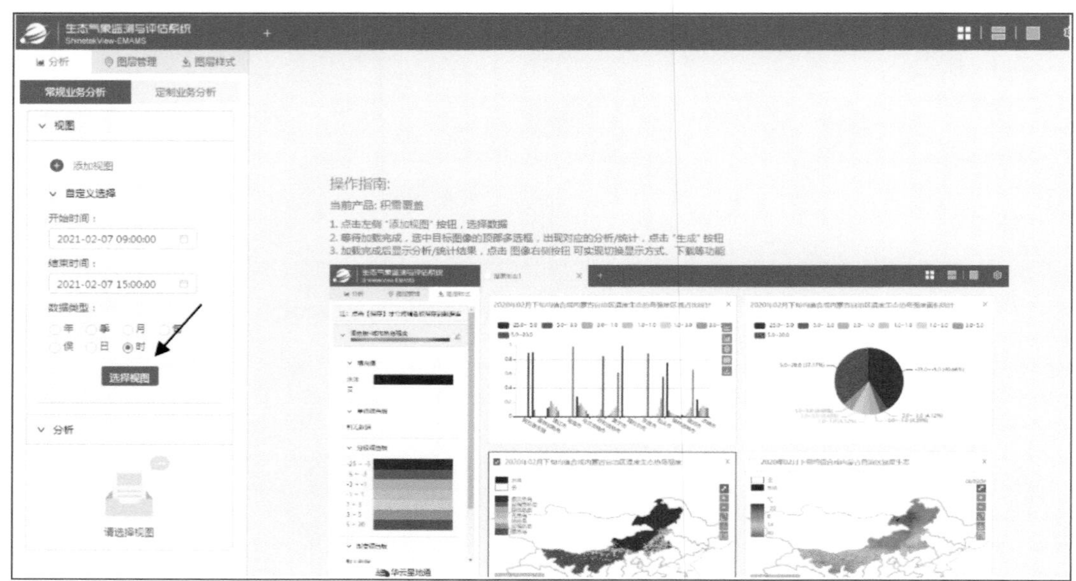

图 5.5.16　生态气象监测与评估系统主界面

生态气象监测与评估系统
ShinetekView-EMAMS

积雪覆盖1

分析　图层管理　图层样式

常规业务分析

视图

添加视图

自定义选择

开始时间：2021-02-07 09:00:00

结束时间：2021-02-07 15:00:00

数据类型：年 季 月 候 日 时

选择视图

分析

添加视图

年　季　月　旬　候　日　时　|　白天　黑夜　全天

[清空] 已选择 51 个文件：FY4A-2021年02月07日14时53分(时数据)-全天(20210207145336~20210207145753) | F...

	数据时间		合成方式	星标	类型	日夜	投影	分辨率
☑	2021年02月07日14时	53分	-	FY4A	时数据	全天	等经纬	4000M
☑	2021年02月07日14时	49分	-	FY4A	时数据	全天	等经纬	4000M
☑	2021年02月07日14时	45分	-	FY4A	时数据	全天	等经纬	4000M
☑	2021年02月07日14时	38分	-	FY4A	时数据	全天	等经纬	4000M
☑	2021年02月07日14时	34分	-	FY4A	时数据	全天	等经纬	4000M
☑	2021年02月07日14时	30分	-	FY4A	时数据	全天	等经纬	4000M
☑	2021年02月07日14时	15分	-	FY4A	时数据	全天	等经纬	4000M
☑	2021年02月07日14时	00分	-	FY4A	时数据	全天	等经纬	4000M
☑	2021年02月07日13时	45分	-	FY4A	时数据	全天	等经纬	4000M
☑	2021年02月07日13时	38分	-	FY4A	时数据	全天		

最大值　最小值　均值　求和

中国 / 西藏自治区　取消　持续日数　频次分析　合成　打开

图 5.5.17　生态气象监测与评估系统添加视图界面

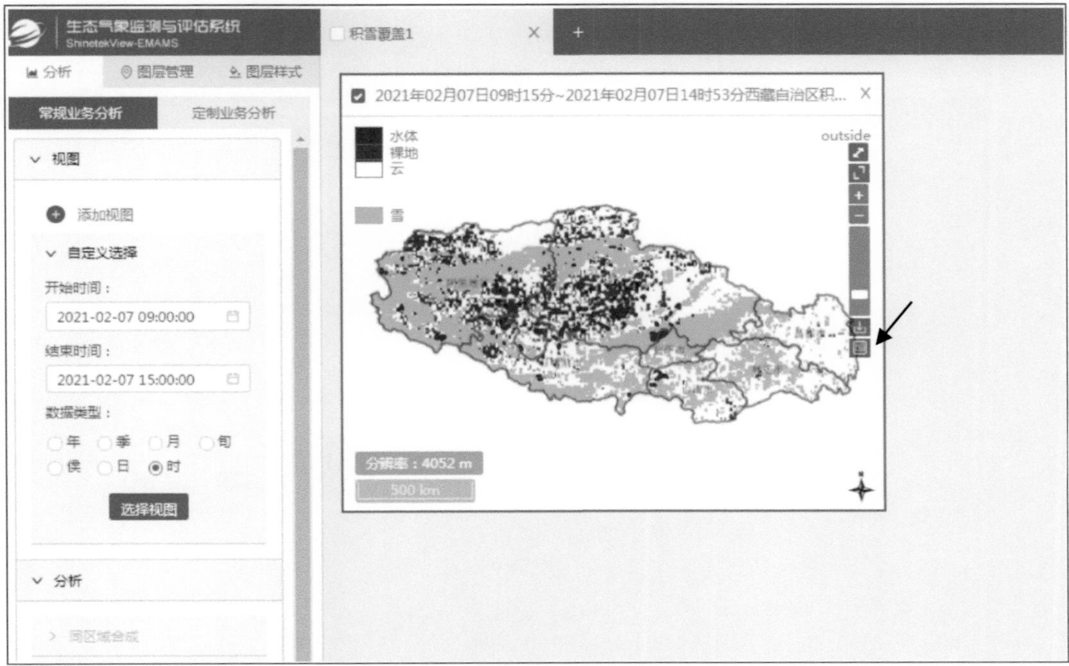

图 5.5.18　FY-4A 积雪覆盖专题图

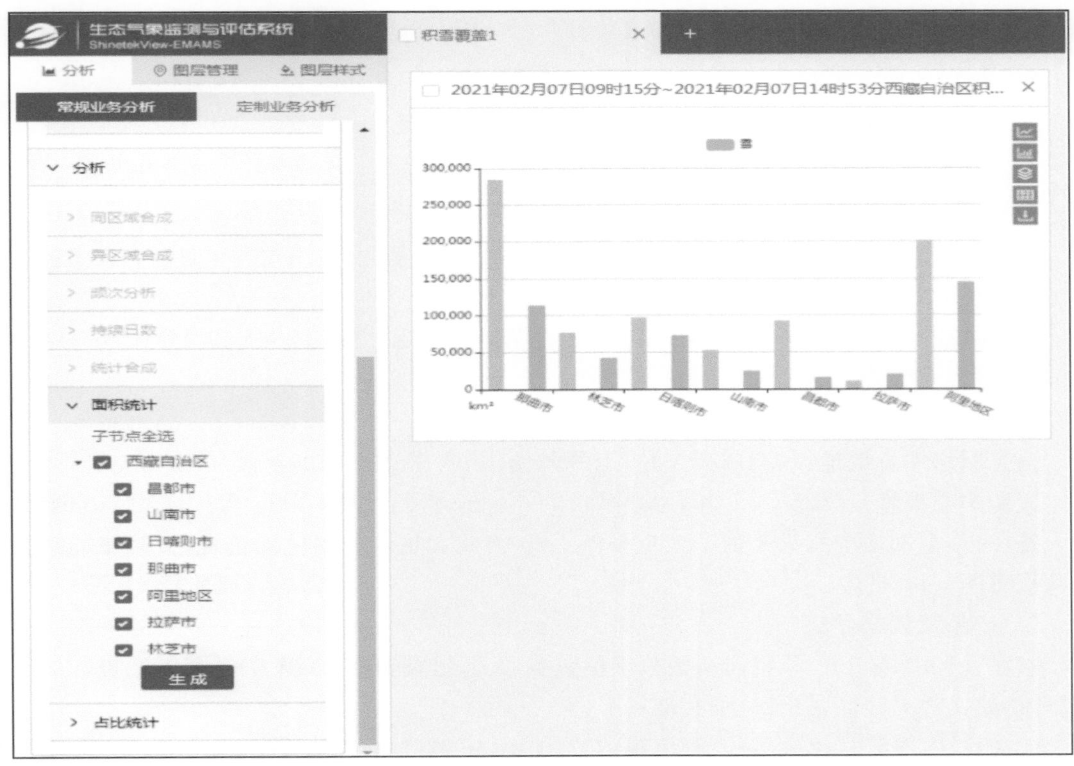

图 5.5.19　积雪覆盖专题图

图 5.5.20　积雪面积统计数据

5.5.1.5　积雪监测发布流程

(1)产品内容格式

遥感积雪监测产品示例(略)。

(2)产品命名规范

根据西藏公共气象服务产品表将植被遥感监测公报，如 2022 年第 50 期遥感积雪监测公报 .doc，将其文件名更改为：

Z _ MSP3 _ XZ-IAES _ RSDMA _ SNOWD _ L88 _ XZ _ YYYYMMDDHHMM _ 00000-00000.DOC

(3)通过气政通和 8u-ftp 分别上传

信息网络中心地址：10.216.72.30，用户名：bels，密码：bels123，目录：msp_pmsc

灾防中心地址：10.216.72.38，用户名：fwzx_adm，密码：fwzx_adm 123，目录：modis500

备注：信息网络中心只上传全区积雪图 .jpg 格式和更名后的监测公报，灾防中心只上传全区积雪图 .jpg 格式。

(4)产品及数据存储

①在\\10.216.30.38\科研所极轨卫星数据\5 公报及数据\2 积雪\1 积雪公报和 2 数据(按日期建文件夹存储)目录分别存储；

②在\\10.216.50.45\d:\监测公报\2021 年\2 灾情监测\雪灾\中存储如 2022 年第 50 期遥感积雪遥感监测公报。

5.5.2　植被

5.5.2.1　植被覆盖制作流程

(1)在 10.216.50.45 机子上,筛选全区云量较少的数据,导入 ENVI Classic 中。

(2)在 ENVI Classic 中 ENVI Classic

①打开所有选择的数据(ld3 文件)。如图 5.5.21 所示。

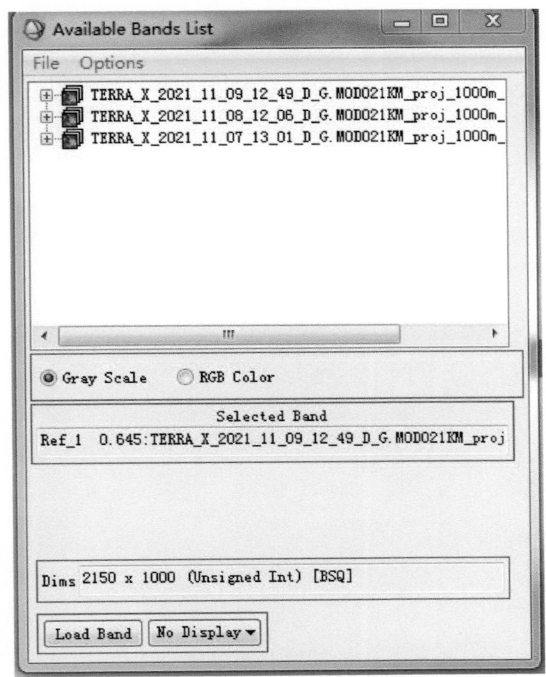

图 5.5.21　ENVI Classic→Available Bands List 界面

②点击 Basic Tools 里的 Band Math 工具,进行计算。如图 5.5.22 所示。

图 5.5.22　ENVI Classic 主界面

③在 Band Math 中输入公式计算 NDVI,并对 b_1,b_2 进行赋值,最终存储为 tif 格式(在 ENVI Classic 中计算 NDVI 要以浮点型进行计算)。如图 5.5.23—图 5.5.26 所示。

NDVI 的计算公式为:

$$\mathrm{NDVI} = \frac{b_2 - b_1}{b_2 + b_1} \tag{5.4}$$

式中:b_2 为近红外波段(第 2 波段);b_1 为红外波段(第 1 波段)。

将公式(5.4)输入进去后可以进行保存,从而在以后公报制作中更加简单快捷。

首先将公式(5.4)输入进去后点击"Add to list",随后点击"Save"并确定存储路径将公式保存。以后要使用这个公式时可以点击"Restore"将保存的公式读取出来,而不用再手动输入。

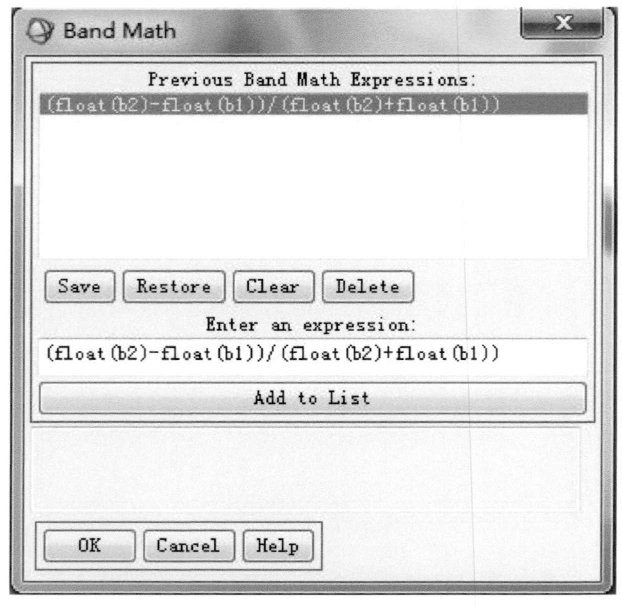

图 5.5.23 ENVI Classic→Basic Tools→Band Math 界面(一)

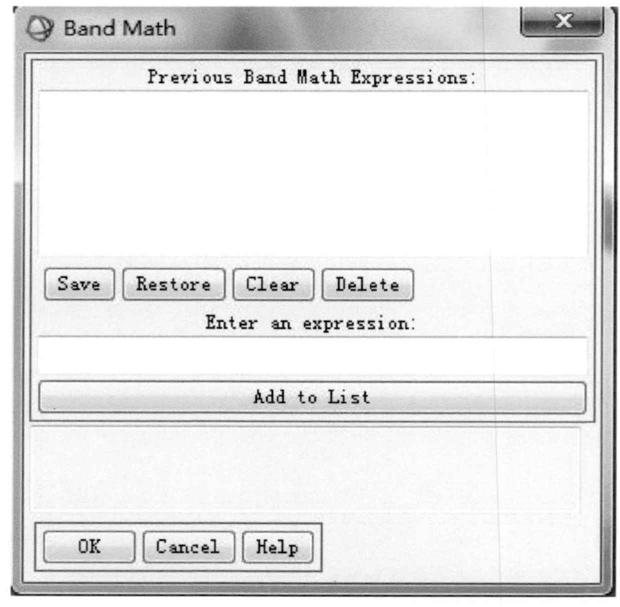

图 5.5.24 ENVI Classic→Basic Tools→Band Math 界面(二)

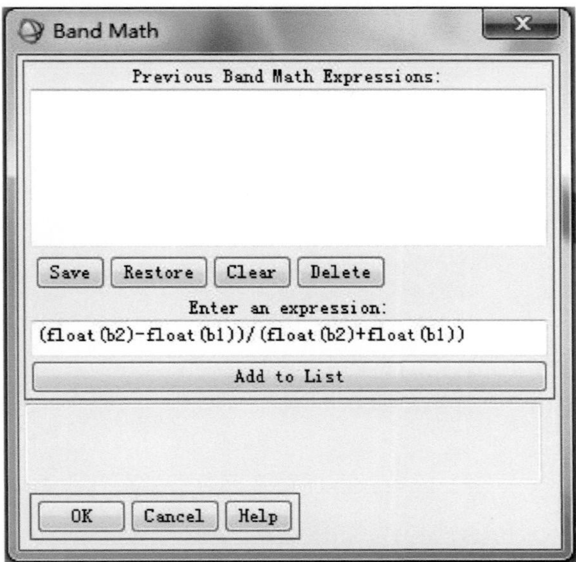

图 5.5.25 ENVI Classicc→Basic Tools→Band Math 界面(三)

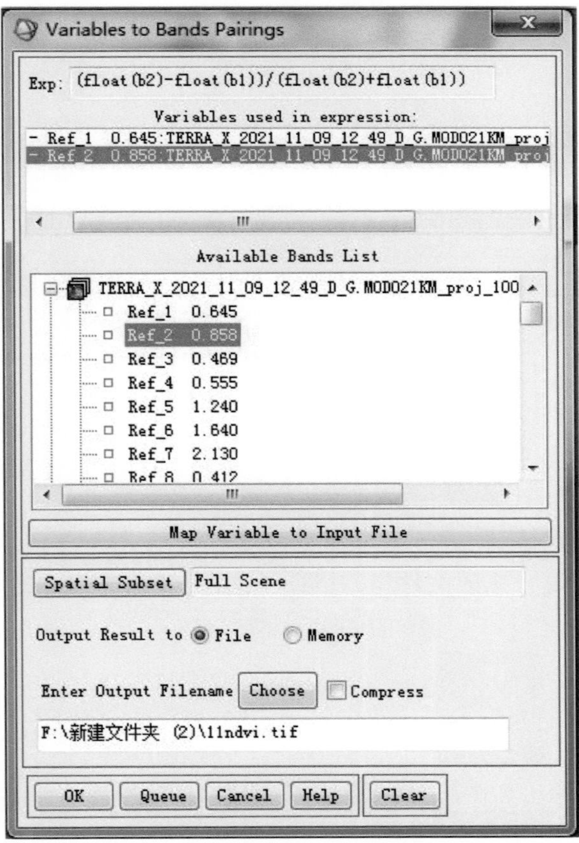

图 5.5.26 ENVI Classic→Variable to Bands Pairings 界面

④进行最大值合成

首先点击“Basic Tools“里的”Layer Stacking”,完成所有已计算的 NDVI 合成为一个多波段文件。如图 5.5.27 所示。

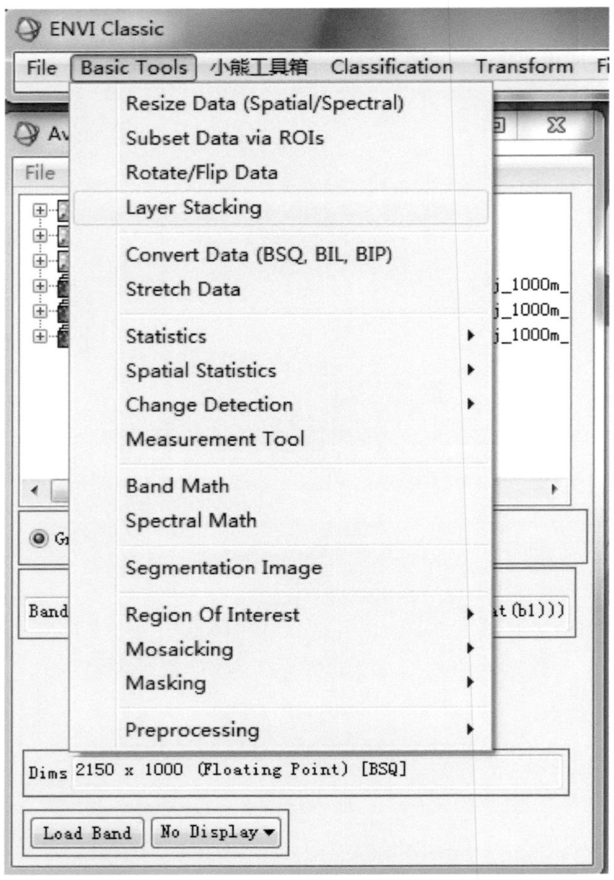

图 5.5.27　ENVI Classic→Basic Tools 界面

●点击“Import File”,将计算得到的 NDVI 全部加载,并选择存储路径,点击“OK”。如图 5.5.28—图 5.5.30 所示。

●点击“小熊工具箱”里的“最大值合成”,或者直接输入公式:b1＞b2＞b3＞b*n*(*n* 代表 NDVI 的数量),选中波段合成的文件“202111ndvi.tif”,选择存储路径,最终得到最大值合成后的 tif 文件“202111ndvi_1.tif”。图 5.5.31 所示。

(3)运行 ArcGis 程序

①打开 ndvi 最大值 tif 文件,以及全区边界、湖泊边界、积雪边界。

②裁剪西藏区域。

ArcToolbox→Spatial Analyst 工具→提取分析→按掩膜提取。如图 5.5.32 所示。

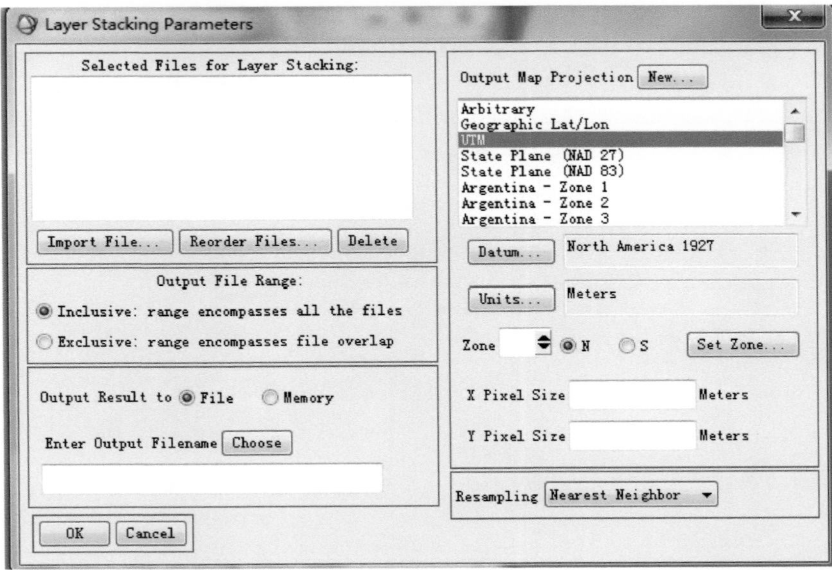

图 5.5.28　ENVI Classic →Basic Tools→ Layer stacking Parameters 界面

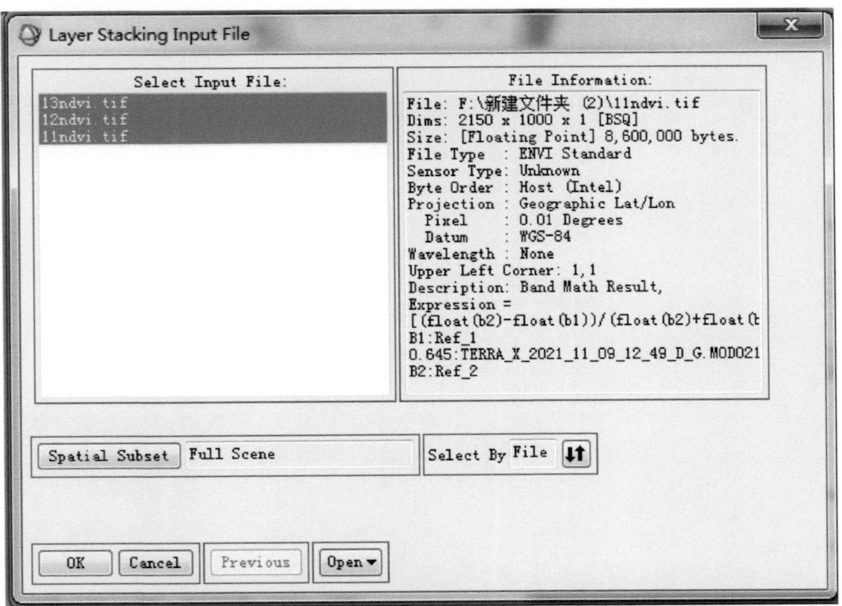

图 5.5.29　ENVI Classic→Basic Tools→ Layer stacking →Layer stacking Input File 界面

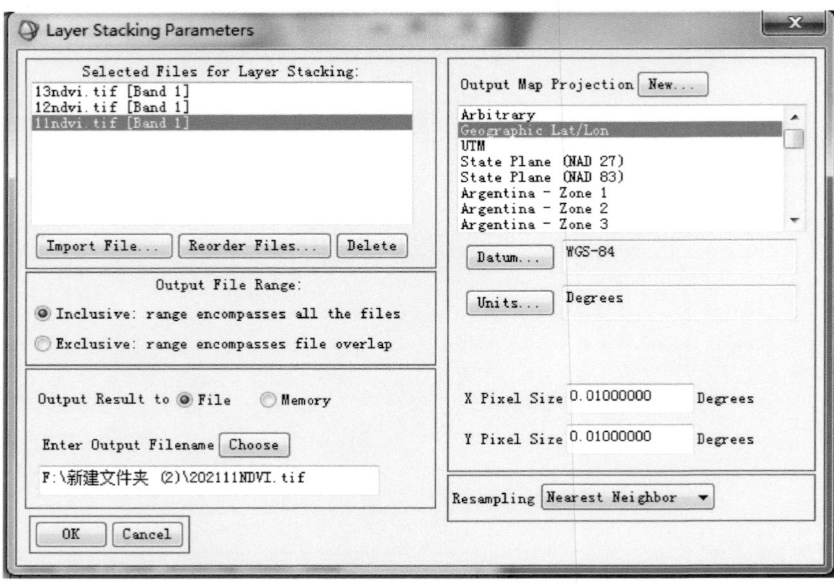

图 5.5.30 ENVI Classic→Basic Tools→ Layer stacking→ Layer stacking Parameters 界面

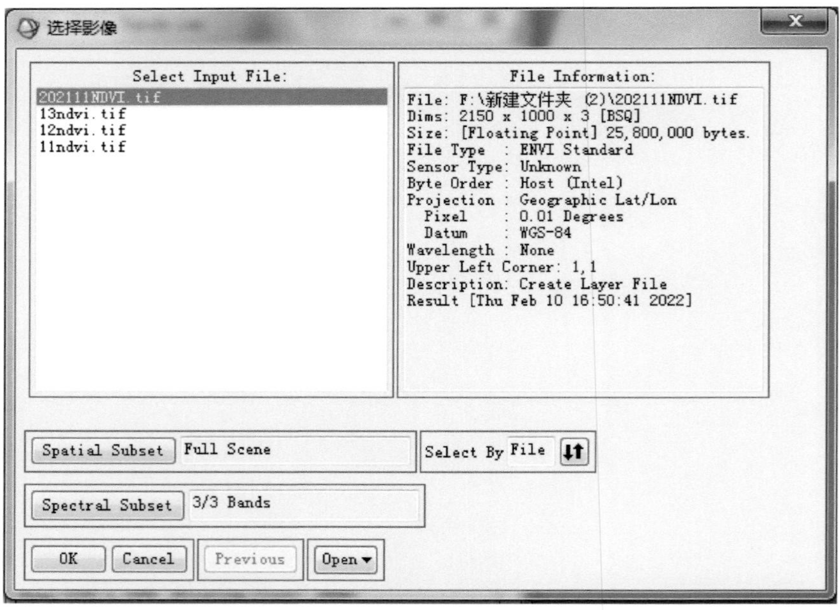

图 5.5.31 ENVI Classic→小熊工具箱→最大值合成界面

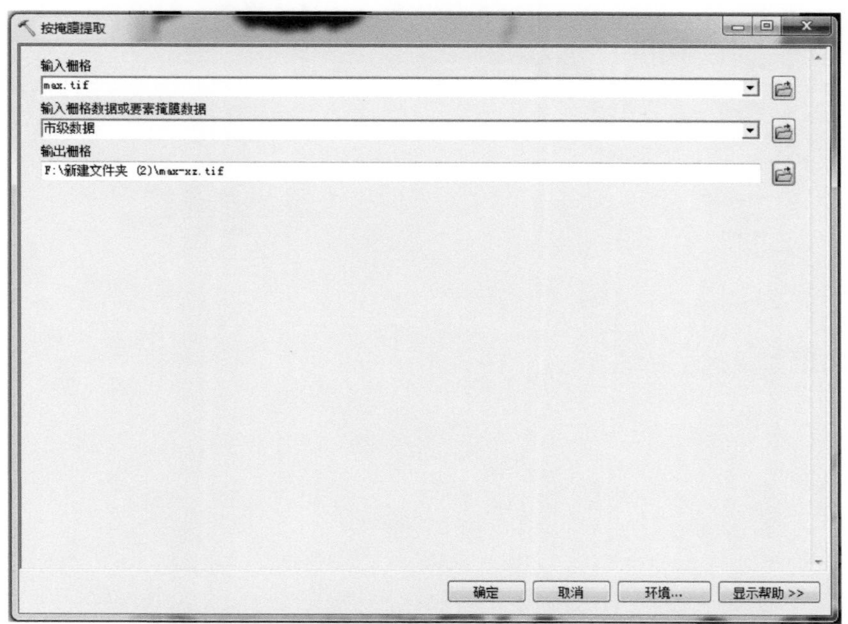

图 5.5.32　ArcMap→Arc Toolbox →Spatial Analyst 界面(一)

③去除林区、湖泊和常年积雪。

ArcToolbox→Spatial Analyst 工具→地图代数→栅格计算器。如图 5.5.33 所示。

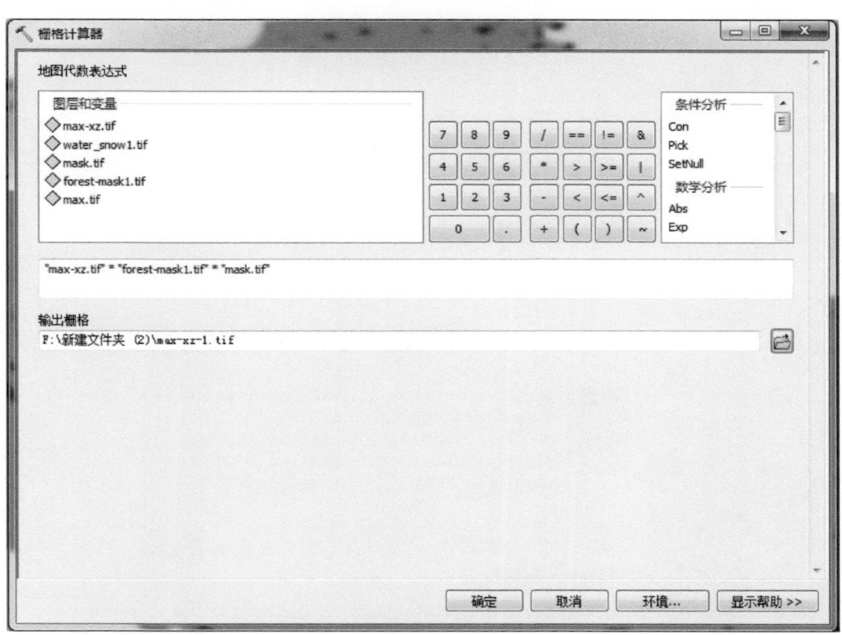

图 5.5.33　ArcMap →Arc Toolbox→Spatial Analyst 界面(二)

④去除小于等于 0 的值,使用 setnull 语句。

ArcToolbox_Spatial Analyst 工具→地图代数→栅格计算器。如图 5.5.34 所示。

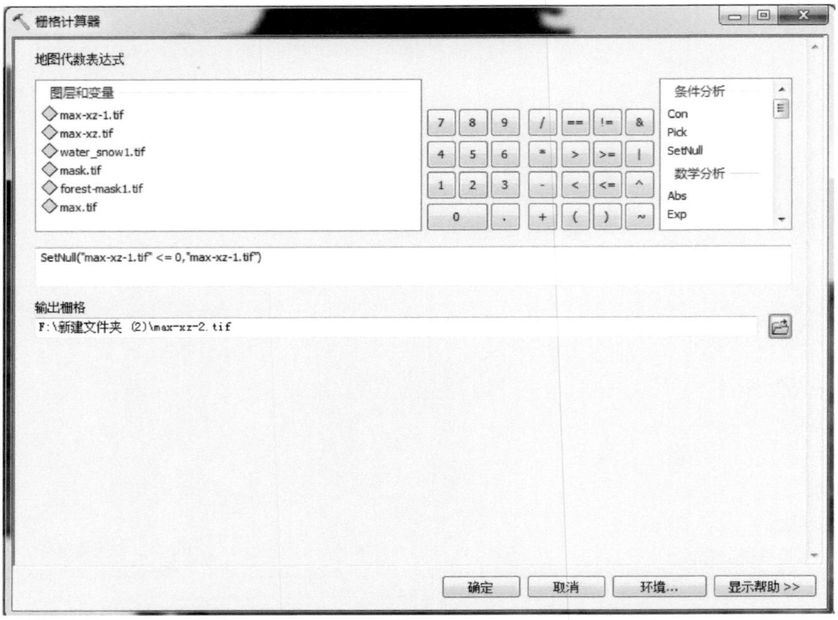

图 5.5.34　ArcMap→Arc Toolbox→Spatial Analyst 界面(三)

⑤双击打开“202111ndvi_3.tif”的图层属性,点击“导入”,选择“植被调色板”进行添加,最后点击“确定”,得到分类及调完色的最终地图。如图 5.5.35 所示。

图 5.5.35　ArcMap_图层属性界面

⑥最后添加标题及文本，图例则是通过 Photoshop 软件进行裁切、粘贴，出植被覆盖监测专题图(图 5.5.36)。

图 5.5.36　2021 年 11 月西藏自治区植被覆盖监测图

5.5.2.2　生物量监测制作流程

(1)运行 ENVI Classic 程序。操作步骤同 5.5.2.1(2)。

①打开拼接完成的数据(ld3 文件)。

②点击“Basic Tools”里的“Band Math”，进行计算。

③在“Band Math”中输入公式计算 NDVI，并对 b_1、b_2 进行赋值，最终存储为 tif 格式(在 ENVI Classic 中计算 NDVI 要以浮点型进行计算)。

同公式(5.4)：

$$\text{NDSI}=\frac{b_2-b_1}{b_2+b_1}$$

式中：b_2 为近红外波段(第 2 波段)；b_1 为红外波段(第 1 波段)。

将公式(5.4)输入进去后可以进行保存，从而在以后公报制作中更加简单快捷。

首先将公式(5.4)输入进去后点击“Add to List”，随后点击“Save”并确定存储路径将公式保存。以后要使用这个公式时可以点击“Restore”将保存的公式读取出来，而不用再手动输入。

④进行最大值合成

首先点击“Basic Tools”里的“Layer Stacking”，完成所有已计算的 NDVI 合成为一个多波段文件。

点击“Basic Tools”→“Layer Stacking”→“Layer Stacking Input File”→“Import File”，将计算得到的 NDVI 全部加载，并选择存储路径，点击“OK”。

⑤点击“小熊工具箱”里的“最大值合成”，或者直接输入公式：b1＞b2＞b3＞b*n*(*n* 代表 NDVI 的数量)，选中波段合成的文件“202111ndvi. tif”，选择存储路径，最终得到最大值合成

后的 tif 文件。

⑥在“Band Math”中输入公式(5.4)计算 AGB、FAGB,并对 b1 进行赋值,最终存储为 tif 格式。

$$\text{地上生物量}:AGB=19.421\times e^{3.178\times NDVI}$$

$$\text{鲜草生物量}:FAGB=10.929\times e^{3.85\times NDVI}$$

输入格式为:AGB:19.421 * exp (3.178×b1)　　其中,b1 代表 NDVI。

FAGB:10.929 * exp (3.85×b1)　　其中,b1 代表 NDVI。

如图 5.5.37 所示。

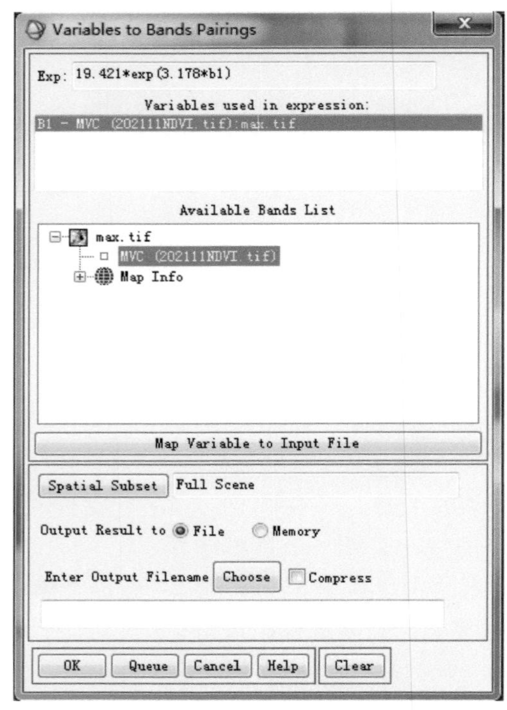

图 5.5.37　ENVI Classic _Variable to Bands Pairings 界面

(2)运行 ArcGis 程序

。操作步骤同 5.5.2.1(3)。

①打开计算得到的 AGB、FAGB 和林区的 tif 文件,以及全区边界、湖泊边界、积雪边界。

②提取出西藏自治区的范围。

ArcToolbox→Spatial Analyst 工具→提取分析→按掩膜提取。

③去除林区和常年积雪、湖泊。

ArcToolbox→Spatial Analyst 工具→地图代数→栅格计算器。

④去除小于 10 的值,使用 setnull 语句。

ArcToolbox→Spatial Analyst 工具→地图代数→栅格计算器

⑤对 202111ndvi_3. tif 文件进行分区统计，得到平均值，最大值和最小值通过 202111ndvi_2. tif 文件得到。

ArcToolbox→Spatial Analyst 工具→区域分析→以表格显示分区统计。图 5. 5. 38 所示。

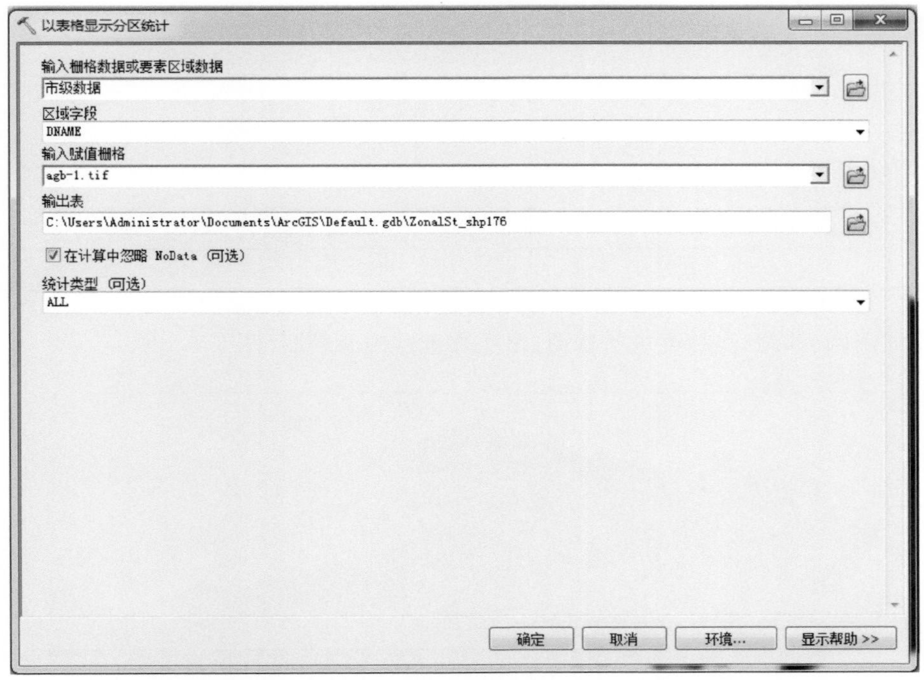

图 5. 5. 38 ArcMap →Arc Toolbox→Spatial Analyst 界面

⑥打开表格，鼠标右击“MEAN”后点击“统计”选项，得到平均值。

⑦对 202111ndvi 3. tif 文件进行分类。双击 202111ndvi 3. tif 文件打开图层属性对话框，点击“已分类”选项，将类别选成 5；再点击“分类”选项打开对话框，利用中断值分类完成后，点击“确定”；最后将标注进行修改。

AGB：10～30；30～45；45～80；80～120；120 以上

FAGB：10～20；20～35；35～70；70～105；105 以上

注：以上统计忽略。202111ndvi 1. tif 取最小值

202111ndvi 2. tif 取最大值

202111ndvi 3. tif 取平均值

⑧对专题图进行颜色划分。如表 5. 5. 1 所示。

表 5. 5. 1 RGB 颜色选定表

专题项目	颜色的选定		
	R	G	B
全区边界	黑色		
湖泊	64	101	235

续表

专题项目	颜色的选定		
	R	G	B
全区边界	黑色		
积雪	0	255	197
林区	132	0	168
1 类	168	168	0
2 类	170	255	0
3 类	76	230	0
4 类	112	168	0
5 类	0	115	76

⑨添加图例、标题、经纬度进行制图，出生物量监测专题图(图 5.5.39)。

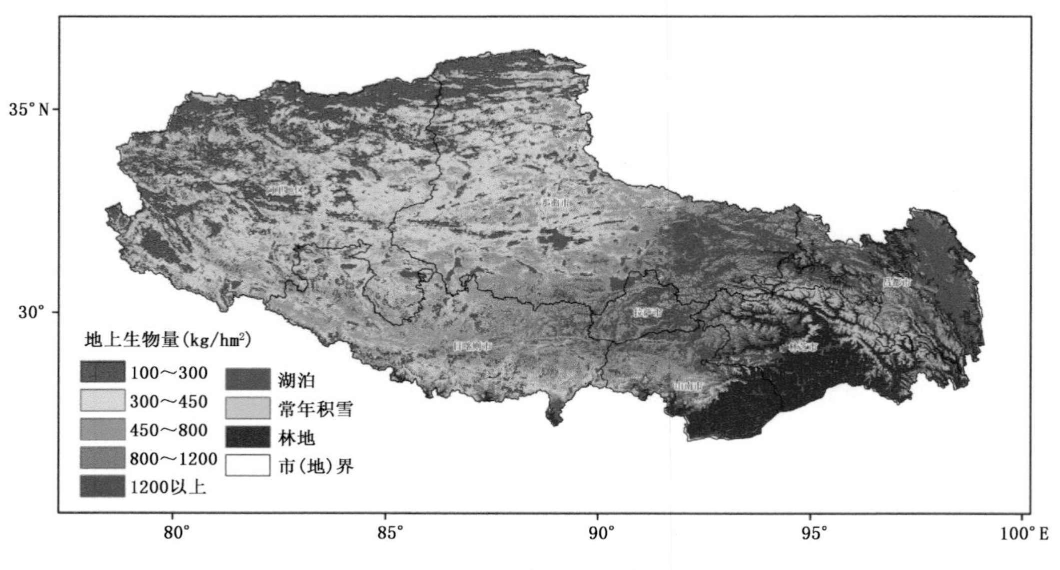

图 5.5.39　生物量监测专题图

5.5.2.3　植被生物量发布流程

(1)产品内容格式

植被生物量遥感监测产品示例(略)。

(2)产品命名规范

根据西藏公共气象服务产品表将植被遥感监测公报，如 2021 年第 11 期西藏植被遥感监测公报(11 月).doc 文件名更改为：

Z_MSP3_XZ-IAES_ECOMA_CGS_L88_XZ_YYYYMMDD0000_M0000-M0030.DOC。

(3)通过气政通和 8u-ftp 分别上传流程同 5.5.1.5(3)

(4)产品及数据存储

①在\\10.216.30.38\科研所极轨卫星数据\5 公报及数据\5 植被生物量\1 植被生物量

和 2 数据(按日期建文件夹存储)目录分别存储；

②在\\10.216.50.45\d:\监测公报\2021 年\5 植被生物量公报\中存储如 2021 年第 11 期西藏植被遥感监测公报(11 月)。

5.5.3　湖泊

西藏自治区大小湖泊有 1500 多个。其中面积超过 1 km^2的湖泊有 612 个，超过 5 km^2的有 345 个，超过 50 km^2的有 104 个，超过 100 km^2的有 43 个，超过 200 km^2的有 24 个，超过 500 km^2的有 7 个，超过 1000 km^2的有 3 个；西藏境内海拔 5000m 以上湖泊有 17 个，湖泊总面积为 24183 km^2，约占全国湖泊总面积的 1/3。

湖泊不仅是地球水资源的重要载体和生态环境的基本要素，是气候变化的调节器和空气净化器，更是人类赖以生存和可持续发展的自然依托，在国民经济和社会可持续发展中占有重要的战略地位。因此，利用卫星遥感资料实时跟踪监测湖泊的状况及其变化，定期发布监测及评估报告，对西藏生态文明建设具有十分重要的战略价值。

湖泊监测的主要任务是监测湖泊水域是否发生变化及其变化的具体状况，它包括对湖泊信息的识别与提取和对湖泊动态变化信息的检测两方面内容。前者实质是将湖泊信息与其他信息区分开来。由于水体和陆地接受太阳辐射相互作用以后，对太阳辐射的反射、吸收、散射、透射的特征差异很大，从而使其在遥感图像上的反映也迥然不同，成为区分水体和其他地物的重要基础。

5.5.3.1　原理

在可见光和近红外波段内，水体识别主要基于水体、植被、土壤等地物的光谱反射差异。水对近红外和中红外波长的能量吸收最多，该波段内的能量很少被反射，而植被和土壤对可见光波段反射极少，但对近红外反射却很高。因此，用遥感数据中的近红外和可见光波段可以方便地解决地表水域定位和边界确定等问题。地物后向散射特性的差异是主动微波遥感观测水体的基本原理。

从遥感监测波段来看，湖泊动态监测的数据源可分为可见光和微波遥感数据。常用的可见光卫星传感器有 GF、NOAA/AVHRR、SPOT/VGT、MODIS、Landsat TM 和 ETM＋等，此外，一些主动微波传感器如 ERS-1、ERS-2 和 JERS-1 及 Radarsat 也是湖泊水域监测的重要数据源。以上数据源各有特点，在湖泊研究中一般根据研究区域特点和研究尺度来选择相应数据。AVHRR 数据是目前研究大尺度区域湖泊动态研究的主要数据，同时进行长时间序列变化研究的常用数据源；而 MODIS 则是中等尺度湖泊动态研究的重要数据源；对于小尺度范围的湖泊遥感研究，常选用分辨率较高的 GF、TM、ETM＋、SPOT 和 IKONOS 等数据。随着遥感分类技术的发展和混合像元分解技术的出现，AVHRR 及 MODIS 等中低分辨率数据的解译精度也在不断提高，从而使其适用的尺度范围更加广泛，愈加受到人们重视。

5.5.3.2　高分卫星湖泊监测规范

(1)业务环境及内容

湖泊监测处理运用 ENVI、Arcgis 和 PIE 或者 SMART2.0 软件。卫星数据使用 GF/WFV。主要监测区内 14 个湖泊，分别为纳木错、色林错、当惹雍错、玛旁雍错、拉昂错、扎日南木错、班公错、羊卓雍错、普莫雍错、佩枯错、塔若错、桑旺错、然乌湖和莽错。按月监测湖泊水面面积和冬季结冰情况。

（2）前期数据处理

①下载 GF 数据

高分辨率对地观测系统网格平台。用户名：xizang，进行数据的浏览下载，尽量下载 GF-1 和 GF-6（WFV 传感器）。

②数据预处理

下载的高分数据可以用 ENVI 或者 PIE 进行正射校正，两种正射校正方法操作如下。

●ENVI 5. x 正射校正

（a）ENVI 支持高分一号和高分六号数据的处理，选择 File→Open As→Optical Sensors→CRESDA→“相应传感器”可打开相应的高分数据（图 5. 5. 40）。

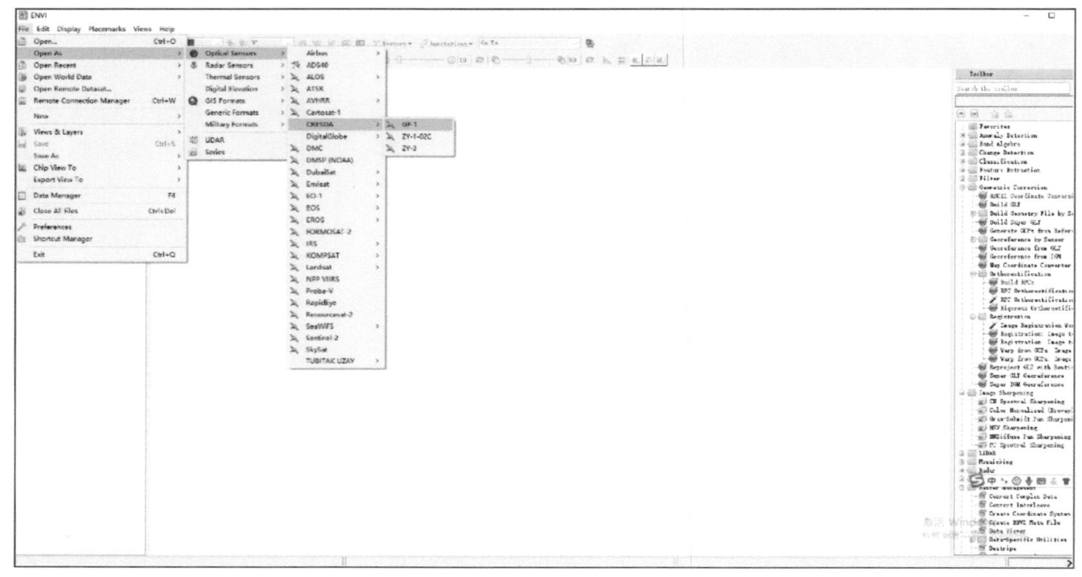

图 5. 5. 40　遥感数据打开工具

（b）打开 DEM 数据 ASTERDEMTIBET. tif（\\10. 216. 50. 210\公共资源区\ASTER-DEM）。

（c）在“Toolbox”中，打开 Geometric Correction_Orthorectification_RPC Orthorectification Workflow；

在弹出的“File Selection”对话框中，“Input File”选择输入文件，“DEM File”选择 DEM 数据，点击“Next”进入下一步（图 5. 5. 41）。

（d）“Advanced”选项卡中，设置输出像元大小、重采样方法等参数，建议启用“Geoid Correction”设置项，可以在很大程度上提高 RPC 模型的水平和垂直精度（图 5. 5. 42）。

（e）最后切换到“Export”选项卡，设置输出路径，点击“Finish”即可。数据命名规则为：湖泊名称_卫星_传感器_成像日期 . tif（图 5. 5. 43），如：色林错_GF1_WFV1_20210209. tif（图 5. 5. 44）。

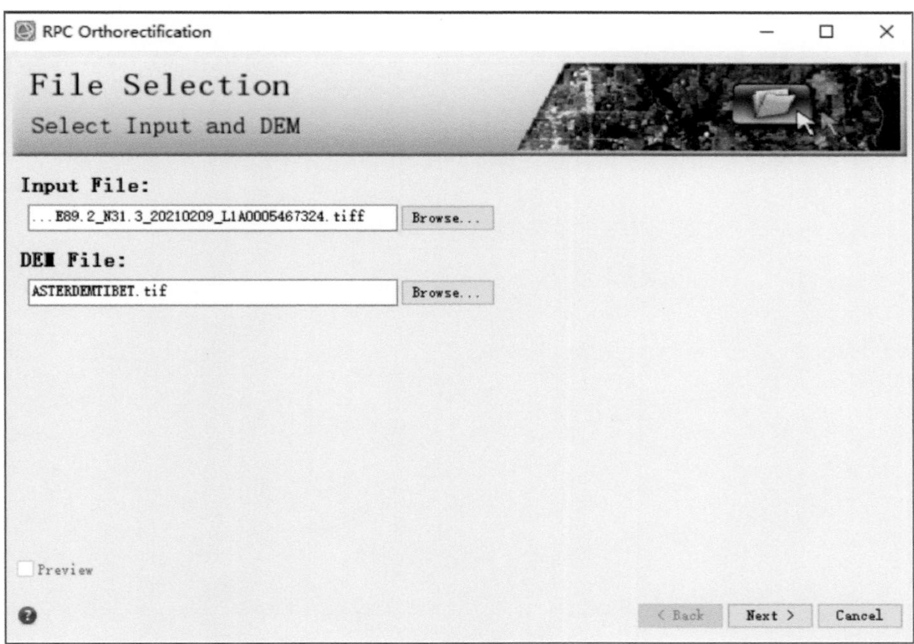

图 5.5.41　正射校正工具

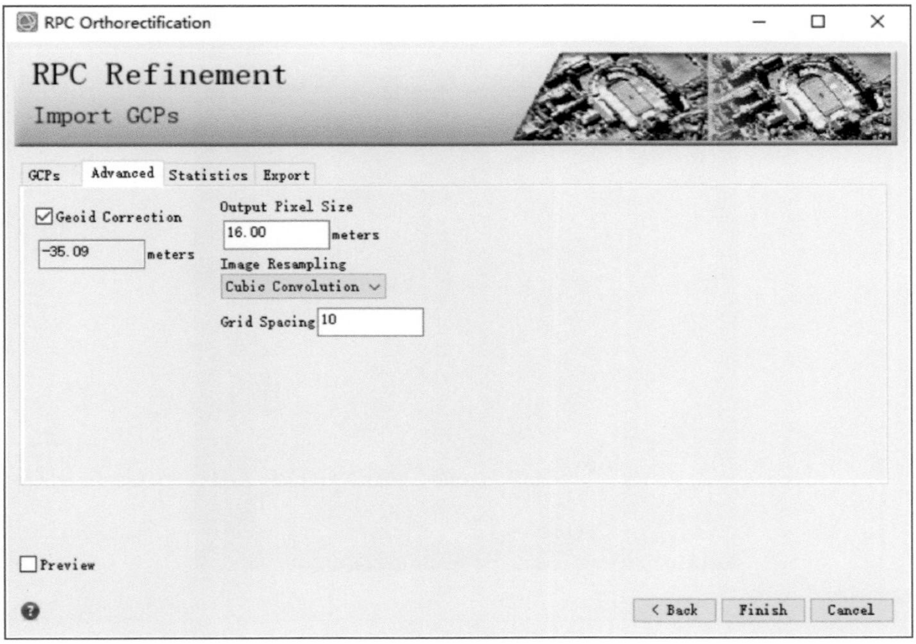

RPC Orthorectification
RPC Refinement
Import GCPs
GCPs　Advanced　Statistics　Export
Geoid Correction
-35.09 meters
Output Pixel Size
16.00 meters
Image Resampling
Cubic Convolution
Grid Spacing 10
Preview
< Back　Finish　Cancel

图 5.5.42　正射校正参数设置

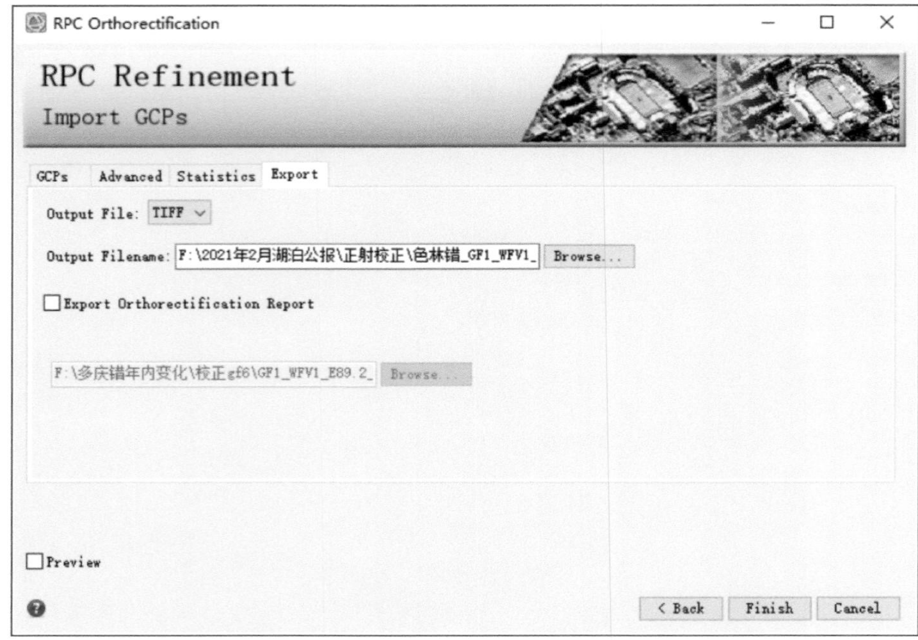

图 5.5.43　正射校正遥感数据格式设置

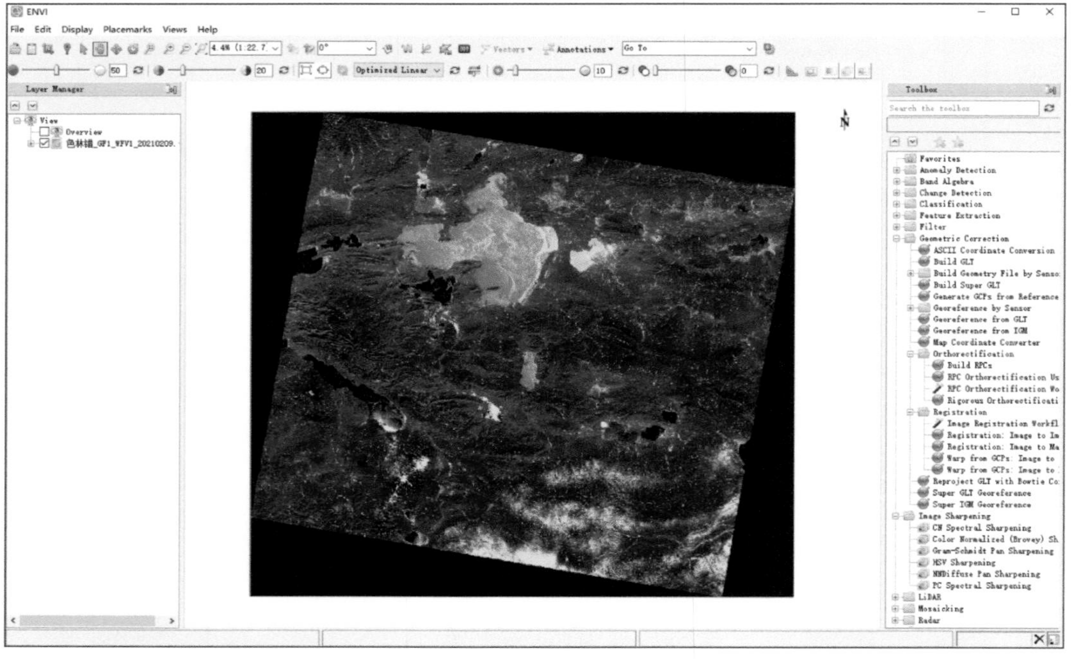

图 5.5.44　正射校正结果图

●PIE 正射校正

(a)PIE 支持高分数据正射校正，点击“PIE”→“常用功能”→“加载多源数据”→“栅格数据”→点击“确定”，加载相应的高分数据(图 5.5.45)。

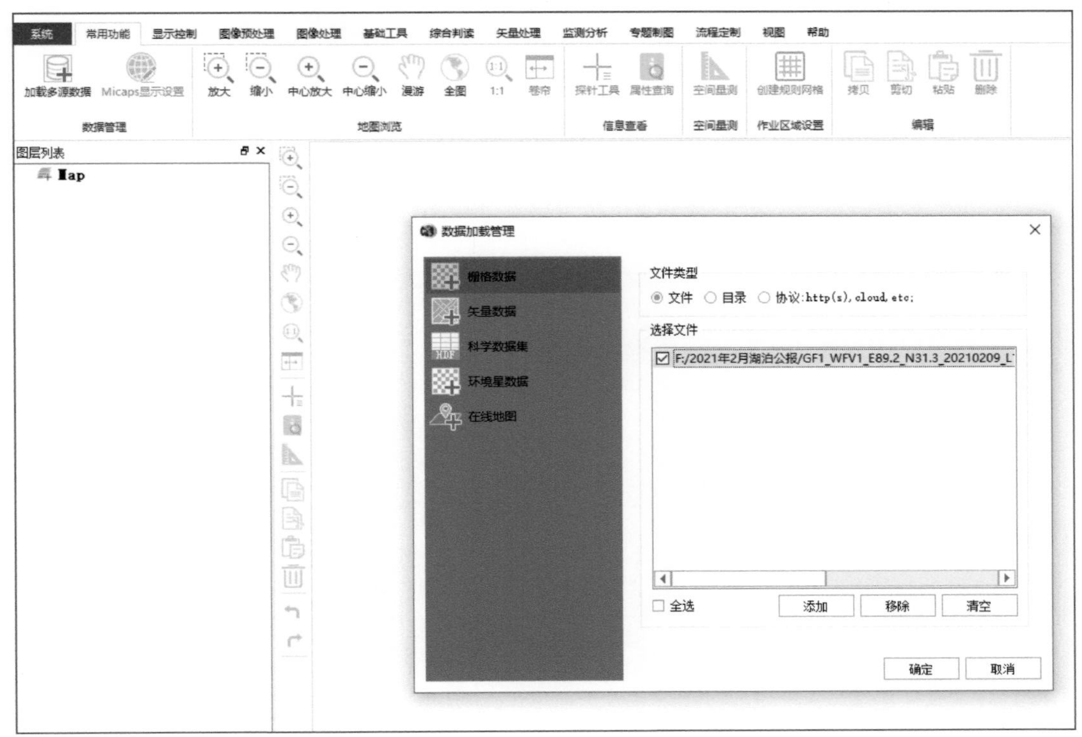

图 5.5.45　加载遥感数据

(b)在图像预处理中，打开正射校正。在正射校正对话框中，选择高分数据，设置输出路径(数据命名规则为：湖泊名称_卫星_传感器_成像日期 .tif，如：色林错_GF1_WFV1_20210209. tif)，数字高程设置选择 DEM 文件 ASTERDEMTIBET. tif(\\10. 216. 50. 210\公共资源区\ASTERDEM)，设置输出像元大小(图 5.5.46)。点击“确定”。

(3)湖泊水面面积提取

针对西藏湖泊公报中监测的 14 个湖泊制定了《西藏湖泊公报湖泊水面边界标准》文档，对应的矢量文件存于\\10. 216. 30. 38\科研所极轨卫星数据\5 公报及数据\3 湖泊冰川\西藏湖泊公报水体边界标准。

湖泊水面面积提取有两种方法，分别在 PIE-SIAS 软件和 Arcmap 软件中提取，两种面积提取操作步骤如下。

①PIE-SIAS 水面面积提取

(a)加载数据，点击“常用功能”→“加载栅格数据”，加载正射校正后的高分数据，波段组合 4、2、1(图 5.5.47)。

正射校正

输入输出

输入文件* FV1_E89.2_N31.3_20210209_L1A0005467324.tiff ...

RPC文件* WFV1_E89.2_N31.3_20210209_L1A0005467324.rpb ...

控制点文件 ...

输出文件* 湖泊公报/校正/色林错_GF1_WFV1_20210209.tif ...

投影设置 GCS_WGS_1984 ...

数值高程设置

○ 常值 340 米

◉ DEM文件 .210/公共资源区/ASTERDEM/ASTERDEMTIBET.tif ...

输出设置

重采样方法 最近邻域法

X分辨率 16.000000 米 Y分辨率 16.000000 米

确定 取消

图 5.5.46 正射校正工具及参数设置

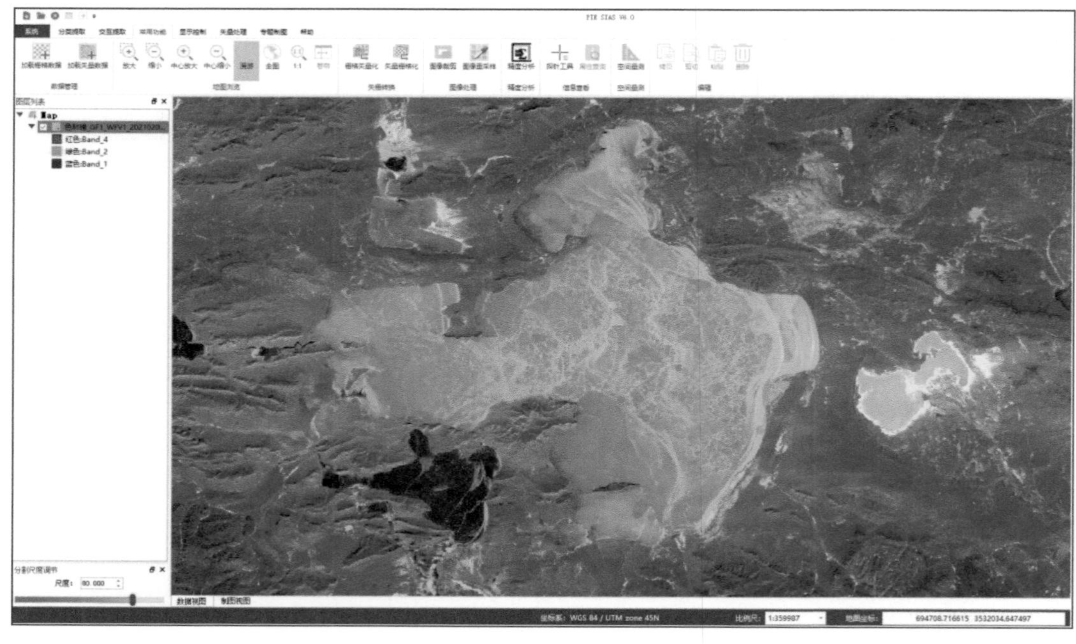

图 5.5.47 加载栅格数据

(b)在 PIE-SIAS 中，点击“交互提取”→“水体魔术棒”，在水体魔术棒对话框中，透射波段选择 band_1，吸收波段选择 band_4，重采样分辨率为 16，点击“确定”(图 5.5.48)。

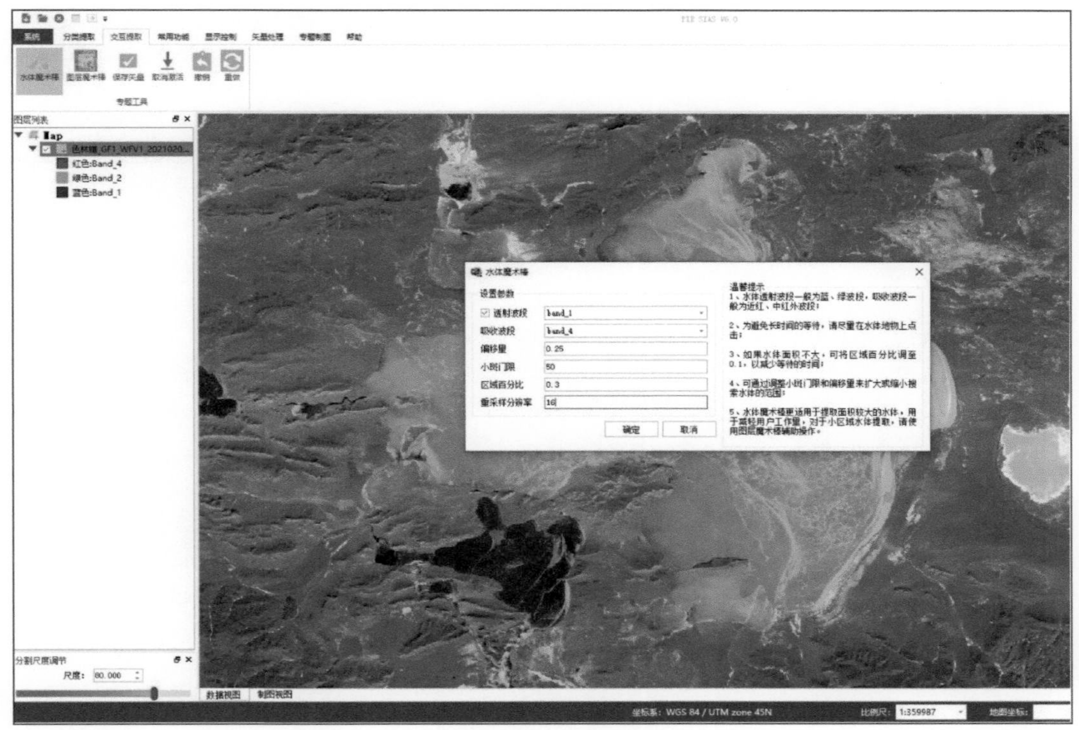

图 5.5.48 湖泊面积提取

②Arcmap10. x 水面面积提取

(a)加载数据，加载西藏湖泊公报水体边界标准中的矢量和正射校正后的高分影像，高分影像波段组合选用 4、2、1。

(b)以《西藏湖泊公报湖泊水面边界标准》文档中的要求，以高分影像为基准，启动编辑器，对矢量数据进行修改(图 5.5.49)。

(c)计算湖泊水面面积，点击右键“矢量数据”→“打开属性表”→“添加字段(area)”→“计算几何(km^2)”→“OK”(图 5.5.50)，即可在 Excel 中制作湖泊水面面积统计表和柱状图，模板存于\\10.216.30.38\科研所极轨卫星数据\5 公报及数据\3 湖泊冰川\西藏湖泊公报水体边界标准\中。

(d)利用\\10.216.30.38\科研所极轨卫星数据\5 公报及数据\3 湖泊冰川\湖泊公报出图\模板中的制图模板对湖泊进行出图。水面填充颜色 RGB 为 0、112、255，轮廓为无颜色；冰面填充颜色 RGB 为 220、255、255，轮廓颜色 RGB 为 204、204、204；更改影像获取时间、卫星/传感器和空间分辨率，高分影像波段组合选用 3、2、1(图 5.5.51)。

(4)湖泊监测报告制作

①内容格式

湖泊监测产品示例(略)。

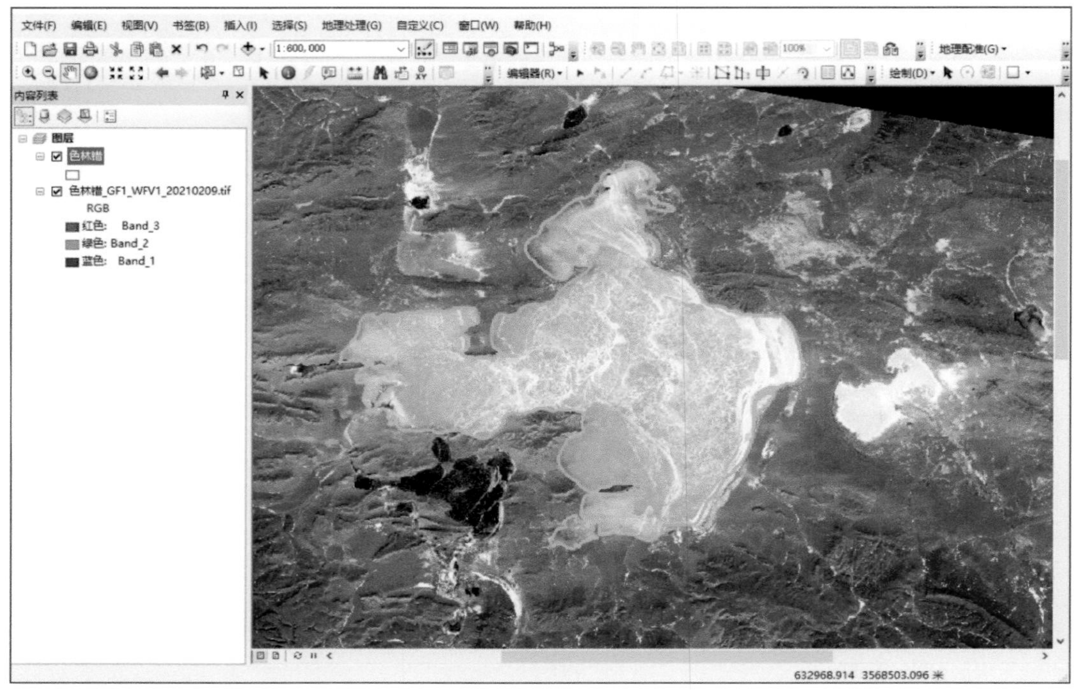

图 5.5.49 湖泊面积数字化

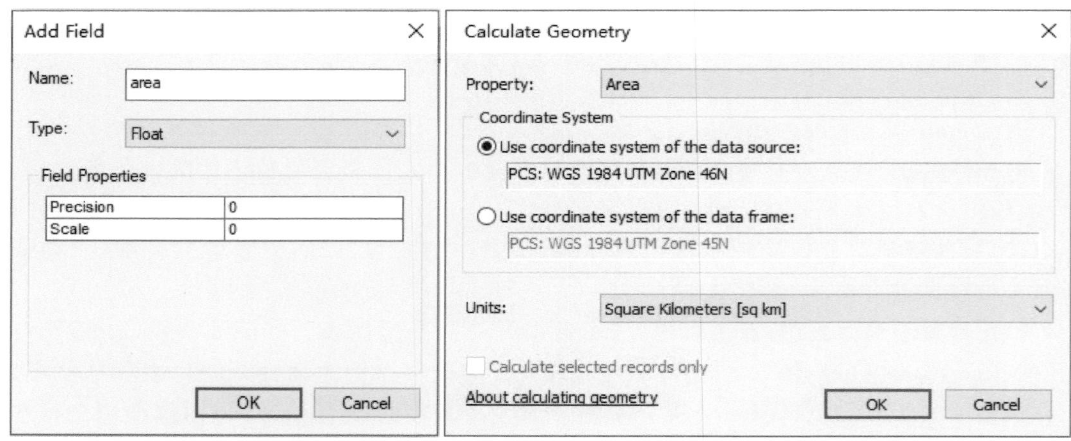

图 5.5.50 湖泊面积计算

②命名规范

2021 年第 2 期遥感湖泊水面面积监测公报(2 月).doc

(5)湖泊产品发送

①在气政通中发布；

②在 8u-ftp 中上传信息网络中心，公报文件名改为

MSP3_XZ-IAES_HYDM_ME_L88_XZ_YYYYMMDD0000_M0000-M0030.doc。

图 5.5.51　湖泊出图格式

(6)湖泊数据存储

①在\\10.216.30.38\科研所极轨卫星数据\5 公报及数据\3 湖泊冰川\中存储高分数据、正射校正数据、矢量数据、专题图和面积统计表；

②在\\10.216.50.45\d\监测公报\2021 年\4 水情公报(江河湖泊、冰川)\中存储湖泊水面面积监测公报。

5.5.3.3　气象卫星湖泊监测规范

(1)前期数据处理

①数据浏览

(a)快速浏览数据：打开 Smart 软件，点击最上面的"文件"中的"打开数据"，加载 FY-3D 1 km分辨率 HDF 格式数据(图 5.5.52)；

图 5.5.52　数据加载

(b)数据存储于业务机 D:\ld3;

(c)选取湖泊上空无云的数据。

②数据投影

(a)打开 Smart 软件,点击“开始”中的“L1 拼接投影”(图 5.5.53);

图 5.5.53 L1 拼接投影工具

(b)点击“L1 数据拼接投影”窗口左上角的“添加数据”按钮,打开文件选择对话框,选择需要投影的数据;

(c)选择输出投影文件位置,默认路径为 D:\ld3\Prj,用户也可根据需要自己设定路径。

(d)选择“分辨率”为 0.0025,如图 5.5.54 所示。(MERSI 分辨率应为 0.0025,VIRR 分辨率应为 0.01);

(e)选择要投影的波段,勾选 b1、b2、b3、b4。设置完毕后,点击“执行投影”按钮,执行完毕后,投影后的图像被自动打开(图 5.5.55)。

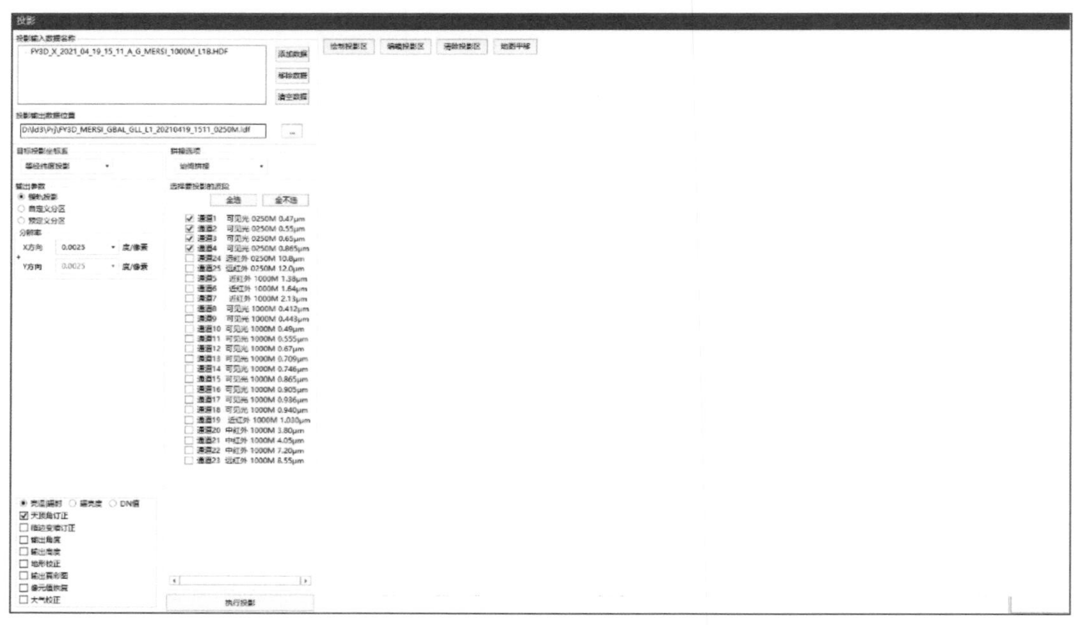

图 5.5.54 投影参数设置

(2)湖泊监测处理

①打开 Smart 软件,点击“遥感应用”中的“江河湖泊水库”,如图 5.5.56 所示。

②在左侧工具栏,选择“绘制 AOI(矩形)”,画出湖泊位置,如图 5.5.57 所示。

③点击“江河湖泊水库”中的“判识”,选择“交互判识”,在右侧的参数设置面板中,选择“水体指数”,点击“判识”,得到湖泊面积,如图 5.5.58 所示。

图 5.5.55 遥感数据投影

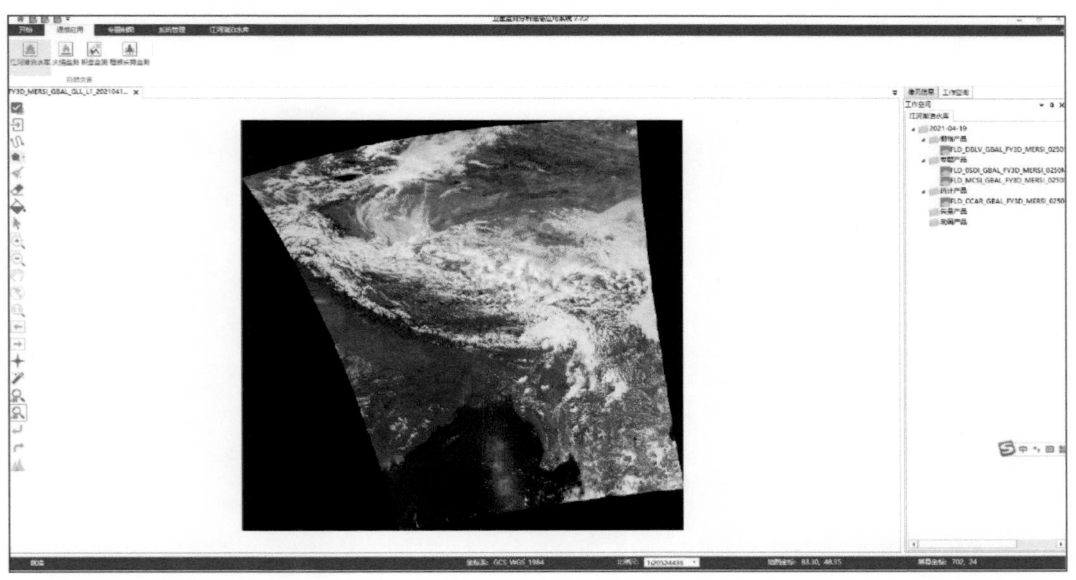

图 5.5.56 湖泊面积提取工具

④对 14 个湖泊分别统计湖泊水面面积，在 Excel 中制作湖泊水面面积统计表和柱状图。模板存于\\10.216.30.38\科研所极轨卫星数据\5 公报及数据\3 湖泊冰川\西藏湖泊公报水体边界标准\中。

⑤利用\\10.216.30.38\科研所极轨卫星数据\5 公报及数据\3 湖泊冰川\湖泊公报出图\模板中的制图模板对湖泊进行出图，更改影像获取时间、卫星/传感器和空间分辨率。

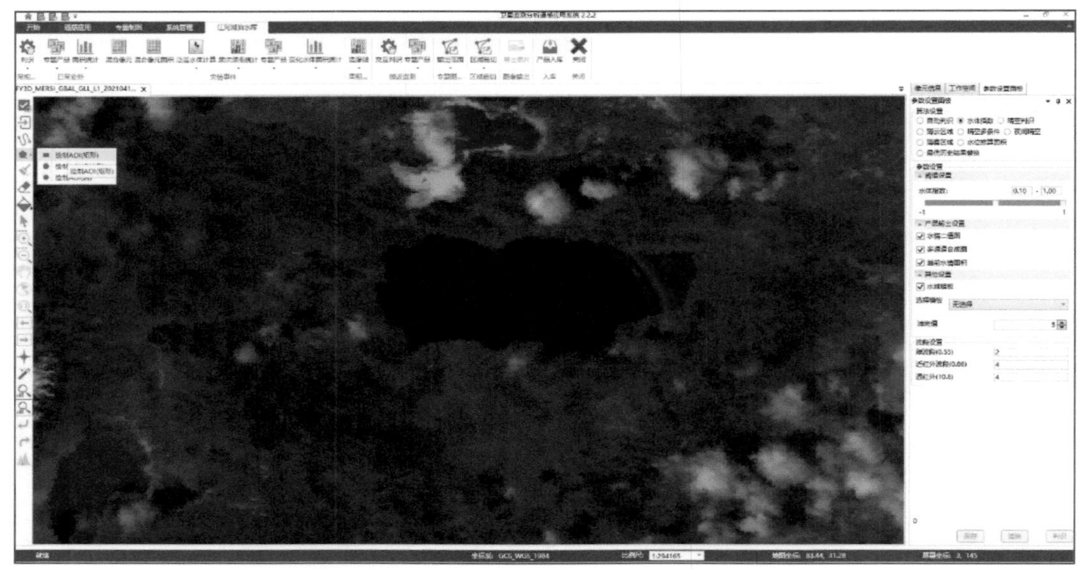

图 5.5.57　湖泊位置定位

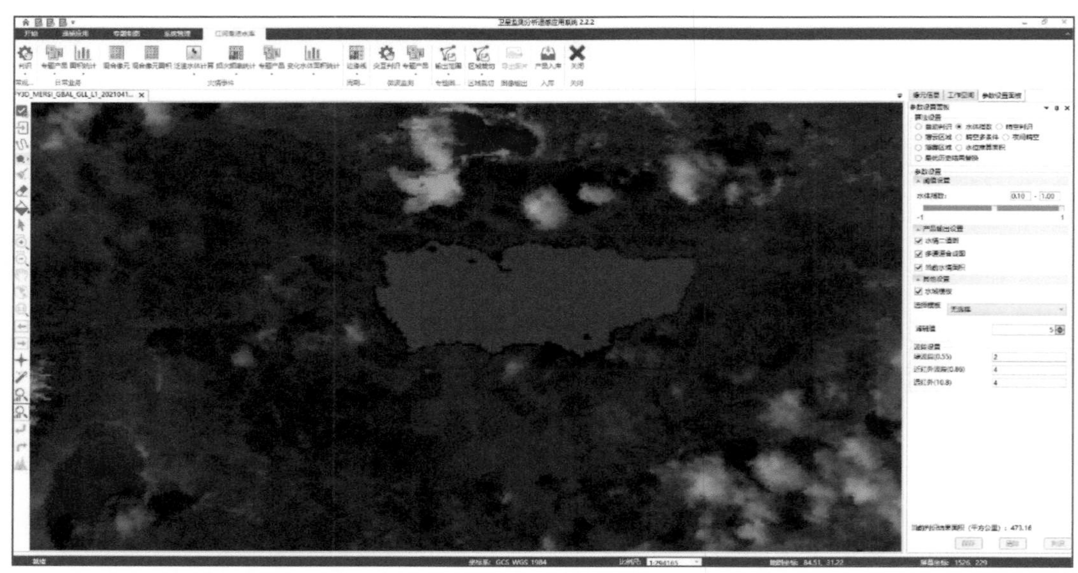

图 5.5.58　湖泊面积提取

（3）高分卫星湖泊监测公报制作参照 5.5.3.2。

（4）气象卫星湖泊监测公报制作参照 5.5.3.3。

5.5.3.4　西藏 14 个湖泊水面边界标准

以 2020 年 11 月经过正射校正的高分数据（GF-1、GF-2，WFV 传感器）为基准，通过 PIE-SIAS 软件的“水体魔术棒”（计算水体指数）提取湖泊水面边界矢量，并在 ENVI5.X 计算 NDWI。在 Arcgis10.X 中以高分影像和 NDWI 为基准，对湖面边界矢量数据进行修改。14 个湖泊水面边界要求如下。

(1)纳木错(图 5.5.59)

图 5.5.59　纳木错

出水口/入水口处:单一的出水口/入水口处,根据湖泊形状和湖岸线自然延伸连接(图 5.5.60)。

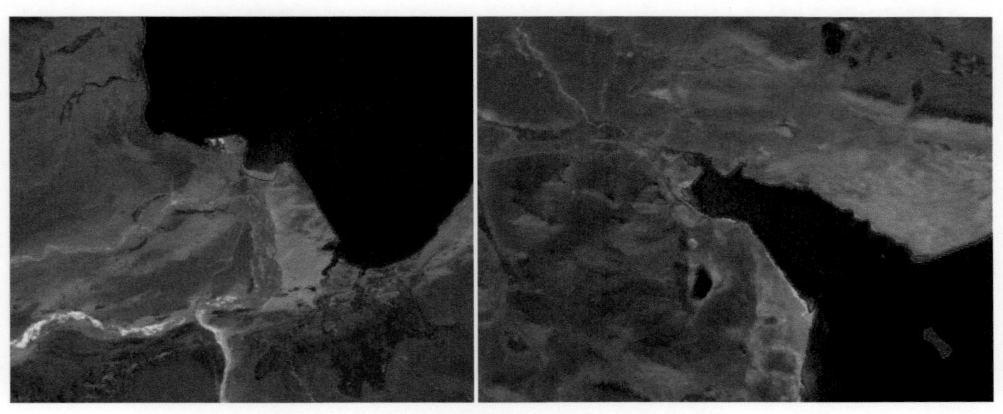

图 5.5.60　纳木错出水口和入水口矢量边界标准

(2)色林错(图 5.5.61)

①出水口/入水口处:单一的出水口/入水口处,根据湖泊形状和湖岸线自然延伸连接(图 5.5.62)。

②图 5.5.63 中白色部分:为水体,应计入湖泊水面面积统计。

(3)当惹雍错(图 5.5.64)

(4)玛旁雍错和拉昂错(图 5.5.65)

(5)扎日南木错(图 5.5.66)

①出水口/入水口处:单一的出水口/入水口处,根据湖泊形状和湖岸线自然延伸连接(图 5.5.67)。

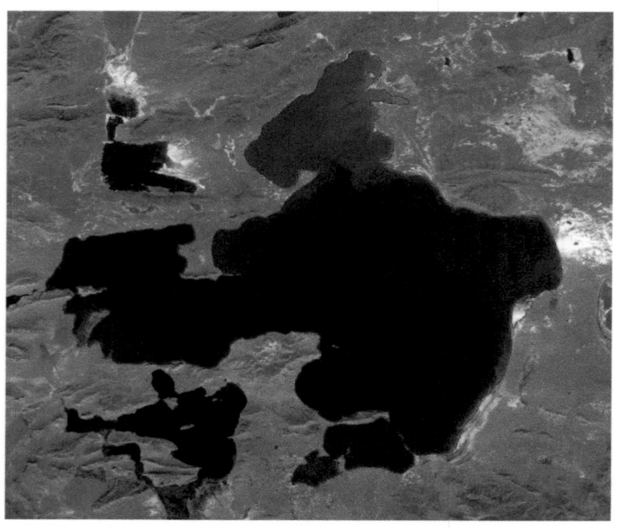

图 5.5.61　色林错

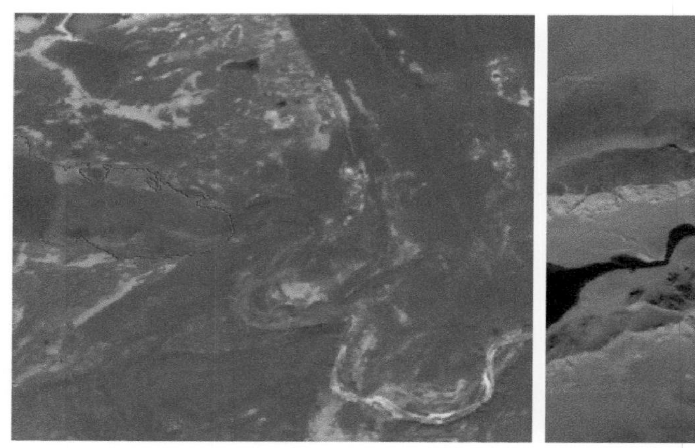

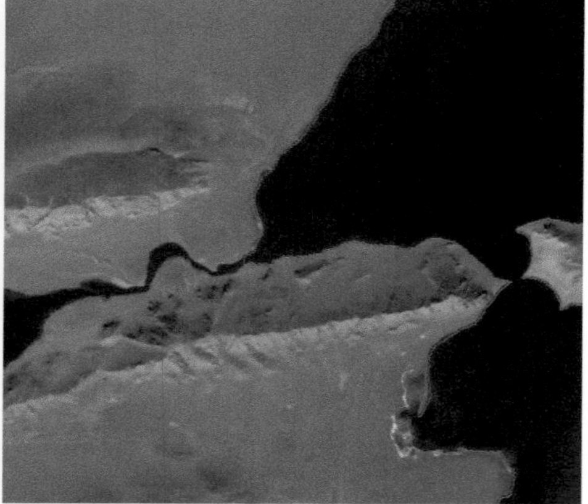

图 5.5.62　色林错出水口和入水口矢量边界标准

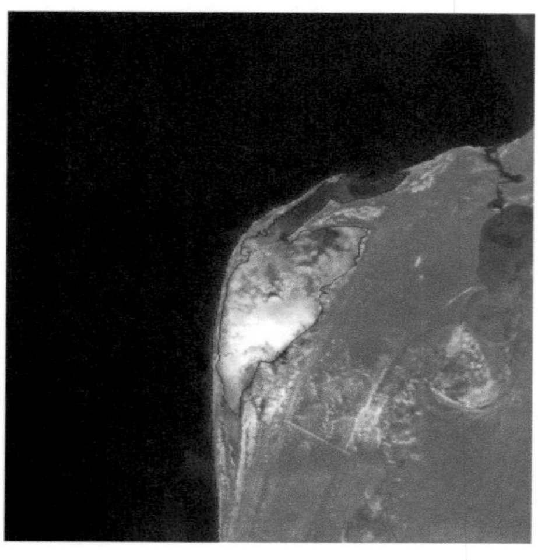

图 5.5.63　色林错局部矢量边界标准

图 5.5.64　当惹雍错

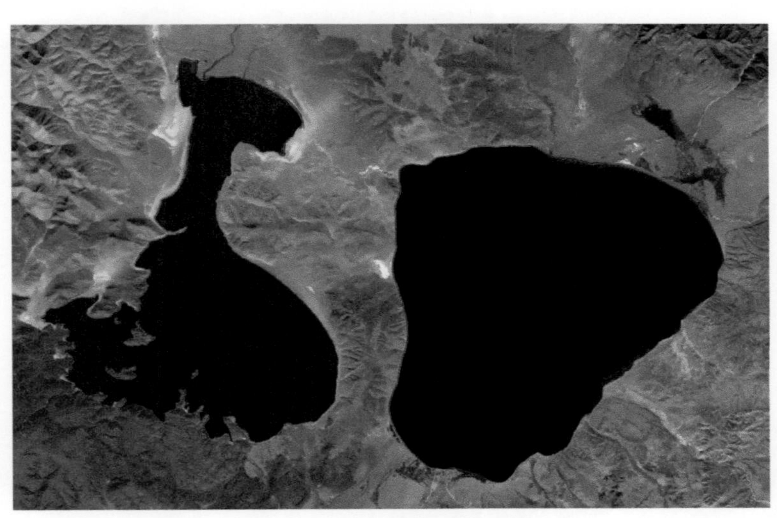

图 5.5.65　拉昂错和玛旁雍错

②滩地处：通过计算 NDWI，以 NDWI＜0 的区域作为湖泊水体边界进一步修改(图 5.5.68)。

(6)班公湖(图 5.5.69)

①山体阴影处水体：阴影和水体不好区分时，通过计算水体指数，在水体指数图中进行修改(图 5.5.70)。

②出水口/入水口处：单一的出水口/入水口处，根据湖泊形状和湖岸线自然延伸连接(图 5.5.71)。

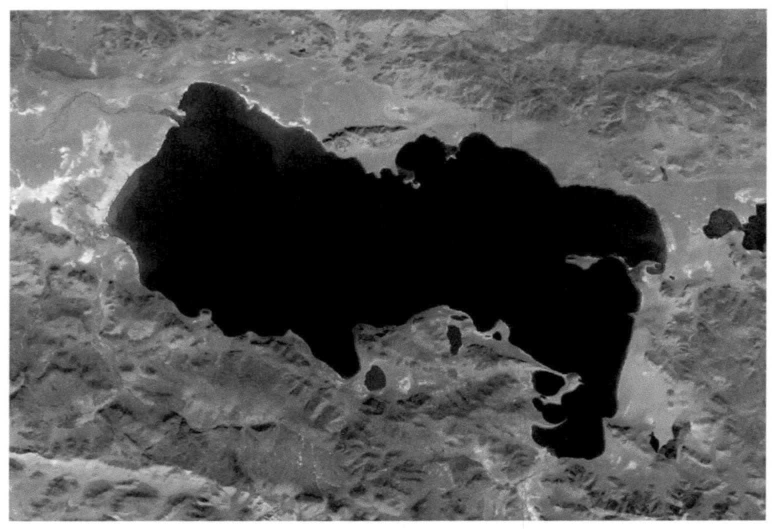

图 5.5.66　扎日南木错

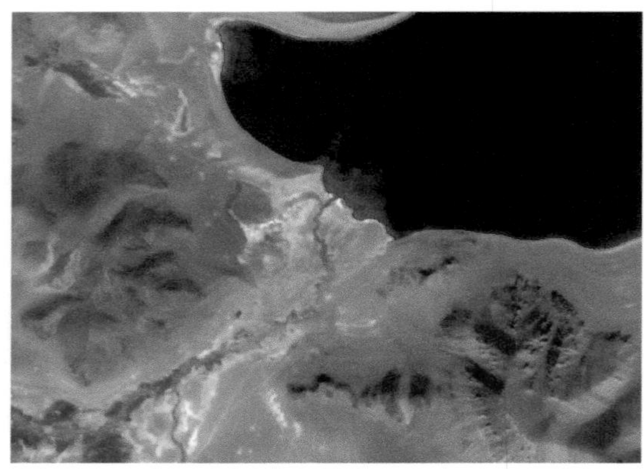

图 5.5.67　扎日南木错出水口或入水口矢量边界标准

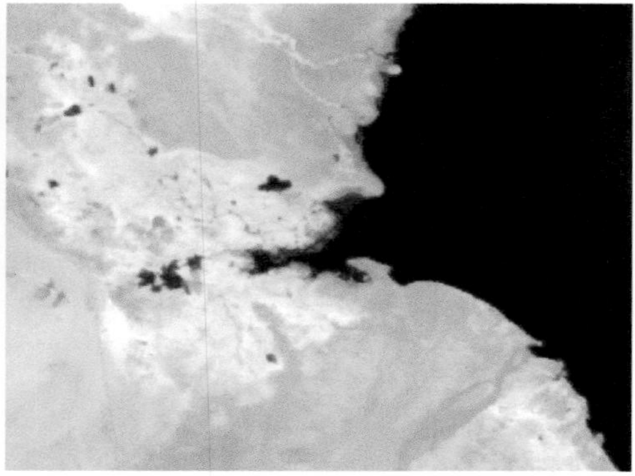

图 5.5.68　扎日南木错滩地处矢量边界标准

图 5.5.69　班公错

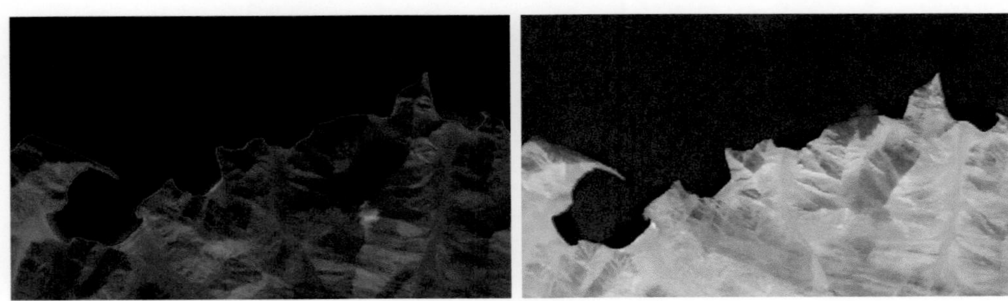

图 5.5.70　班公错山体阴影处矢量边界标准

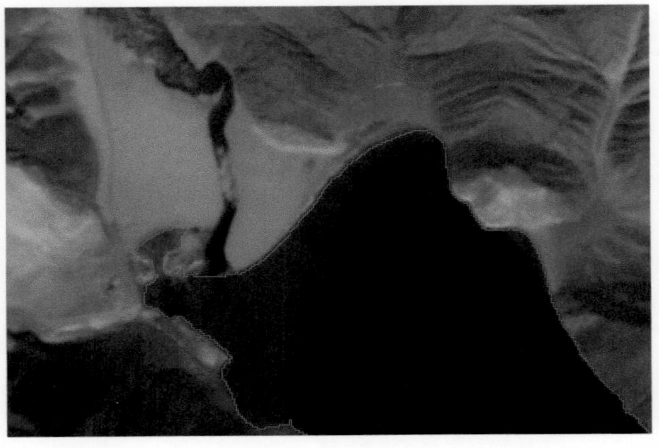

图 5.5.71　班公错出水口或入水口矢量边界标准

③滩地处：滩地外延部分，若水体面积小于 50%，则以滩地内边界作为湖泊水体边界；若水体面积大于 50%，则以滩地内水体面积边界为湖泊水体边界(图 5.5.72)。

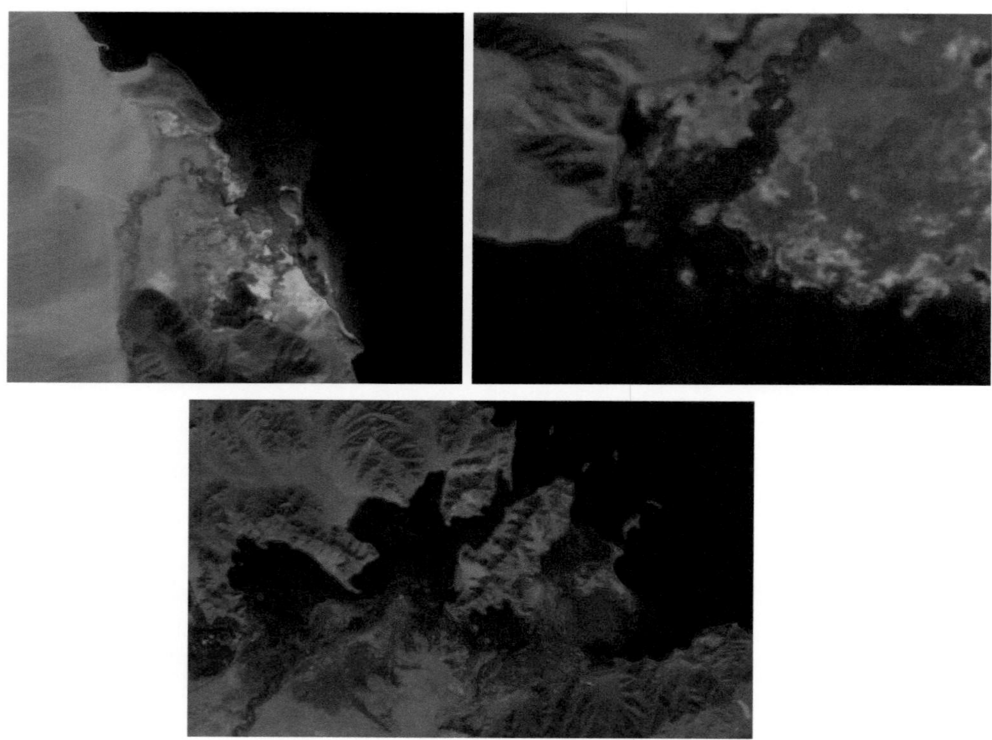

图 5.5.72　班公错滩地处矢量边界标准

(7)羊卓雍错(图 5.5.73)

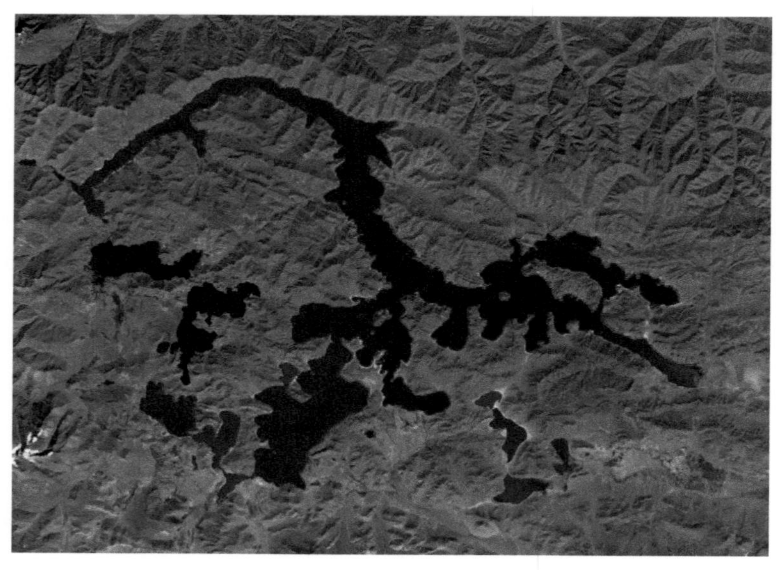

图 5.5.73　羊卓雍错

(8)普莫雍错(图 5.5.74)

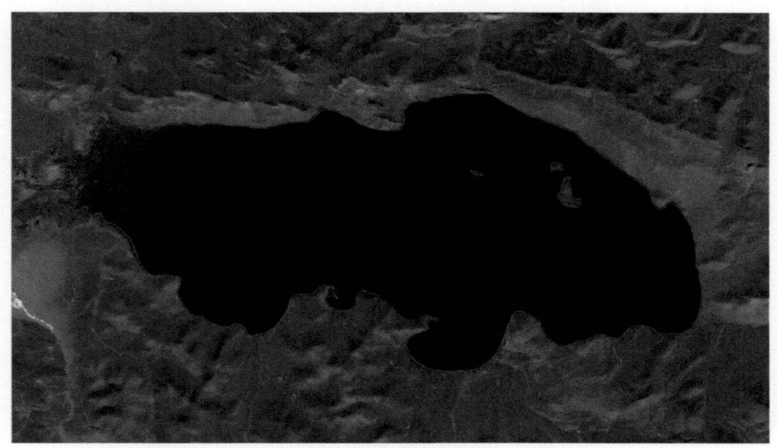

图 5.5.74　普莫雍错

滩地处：通过计算 NDWI，以 NDWI<0 的区域作为湖泊水体边界进一步修改(图 5.5.75)。

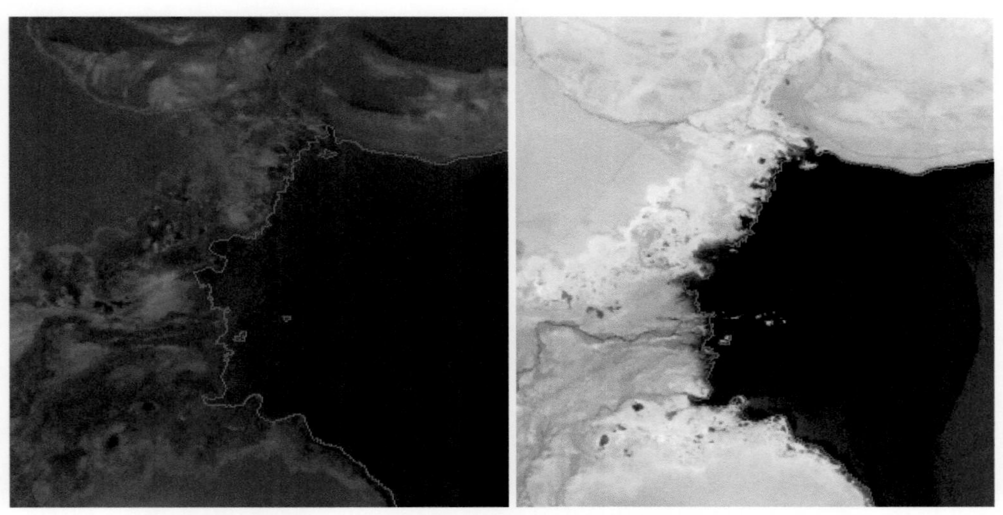

图 5.5.75　普莫雍错滩地处矢量边界标准

(9)佩枯错(图 5.5.76)

出水口/入水口处：单一的出水口/入水口处，根据湖泊形状和湖岸线自然延伸连接(图 5.5.77)。

(10)塔若错(图 5.5.78)

滩地处：通过计算 NDWI，以 NDWI<0 的区域作为湖泊水体边界进一步修改(图 5.5.79)。

(11)桑旺错(图 5.5.80)

图 5.5.76　佩枯错

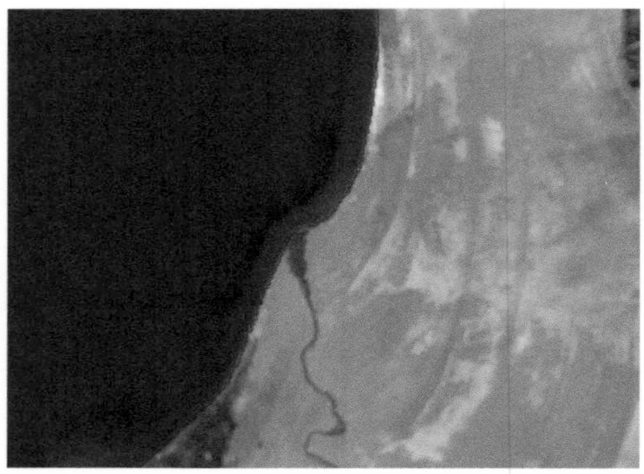

图 5.5.77　佩枯错出水口或入水口矢量边界标准

图 5.5.78　塔若错

图 5.5.79　塔若错滩地处矢量边界标准

图 5.5.80　桑旺错

(12)然乌湖(图 5.5.81)

(13)莽错

莽错北部和西南部通过计算 NDWI,以 NDWI<0 的区域作为湖泊水体边界进一步修改(图 5.5.82)。

图 5.5.81　然乌湖

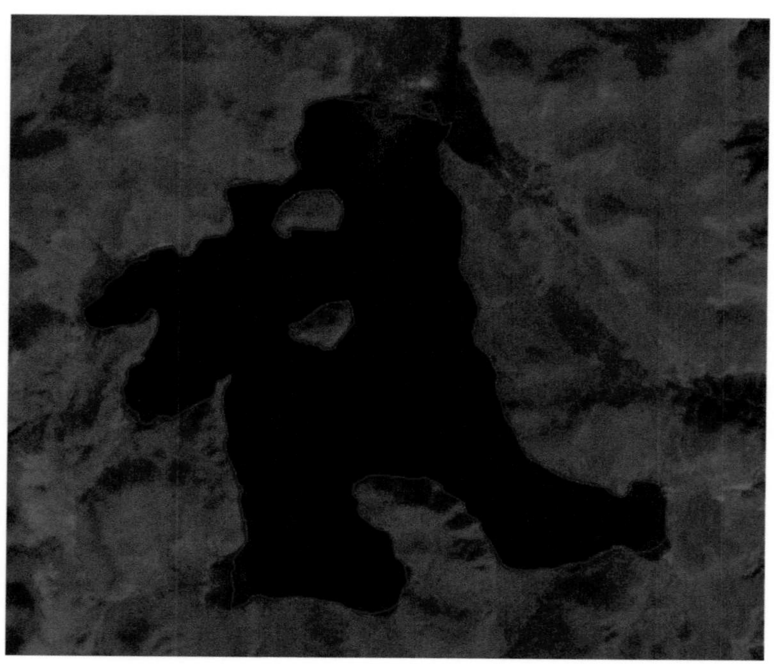

图 5.5.82　莽错

5.5.4　火情

5.5.4.1　SMART 2.2 火情监测软件

操作流程如下。

1. NOAA/AVHRR、EOS/MODIS、NPP/VIIRS、FY-3/VIRR、FY-3D/MERSI 数据火点识别。

(1)NOAA/AVHRR 数据火点识别方法

①林火信息特征

根据分析 NOAA/AVHRR 传感器 5 个通道数据资料(表 1.6),发现 AVHRR 影像中,林火信息具有如下特征表现:

●CH_1可见光通道(0.58～0.68 μm)图像上可以清晰地反映林火的烟尘信息;

●CH_2近红外通道(0.725～1.00 μm)图像上可以反映过火林地信息;

●CH_1与CH_2图像组合可用于火烧迹地和周边林地,以及林火前后森林植被变化;

●CH_3中波近红外通道(3.55～3.93 μm)图像上可较好地反映林火高温区的分布。通常林火燃烧温度为 500～800 ℃,有时超过 1000 ℃,这是林火最主要的特征;

●CH_4(10.30～11.30 μm)、CH_5(11.50～12.50 μm)远热红外通道图像上信息反映地表常温范围的温度;

●由于 AVHRR 传感器热红外通道的高温饱和点较低,强反射体等非林火干扰严重,不利于对林火准确判断。

②图像增强处理方法

AVHRR 数据有 5 个通道(表 1.6)。CH_1、CH_2通道能反映森林植被及其损失信息,也能反映林火的烟尘信息,CH_3通道可反映燃烧的高温信息,CH_4、CH_5通道对地表在常温下的变化敏感可获得关于林火及森林损失的信息。根据上述规律,利用遥感图像处理方法可得到林火信息增强方法,主要有以下几条:

●把CH_3、CH_2、CH_1通道数据分别分段线性拉伸,生成假彩色合成图像(RGB),由目视可判别地面高温点(图 5.5.83)。

图 5.5.83　NOAA/AVHRR RGB 假彩色合成图像

●用 CH_3 通道值推导地表亮度温度值，由亮温值计算生成热点监测图像，直接识别地面高温点（图 5.5.84）。

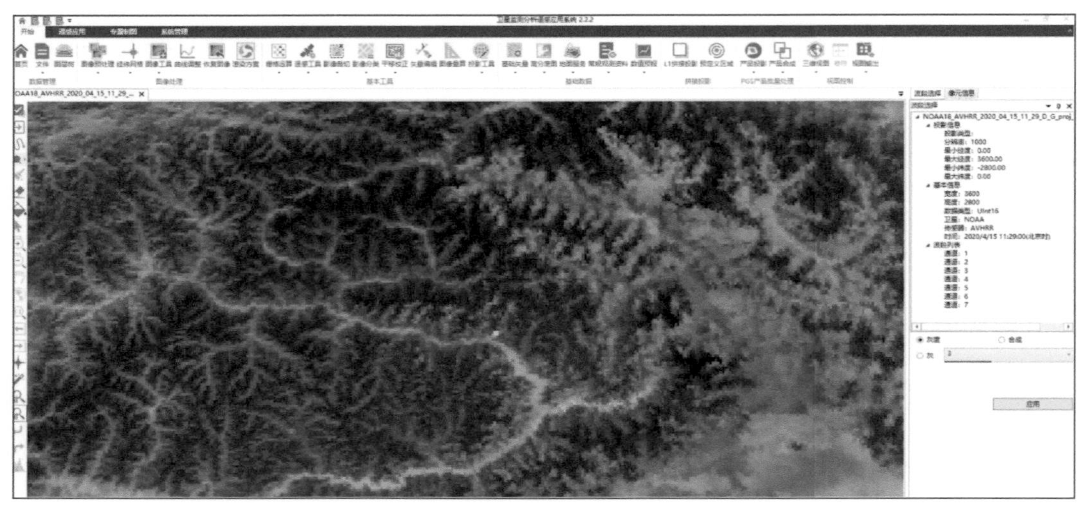

图 5.5.84　NOAA/AVHRR 红外通道图像

●应用 NOAA/AVHRR 的 CH_3、CH_4 通道的线性组合，可抑制裸地反射对识别火点的干扰。裸土（也包括沙漠）常会因强阳光的照射使自身亮温升高而被误判为火点。如图 5.5.85 所示。

一般认为，上述方法所判断出的地面高温点仅能称为异常热点，而不一定是林火。

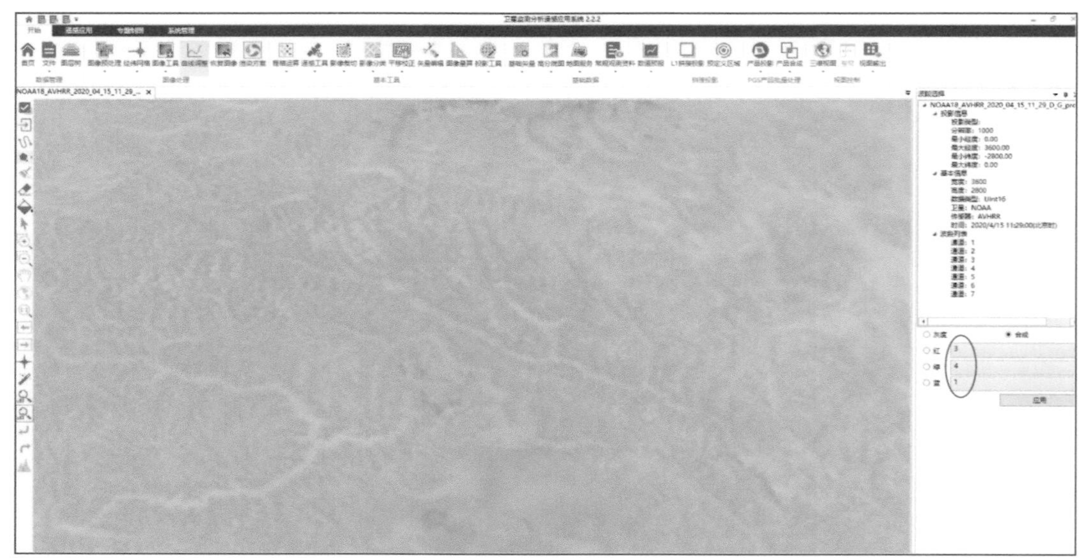

图 5.5.85　NOAA/AVHRR 红外通道彩色合成图像

（2）EOS/MODIS 数据火点识别方法

①与燃烧信息探测相关的 MODIS 波段特性：由于 MODIS 数据（表 1.5）的热红外通道星

下点的空间分辨率为 1 km×1 km，火点大小只有 1 个及 1 个以上像素的异常热源点。

●MODIS 传感器的 CH_1(0.620～0.670 μm)和 CH_2(0.841～0.876 μm)通道空间分辨率为 250 m，CH_1 可见光通道图像可清晰地反映林火的烟尘信息，CH_2 近红外通道图像可反映植被及过火林地信息；可见光与近红外通道结合，可应用于火烧迹地提取、裸地和云体等类型判识。

●MODIS 传感器的 CH_{22}(3.929～3.989 μm)对应的 CH_{21}(3.929～3.989 μm)通道的温度饱和点为 500 K，CH_{21} 对应的 CH_{22} 通道的温度饱和点为 335K，但在实际运用中，由于 CH_{22} 通道具有受水汽吸收影响较小、其他气体对它的影响也较弱、少噪声和量化误差较少等特性，因而在实际火点检测运用中，常用 CH_{22} 通道进行火点识别；仅当 CH_{22} 通道温度饱和或没有数据时，才用 CH_{21} 通道数据进行火点识别。

●Terra/MODIS 的 CH_{31}(10.78～11.28 μm)通道饱和温度大约为 400 K，Aqua/MODIS 的 CH_{31}(10.78～11.28 μm)通道饱和温度大约为 340 K；夜间还可以用空间分辨率为 250 m 的 CH_2(0.841～0.876 μm)通道数据，以及空间分辨率为 500m 的 CH_7(2.105～2.155μm)和 CH_6(1.628～1.652 μm)两个通道的数据。

②利用图像增强判识 MODIS 火

MODIS 中的通道 CH_{20}(3.660～3.840 μm)、CH_{21}、CH_{22} 可监测火点信息。提取火点信息的红、绿、蓝通道可选用 CH_{20}～CH_{22}、CH_2、CH_1 三个通道合成假彩色合成图像，然后再对 RGB 进行分段线性增强，可目视判别地面高温点。如图 5.5.86 所示。

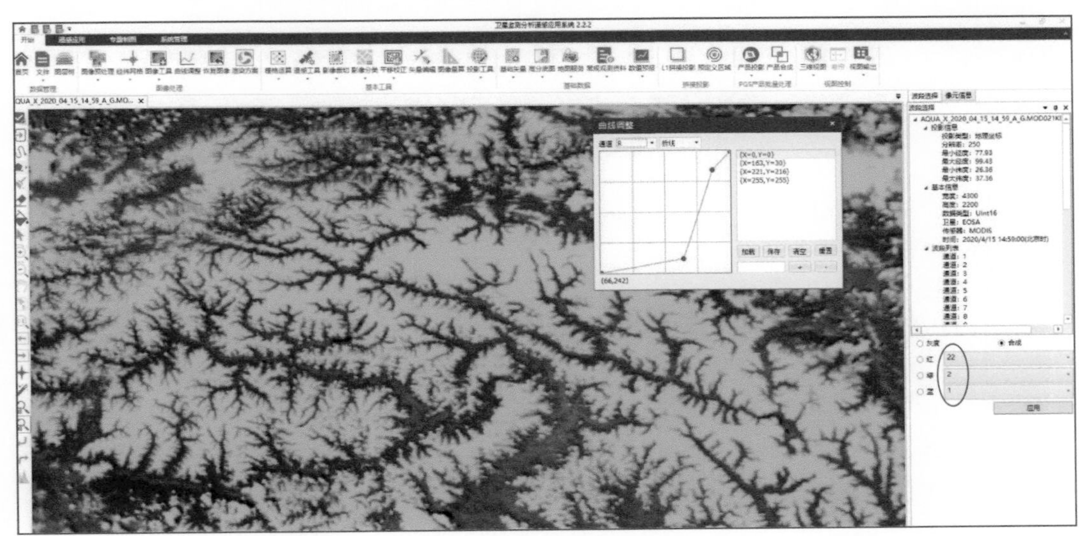

图 5.5.86　EOS/MODIS RGB 假彩色合成图像

(3)NPP/VIIRS 数据的火点识别

NPP 自 2011 年发射成功以来，并没有出现像 Terra、Aqua 发射后再全球兴起的接收 MODIS 数据的建站热；另一方面，利用 VIIRS 进行火点检测的算法文献也不多。

自 2012 年 VIIRS 传感器获取数据以来，NPP 已将 VIIRS 获取的数据用于全球火情监测中，每天免费共享全球的火情监测产品，其所采用的火点检测算法在继承 AVHRR 和 MODIS 火点算法的基础上，针对 VIIRS 波段特性，由美国宇航局戈达德宇航中心和美国马里兰大学的专家共同研制完成。

①具体算法(略)

②利用图像增强判识高温点

NPP(表 1.7)中的通道序号 CH_{17}(3.660～3.840 μm)、CH_4(3.550～3.930 μm)可提取火点信息,但 CH_{17}(3.660～3.840 μm)对火的灵敏度更高。选用 CH_{17}(或 CH_4)、CH_2、CH_1 三通道(RGB)合成假彩色图像,再分别对 RGB 进行分段线性增强,可目视判别地面高温点。如图 5.5.87 所示。

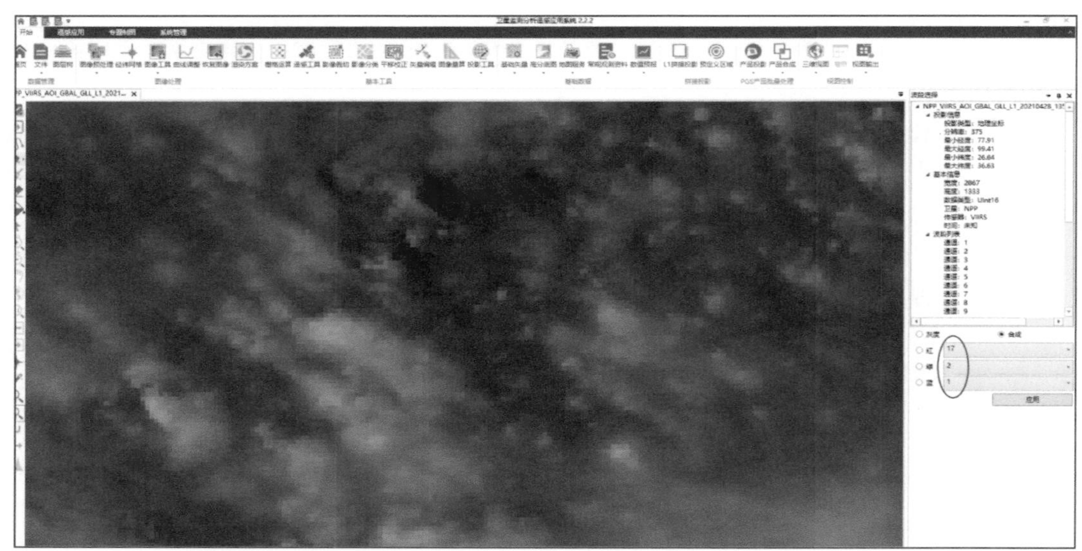

图 5.5.87　NPP/VIIRS RGB 假彩色合成图像

(4)FY-3/VIRR 数据的火点判识

①火点识别算法(略)

②利用图像增强判识高温点

FY-3/VIRR(表 1.2)中的通道 CH_3(3.55～3.93 μm)可监测火点信息。提取火点信息的红、绿、蓝通道为 CH_3、CH_2(0.84～0.89 μm)、CH_1(0.58～0.68 μm)三个通道合成假彩色合成图像,再对 RGB 进行分段线性增强,可目视判别地面高温点。如图 5.5.88 所示。

(5)FY-3D/MERSI 数据的火点判识

①火点识别算法(略)

②利用图像增强判识高温点

FY3/MERSI(表 1.3)中的通道 CH_{20}(3.8 μm)可监测火点信息。提取火点信息的红、绿、蓝通道可选用 CH_{20}、CH_4(0.865 μm)、CH_3(0.65 μm)三个通道合成假彩色图像,再对 RGB 进行分段线性增强,可目视判别地面高温点。如图 5.5.89 所示。

2. NOAA/AVHRR、EOS/MODIS、NPP/VIIRS、FY3/VIRR、FY3D/MERSI 影像校正

当影像有偏差时,根据湖泊、海岸线等进行地理订正。例如:添加湖泊矢量,开始平移校正→保存平移。如图 5.5.90 所示。

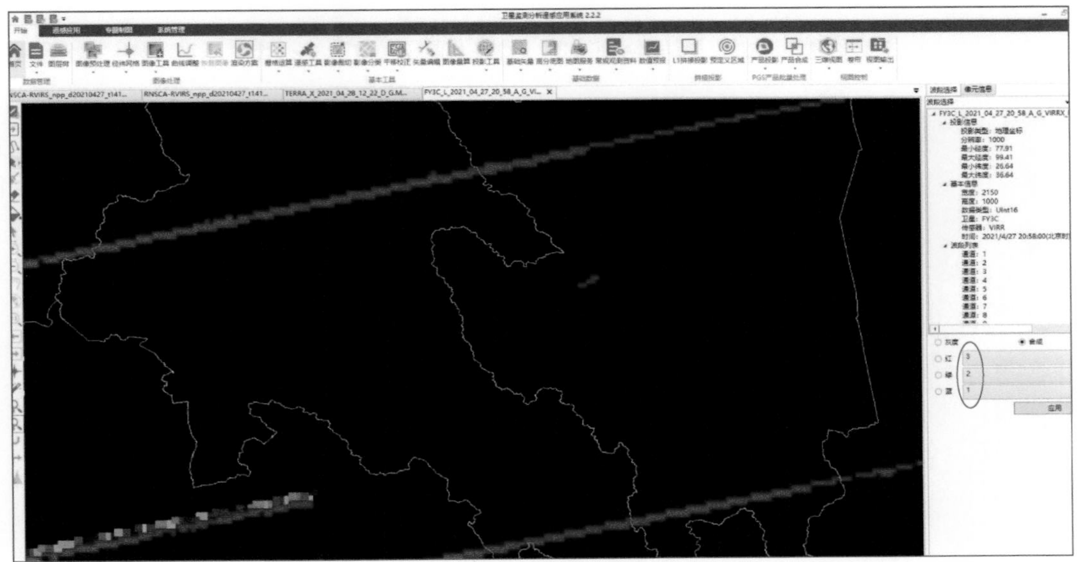

图 5.5.88　FY-3/VIRR RGB 假彩色合成图像

图 5.5.89　FY-3D /MERSI RGB 假彩色合成图像

3. NOAA/AVHRR、EOS/MODIS、NPP/VIIRS、FY3/VIRR、FY3D/MERSI 制作火情监测专题图(图 5.5.91)

(1)根据 NOAA/AVHRR 等卫星组合的火点合成图像,点击“曲线调整进行增强处理”。

(2)点击“专题制图”→“加载模板”→“火情”→“全区火点监测图”。

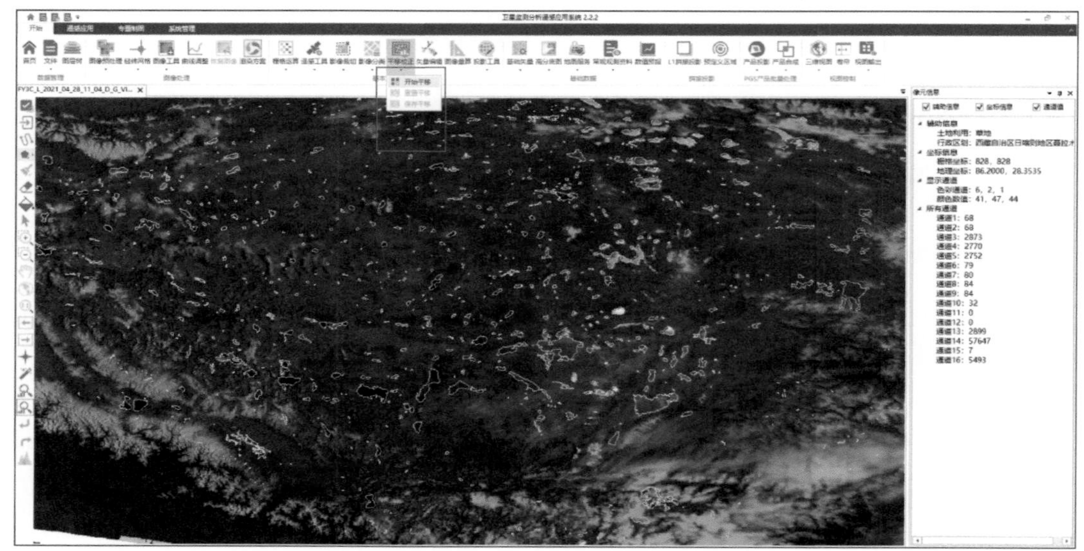

图 5.5.90　影像平移校正界面

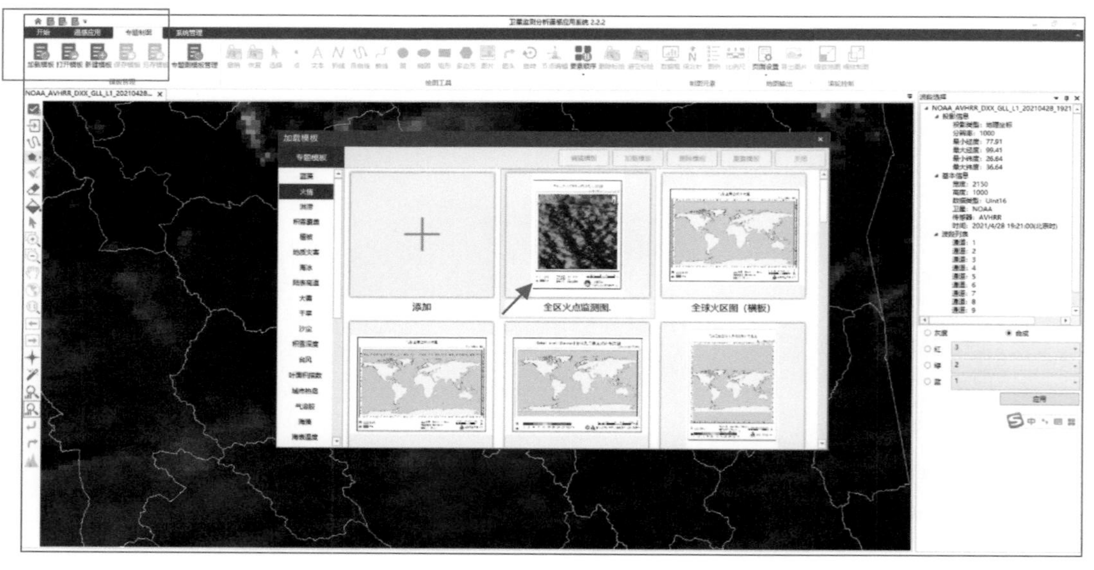

图 5.5.91　制作火情监测专题图界面

(3)再对生成的火点监测专题图上的标题、影像获取时间、卫星仪器和分辨率等进行修改，再导出图片。如图 5.5.92 所示。

面积统计：

1. 根据监测到的高温点进行明火区的面积统计。点击“遥感应用”“火情监测”“交互判识”“火判识”。如图 5.5.93 和图 5.5.94 所示。

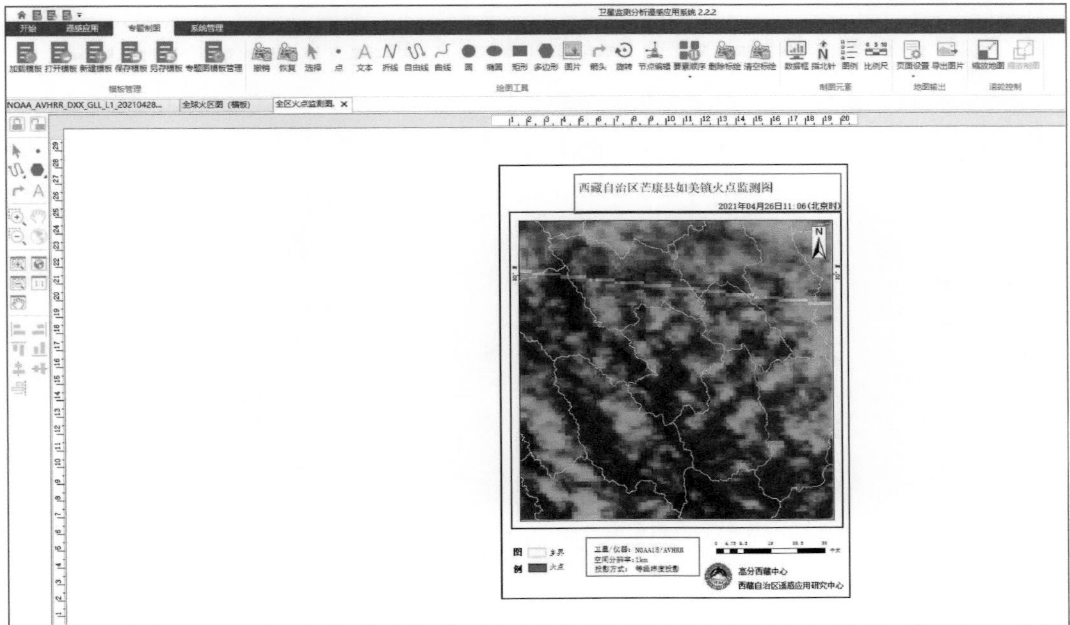

图 5.5.92　火情监测专题图

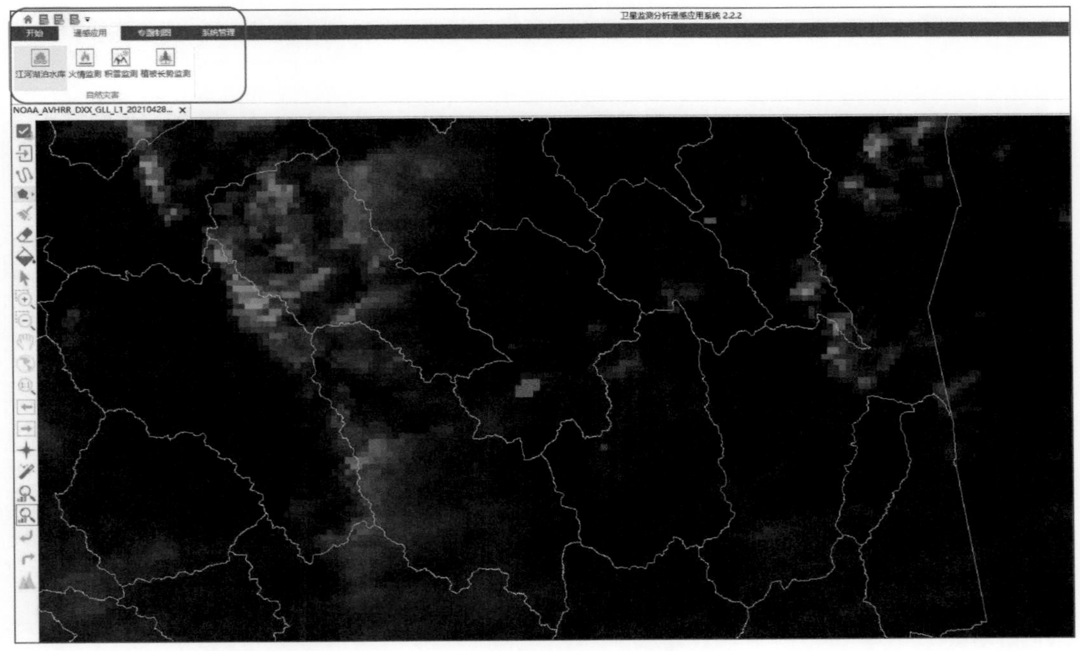

图 5.5.93　火情监测人机交互界面

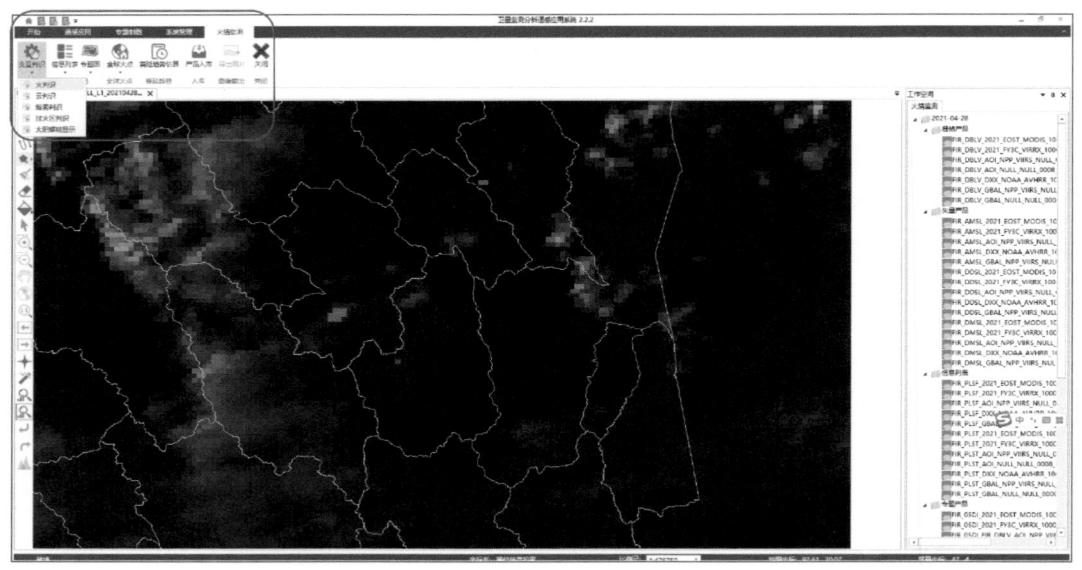

图 5.5.94　火情监测人机交互界面

2. 从左侧工具表中选择 AOI 将高温点画圈，点击右侧“参数设置面板”“中红外阈值”进行调整，突显高温点面积大小，点击“保存”。如图 5.5.95 所示。

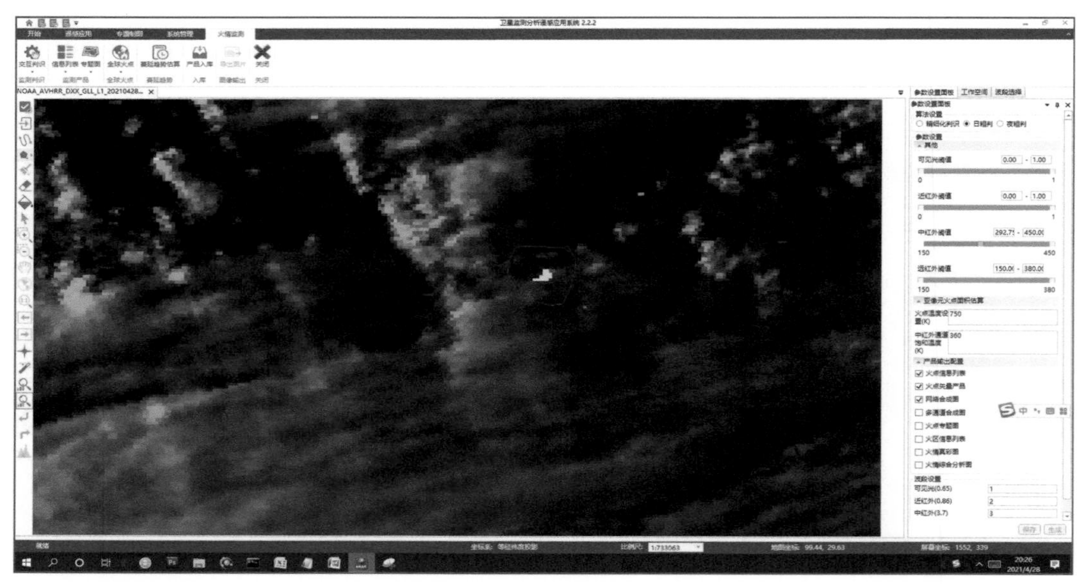

图 5.5.95　火情监测人机交互界面

3. 点击右侧“工作空间”，打开已保存的火点面积统计产品信息表，再制作火点专题报告。火情监测产品示例略。如图 5.5.96 和图 5.5.97 所示。

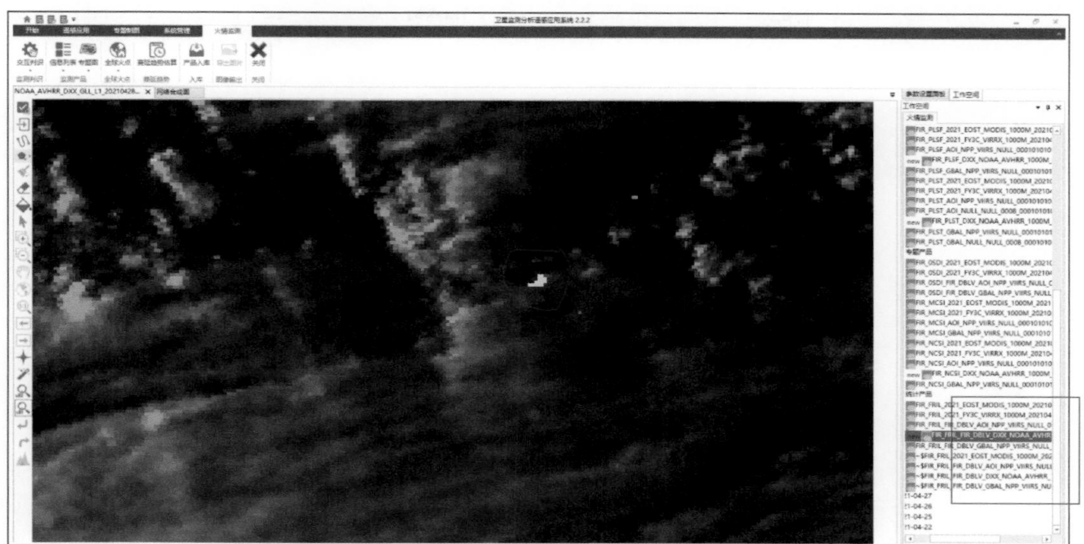

图 5.5.96　火情监测人机交互火点产品界面

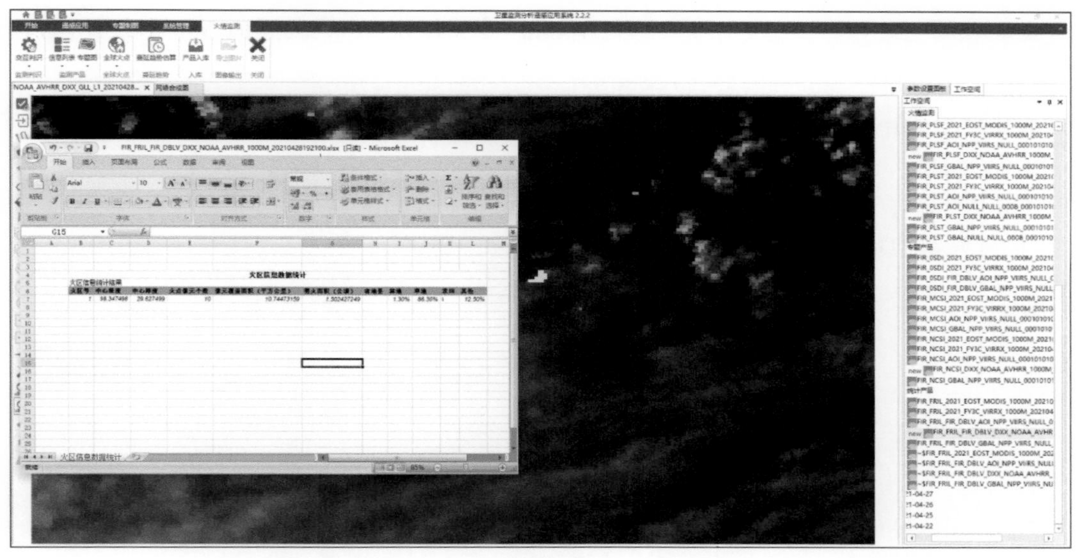

图 5.5.97　火情监测人机交互火点信息界面

5.5.4.2　高分辨率数据监测火情

(1)下载数据

①在高分地面与数据中心下载高分数据(火点位置及周围)

https://www.cheosgrid.org.cn/app/search/search.htm

登录账号:xizang

密码:xizang8191

点击"数据获取"→选择省份→城市→地区(更精确的话可以使用绘制多边形把火点位置

圈中)→“分辨率”→“采集时间”→“卫星选择”。高分辨率对地观测系统网络平台如图 5.5.98 所示。

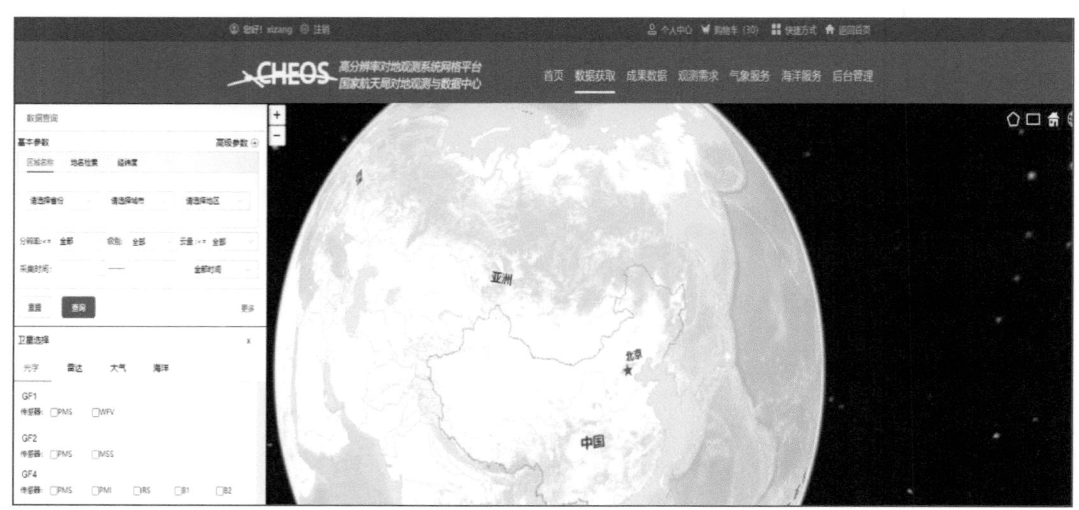

图 5.5.98 高分辨率对地观测系统网络平台界面

②陆地观测卫星数据服务平台下载高分数据

http://36.112.130.153:7777/DSSPlatform/shirologin.html

登录账号:xilaba

密码:1qa2ws3ed

点击“产品与服务”→“产品查询”→“基本参数”→行政区:省、市、县或经纬度→“采集时间”。陆地观测卫星数据服务平台如图 5.5.99 所示。

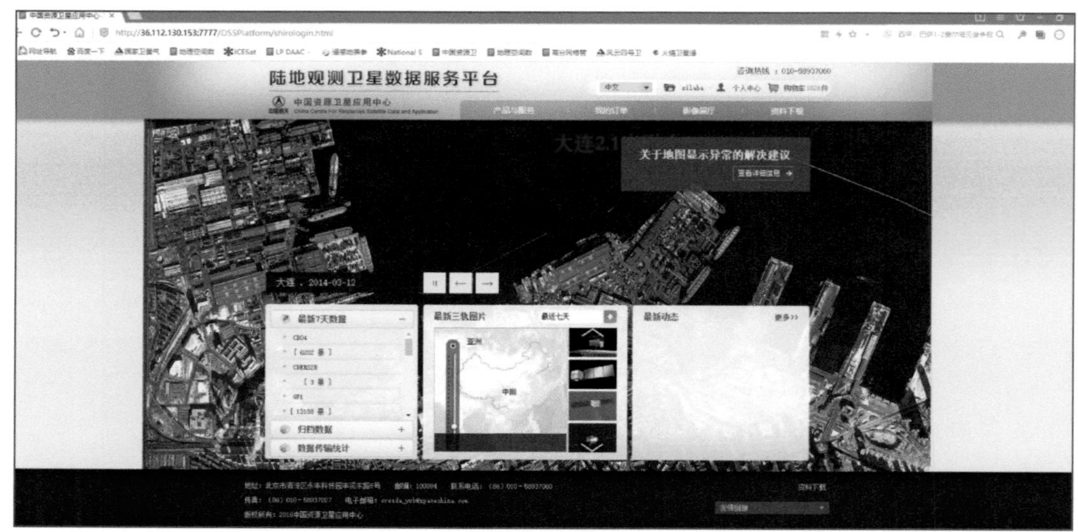

图 5.5.99 陆地观测卫星数据服务平台界面

(2)ENVI 数据预处理

①对下载的高分数据在 ENVI 中进行正射校正、配准等预处理。首先打开 ENVI 软件。

②使用正射校正工具,在右边 Toolbox 中,点击“Geometric Correction”→“Orthorectification”。如图 5.5.100 所示。

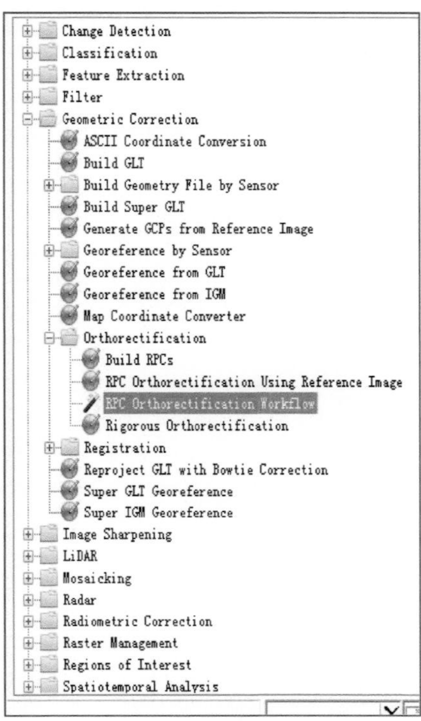

图 5.5.100　ENVI-toolbox 菜单目录

③在弹出的 File Selection 对话框中,Input File 选择输入文件,DEM File 选择 DEM 数据,如图 5.5.101 所示,点击“Next”进入下一步。

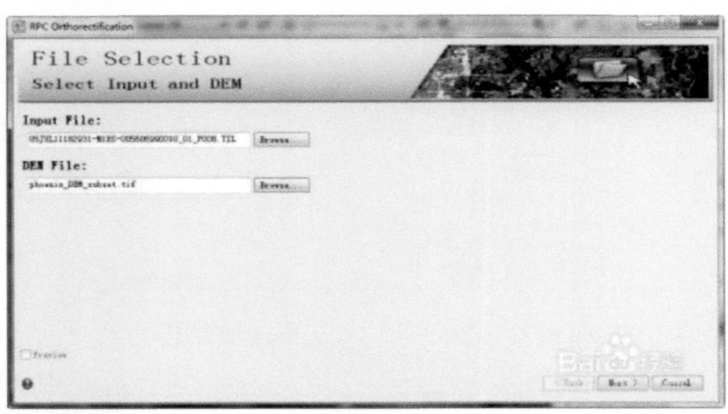

图 5.5.101　ENVI-File Selection 界面

④切换到 Export 选项卡,设置输出文件路径,点击“Finish”即可。如图 5.5.102 所示。

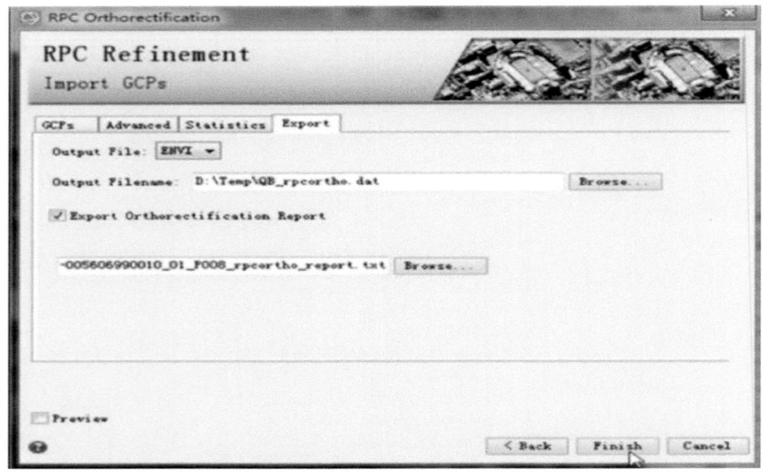

图 5.5.102　ENVI-RPC Refinement 界面

⑤使用配准工具:在右边 Toolbox 中,点击“Registration”文件夹,如图 5.5.103 所示。

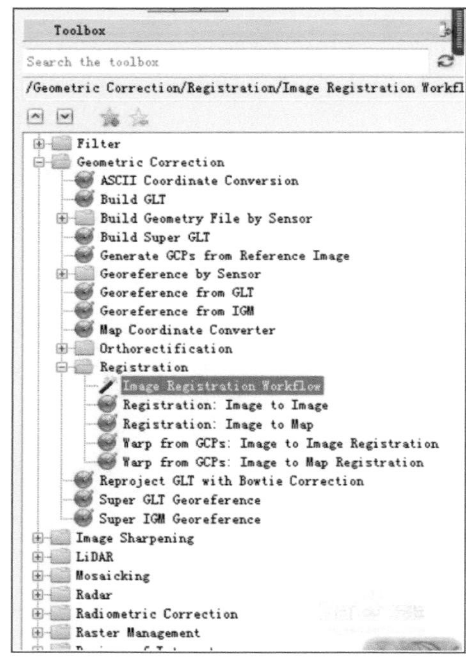

图 5.5.103　ENVI-Toolbox 菜单目录

⑥在弹出的 File Selection 对话框中,Base Image File 加载基准影像,Warp Image File 加载配准影像,如图 5.5.104 所示,点击“Next”进入下一步。

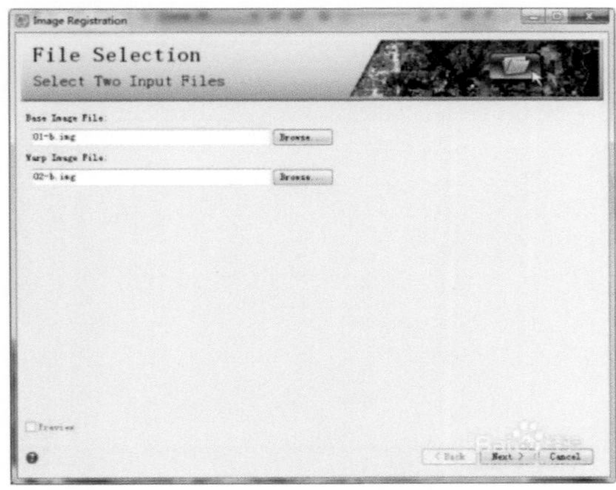

图 5.5.104　ENVI-File Selection 界面

⑦点击“Next”,进入生成 Tie 点的面板。如图 5.5.105 所示。

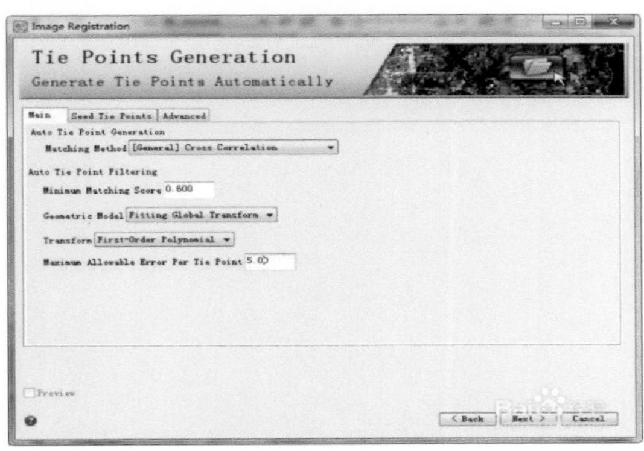

图 5.5.105　ENVI-Tie Points Generation 界面

⑧点击“Showtable”,删除误差较大的点,直至 RMS 小于 1。如图 5.5.106 和图 5.5.107 所示。

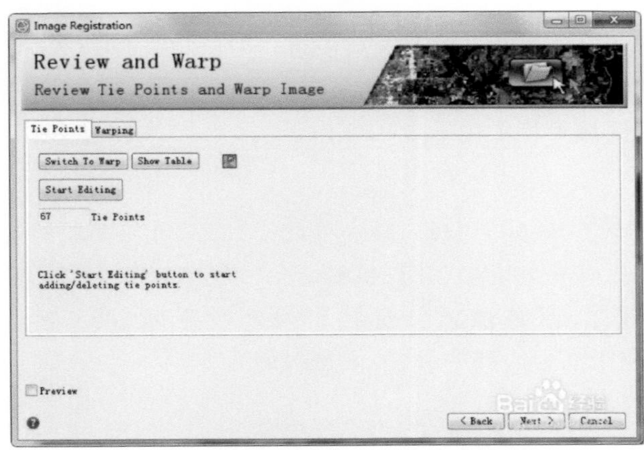

图 5.5.106　ENVI-Review and Warp 界面

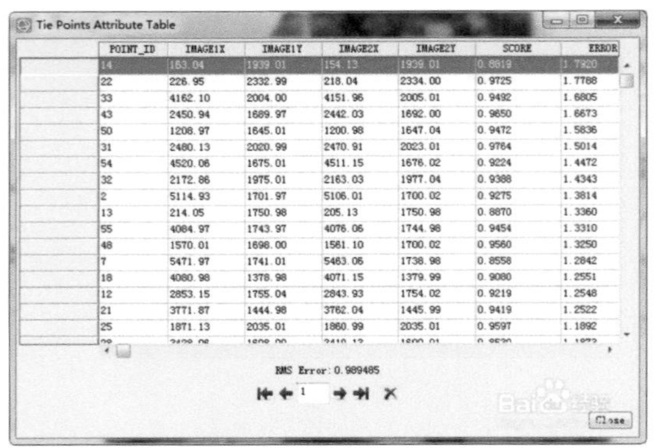

POINT_ID	IMAGE1X	IMAGE1Y	IMAGE2X	IMAGE2Y	SCORE	ERROR
14	163.04	1939.01	154.13	1939.01	0.8819	1.7920
22	226.95	2332.99	218.04	2334.00	0.9725	1.7788
33	4162.10	2004.00	4151.96	2005.01	0.9492	1.6805
43	2450.94	1689.97	2442.03	1692.00	0.9650	1.6673
50	1208.97	1645.01	1200.98	1647.04	0.9472	1.5836
31	2480.13	2020.99	2470.91	2023.01	0.9764	1.5014
54	4520.06	1675.01	4511.15	1676.02	0.9224	1.4472
32	2172.86	1975.01	2163.03	1977.04	0.9388	1.4343
2	5114.93	1701.97	5106.01	1700.02	0.9275	1.3814
13	214.05	1750.98	205.13	1750.98	0.8870	1.3360
55	4084.97	1743.97	4076.06	1744.98	0.9454	1.3310
48	1570.01	1698.00	1561.10	1700.02	0.9560	1.3250
7	5471.97	1741.01	5463.06	1738.98	0.8558	1.2842
18	4080.98	1378.98	4071.15	1379.99	0.9080	1.2551
12	2853.15	1755.04	2843.93	1754.02	0.9219	1.2548
21	3771.87	1444.98	3762.04	1445.99	0.9419	1.2522
25	1871.13	2035.01	1860.99	2035.01	0.9597	1.1892

图 5.5.107　ENVI-Tie Points Attribute Table 界面信息框

⑨设置输出文件路径，点击“Finish”即可。如图 5.5.108 所示。

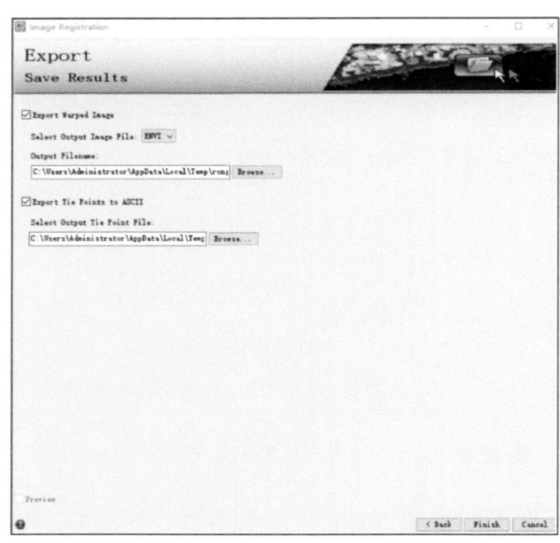

图 5.5.108　ENVI-Export 界面

(3)在 Arcgis 中叠加高分数据，标识火点位置，并且以实时火点和持续监测到的已灭火点为区域中心，将影像调整为植被信息较明显的 4、3、2 或 4、2、1 通道，将过火区域圈出，画出矢量，计算高分数据过火区域面积如图 5.5.109 所示。

5.5.4.3　上报流程

(1)报区局办公室应急办(6331011)、减灾处(6331552)等相关职能处室。

(2)报区林业和草原森林公安局(6832418)。

(3)报区应急管理厅、西藏森林公安局和灭火指挥部(6952100)或火灾防治管理处(6630632，上班时间)和指挥中心(6606000，下班时间)。

图例 ● 火情定位(初始火情遥感定位) ▭ 过火范围(约78.57ha) ○ 地名 卫星/传感器:GF1/WFV1 影像时相:2020年12月30日

西藏自治区卫星遥感应用研究中心 2021年1月8日

图 5.5.109 高分数据过火区面积专题图

5.5.5 干旱

旱灾是西藏最严重的农业气象灾害之一,每年均有不同程度的发生,对农牧业生产的影响极大。鉴于西藏高原地形复杂,气候独特及基础台站观测资料不足等原因,给干旱监测带来许多困难。因此,利用遥感技术能够有效获取大范围旱情信息。利用遥感技术对大面积干旱监测、旱情变化评估和预警具有快速、及时、宏观等优势。

干旱遥感监测系统包含了干旱、积雪和云的 3 种遥感监测算法和阈值,并针对西藏做了算法的可信度分析,得到了比较理想的结果。

5.5.5.1 干旱监测算法

根据 Price(1990)和 Carlson(1994)的研究,发现假设研究区域地表覆盖从裸地变化到比较稠密的植被覆盖,土壤水分从萎蔫含水量到田间持水量的情况下,通过绘制 NDVI 和地表温度 T_s 的特征空间散布图,提出温度植被旱情指数(TVDI)。其表达式为:

$$\mathrm{NDVI} = \frac{\max T_{s,\mathrm{NDVI}_i} - T_{s,\mathrm{NDVI}_i}}{\max T_{s,\mathrm{NDVI}_i} - \min T_{s,\mathrm{NDVI}_i}} \tag{5.5}$$

式中

$$\max T_{s,\mathrm{NDVI}i} = a_1 + b_1 \times \mathrm{NDVI}_i \tag{5.6}$$

$$\min T_{s,\mathrm{NDVI}i} = a_2 + b_2 \times \mathrm{NDVI}_i \tag{5.7}$$

将式(5.6)和式(5.7)代入到式(5.5)可以得到:

$$\mathrm{TVDI} = \frac{T_s - (a_1 + b_1 \times \mathrm{NDVI})}{(a_2 + b_2 \times \mathrm{NDVI}) - (a_1 + b_1 \times \mathrm{NDVI})} \tag{5.8}$$

式中：$\max T_{s,\mathrm{NDVI}i}$和 $\min T_{s,\mathrm{NDVI}i}$分别表示当 NVDI_i等于某一特定值时的地面温度最大值和最小值；a_1，b_1，a_2和 b_2分别是干边和湿边拟合方程的系数；TVDI 的范围为(0～1)，TVDI 的值越小，相对干旱程度越严重。

(1)MODIS 干旱监测算法

通过读取 EOS/MODIS 卫星资料，并对其资料进行预处理(包括数据回放、等面积投影、数据定标、几何校正等)、云检测、等面积投影。利用 CH_1、CH_2、CH_{31}、CH_{32}通道数据计算 NDVI、T_s以及同一时间不同区域(纯牧区和非牧业区)各点的 TVDI。结合《西藏自治区气象局干旱监测和影响评价业务实施细则》，通过选定时次的西藏地区实际旱涝情况相比较，将干旱程度分为五个等级来反映该地区的干旱分布形式。农业干旱一般认为 20 cm 土壤含水量小于田间持水量的 20%为特旱，小于 40%为重旱，小于 60%为中旱，小于 80%为轻旱，大于 80%为湿润。根据 TVDI 的不同数值来分段表示(表 3.1)，最后生成西藏自治区旱情等级分布图。植被指数(NDVI)和地表温度(T_s)算法如下：

$$\mathrm{NDVI} = \frac{\mathrm{CH}_2 - \mathrm{CH}_1}{\mathrm{CH}_2 + \mathrm{CH}_1} \tag{5.9}$$

$$T_s = 1.0346 \times \mathrm{CH}_{31} + 2.5779 \times (\mathrm{CH}_{31} - \mathrm{CH}_{32}) \tag{5.10}$$

式中：CH_1、CH_2、CH_{31}、CH_{32}分别是 ld2 资料中通道 1、通道 2、通道 31、通道 32 的反照率和辐射亮温值。

(2)VIRR 干旱监测算法

FY-3/VIRR 的植被指数 NDVI 和地表温度 T_s算法与 MODIS 不同。本研究参考文献“FY-3/VIRR 数据在陕西省干旱监测中的应用”中所用的算法进行 NDVI 和 T_s 计算。

为了满足干旱监测变化研究中对高分辨率地表温度数据的需求，根据 VIRR 热红外通道光谱响应函数，采用权维俊等(2012)提出的具有较高精度的改进型 Becker 和 Li 分裂窗地表温度反演算法。利用 VIRR 热红外通道的通道 4 和通道 5 亮温 T_4、T_5来计算地表温度 T_s，Becker 和 Li 分裂窗地表温度反演方程可表示为：

$$T_s = \frac{P(T_4 + T_5)}{2} + \frac{M(T_4 - T_5)}{2} - 0.14 \tag{5.11}$$

式中：T_4，T_5分别为通道 4 和通道 5 亮温；P 和 M 为通道 4 和通道 5 的平均比辐射率和比辐射率差值的函数，具体表示为：

$$P = 1 + 0.1197(1 - E)/E - 0.4891\Delta E/(E \cdot E) \tag{5.12}$$

$$M = 5.6538 + 5.6543(1 - E)/E + 12.92338\Delta E/(E \cdot E) \tag{5.13}$$

式中：$E = \dfrac{E_4 + E_5}{2}$为通道 4 和通道 5 的平均比辐射率；$\Delta E = E_4 - E_5$为通道 4 和通道 5 的比辐射率的差值。系数 P 和 M 依赖于 VIRR 通道 4、通道 5 的地表比辐射率，一个可行的地表比辐射率获取方法是归一化植被指数方法。该方法通过 NDVI 值的分级来估算地表比辐射率。NDVI 值小于 0.2，认为是裸土像元，这时 VIRR 通道 4、通道 5 的地表比辐射率可用土壤和岩石比辐射率的平均值来代替。即 VIRR 通道 4 的裸土比辐射率 E_4为 0.9545，通道 5 的裸土比辐射率 E_5为 0.9714。NDVI 值大于 0.5 认为完全由植被覆盖，这时 VIRR 通道 4、通道 5 的地表比辐射率为一个常数，典型值为 0.99。NDVI 值大于 0.2 且小于 0.5，像元是由裸土和植被构成的混合像元，地表比辐射率依赖于植被覆盖度 P_v，计算公式为：

$$P_v = [(I_{NDVI} - I_{NDVI,min})/(I_{NDVI,max} - I_{NDVI,min})]^2 \tag{5.14}$$

式中：I_{NDVI}为像元的 NDVI 值；$I_{NDVI,max}$、$I_{NDVI,min}$为常数；$I_{NDVI,max}=0.5$，$I_{NDVI,min}=0.2$。根据权维俊等(2012)的研究，地表比辐射率可近似表示为：

$$E = MP_v + n \tag{5.15}$$

式中：n 为 VIRR 不同通道的系数，可由相关数据查知。

西藏自治区不同等级 MODIS 干旱遥感监测指标见表 5.5.2，不同等级 VIRR 干旱遥感监测指标见表 5.5.3。

表 5.5.2　西藏自治区不同等级 MODIS 干旱遥感监测指标

等级	类型	TVDI 值
1	特旱	0.0～0.2
2	重旱	0.2～0.4
3	中旱	0.4～0.6
4	轻旱	0.6～0.8
5	无旱	0.8～1.0

表 5.5.3　西藏自治区不同等级 VIRR 干旱遥感监测指标

等级	类型	TVDI 值
1	特旱	0.00～0.15
2	重旱	0.15～0.25
3	中旱	0.25～0.40
4	轻旱	0.40～0.60
5	无旱	0.60～1.00

(3)7 天 TVDI 合成算法优化

为了更加准确的进行干旱监测，在 7 天干旱合成过程中，首先将 7 天的地表温度 T_s和植被指数 NDVI 分别监测出来。再对地表温度和植被指数进行合成，两者的合成方法分别为：平均值合成和最大值合成。最后将合成后的 T_s和 NDVI 代入 TVDI 干旱监测模型进行计算，得出最后的监测结果。该方法的使用比单纯的使用每天 TVDI 的监测结果进行合成更加合理和准确。

5.5.5.2　系统平台

如图 5.5.110 所示。

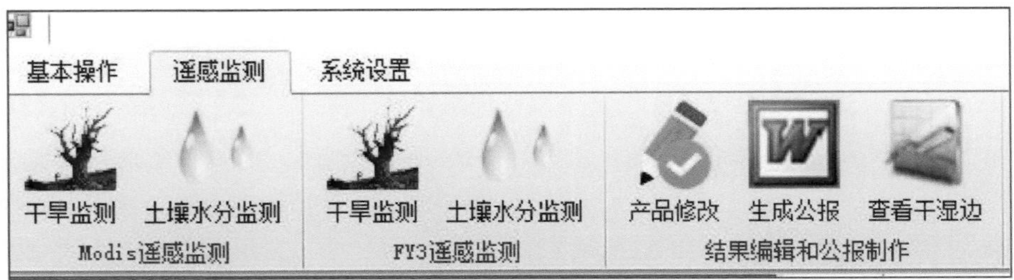

图 5.5.110　系统平台

遥感旱情监测系统平台包括三个功能：MODIS 遥感监测、FY-3 遥感监测、结果编辑和公报制作。

(1)MODIS 遥感干旱监测

点击“干旱监测”按钮后进入 MODIS 数据选择界面。MODIS 干旱监测，可以使用两种格式的数据，MODIS02 hdf 格式数据和 ld3 局地文件，数据分辨率为 1 km。如图 5.5.111 所示。

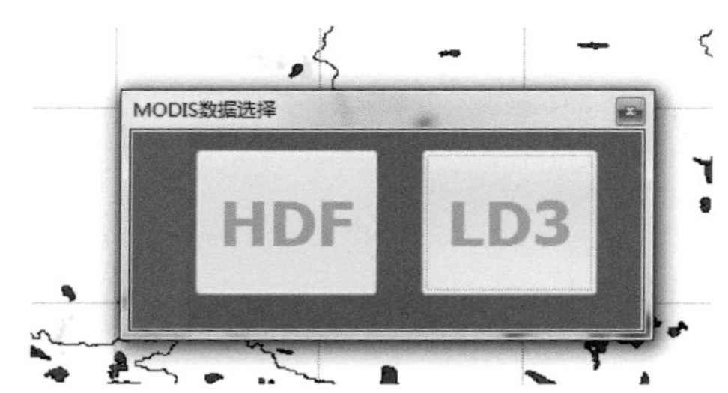

图 5.5.111　MODIS02 hdf 格式数据和 ld3 局地文件

选择 HDF 格式的数据时，如果是第一次使用需点击选择数据，选择 MODIS02 数据存放的文件夹。然后选择时间，点击“确定”进行计算。系统可以选择任意时间段，并自动筛选出符合条件的数据文件。

选择 HDF 或 LD3 格式的数据时，可以配合键盘的 Shift 和 Ctrl 按键进行多个数据文件的选择。如图 5.5.112 和图 5.5.113 所示。

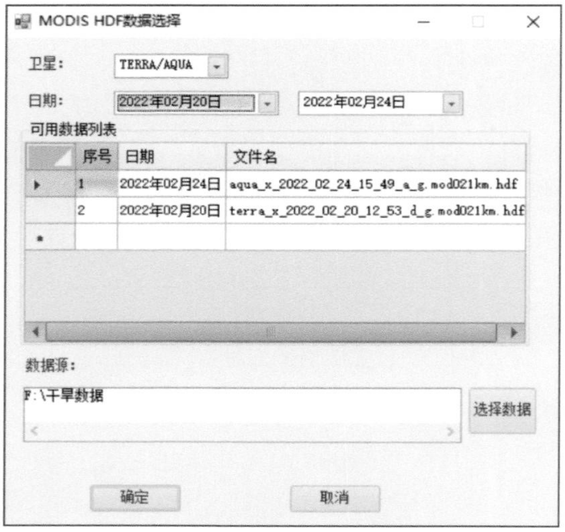

图 5.5.112　MODIS02 hdf 格式数据文件选项

图 5.5.113 MODIS02 ld3 文件选项

MODIS 干旱监测可以选择单个或多个数据，系统会自动选择的所有数据进行干旱监测。并进行西藏区域内的自动拼接、自动裁剪和自动合并。自动合并的原则是最严重原则，即自动选择时间段内干旱最严重的区域。最后输出 EOS/MODIS 干旱监测结果(图 5.5.114)。

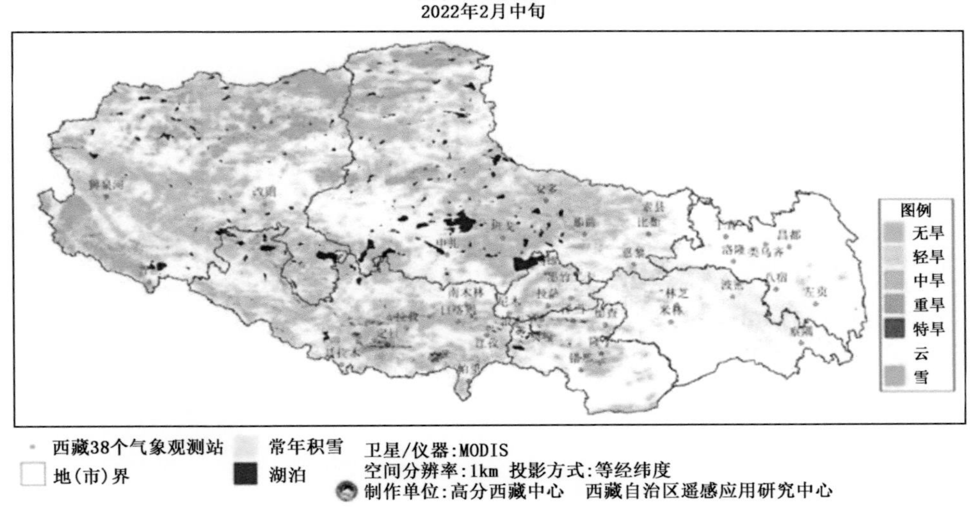

图 5.5.114 EOS/MODIS 干旱监测专题图

(2)FY-3 遥感干旱监测

点击“FY-3 遥感监测模块的干旱监测”按钮 干旱监测 FY3j 后，选择 VIRR 的 HDF 或 LD3 数据进行计算。

FY-3 的干旱监测，与 MODIS 的 HDF 或 LD3 数据选择一样(图 5.5.110 和图 5.5.111)，

可以配合键盘的 Shift 和 Ctrl 按键进行多个数据文件的选择，系统会自动选择的所有数据进行干旱监测。并进行西藏区域内的自动拼接、自动裁剪和自动合并。自动合并的原则是最严重原则，即自动选择时间段内干旱最严重的区域。最后输出 VIRR 干旱监测结果（图 5.5.115）。

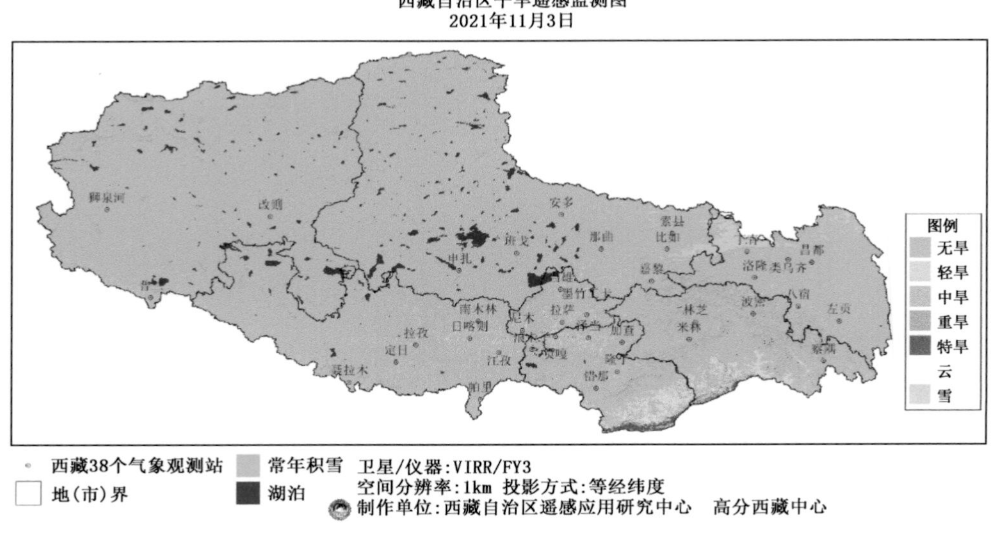

图 5.5.115　FY-3/VIRR 干旱监测专题图

（3）结果编辑和公报制作

①产品修改

点击“产品修改”按钮，后，在地图上通过单击鼠标左键绘制修改区域，双击左键结束绘制后，弹出数据修改设置窗口，根据提示进行操作即可实现对产品数据的修改。云和积雪的监测结果 1 表示有，0 表示无。干旱监测结果分类如图 5.5.116—图 5.5.118 所示，可根据干旱的分类标准进行修改。分类标准可在产品图层属性中查看。

拉伸图例 | 分类图例 | 唯一值图例

符号	取值范围	描述
	<=0.2	特旱
	(0.2,0.4)	重旱
	[0.4,0.6)	中旱
	[0.6,0.8)	轻旱
	>=0.8	无旱

图 5.5.116　EOS/MODIS 分类标准

拉伸图例 | 分类图例 | 唯一值图例

符号	取值范围	描述
	<=0.15	特旱
	(0.15,0.25)	重旱
	[0.25,0.4)	中旱
	[0.4,0.6)	轻旱
	>=0.6	无旱

图 5.5.117　FY-3/VIRR 分类标准

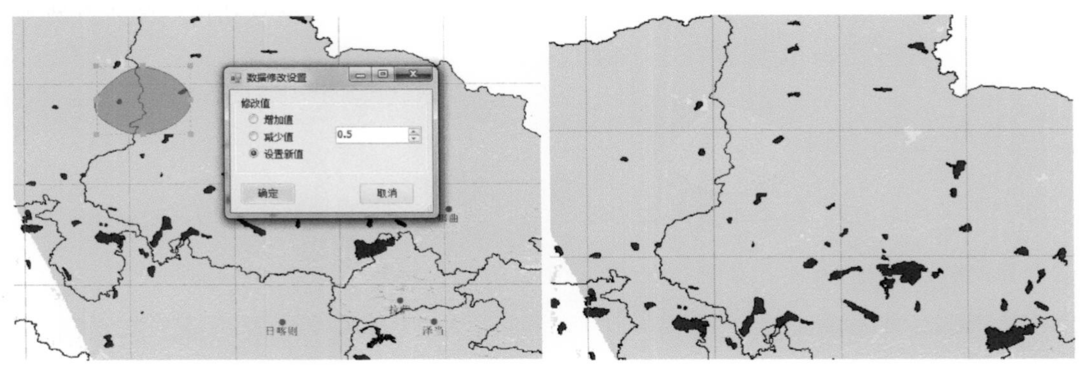

图 5.5.118　数据修改

②生成公报

(a)点击“生成公报”按钮，进入生成公报界面(图 5.5.119)。

(b)生成公报界面里可以选择不同的区域进行出图。在左边的区域选择中有四种方式选择区域，西藏、地(市)、县级、乡镇、一江两河、西藏纯牧区和西藏半农半牧区选择。在西藏、地(市)、县级和乡镇选择中，可以同时选择不同的西藏自治区(有辖区和无辖区)、地(市)、县和乡镇。

●点击左下方“应用分区”可显区域结果。

●点击左下方“地图设置”可设置专题地图的样式。

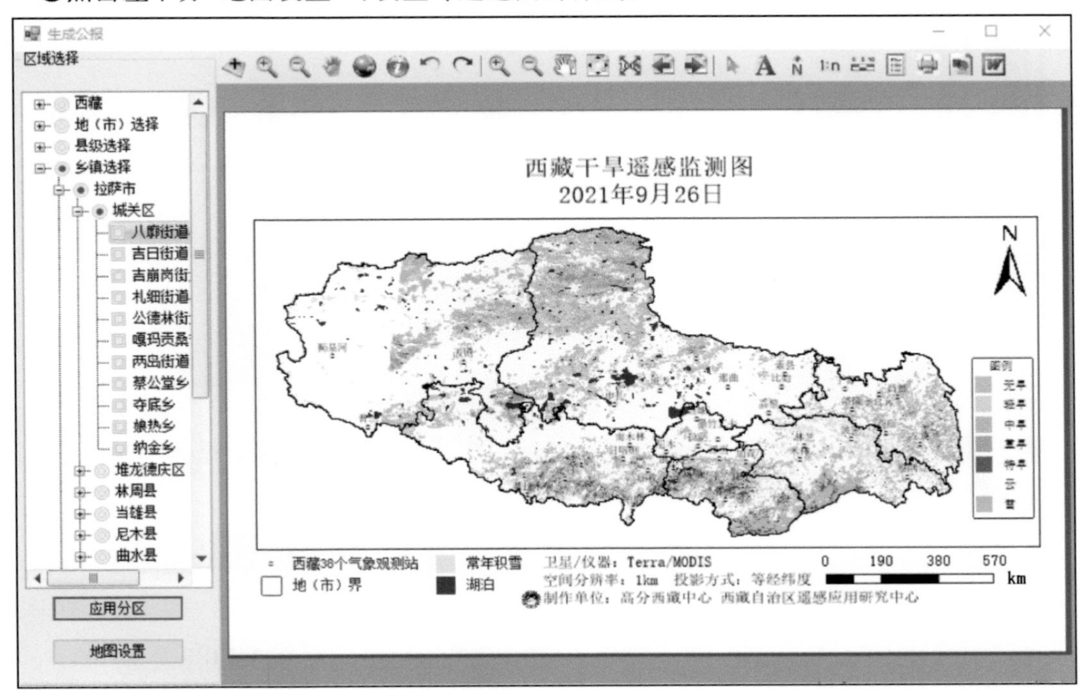

图 5.5.119　生成公报界面

●公报的工具条上可以实现对地图的放大、缩小、平移、属性查询、全图显示，添加文字、指北针、比例尺、图例、打印地图、保存图片、生成公报等操作。

●点击工具条上的“制图元素选择”按钮制图元素选择后，双击地图上的文字、图例等地图要素，可以修改元素的属性。如图 5.5.120—图 5.5.124 所示。

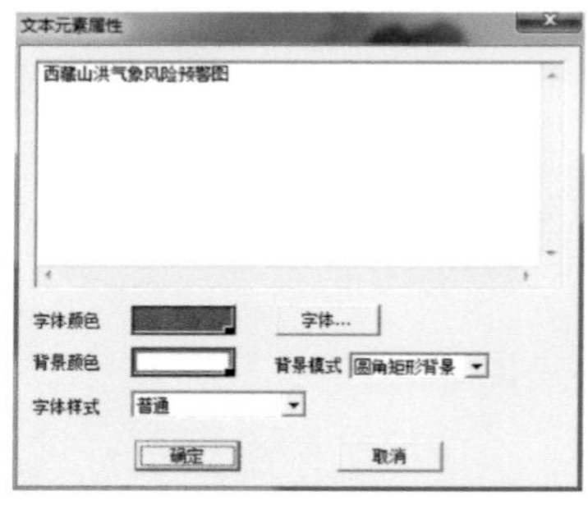

图 5.5.120　文本属性

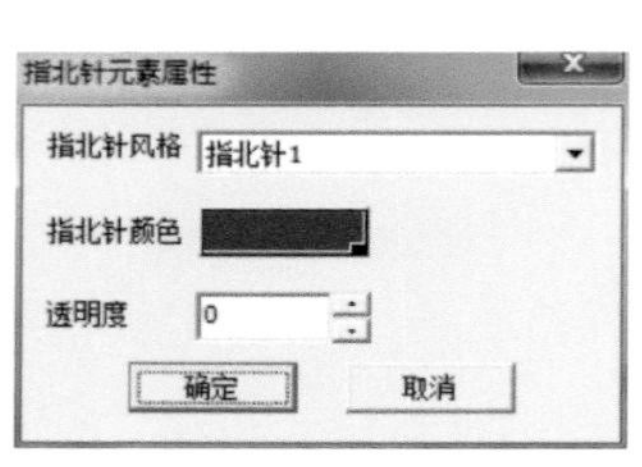

图 5.5.121　指北针属性

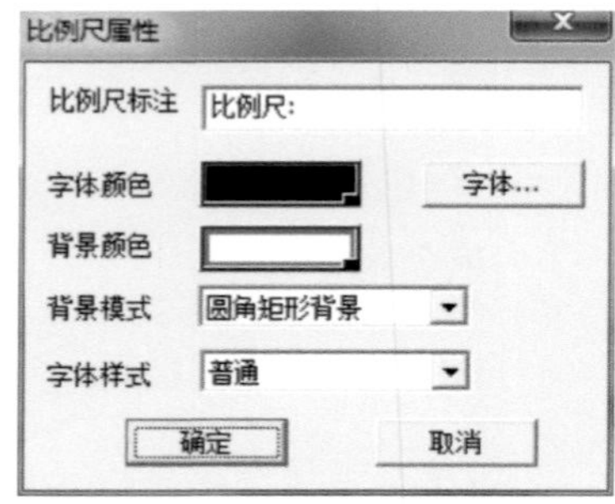

图 5.5.122　文字比例尺属性

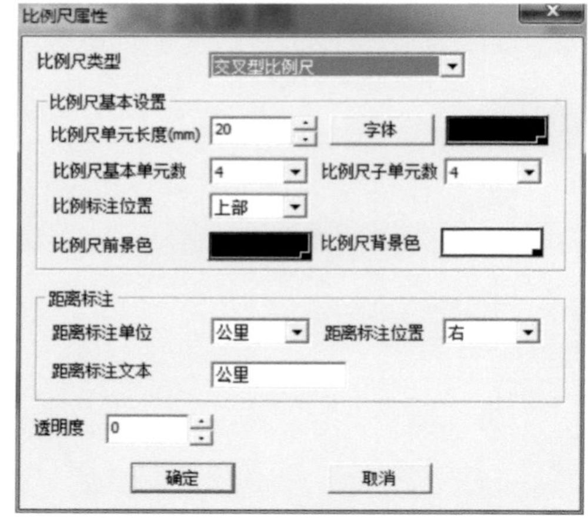

图 5.5.123　图形比例尺

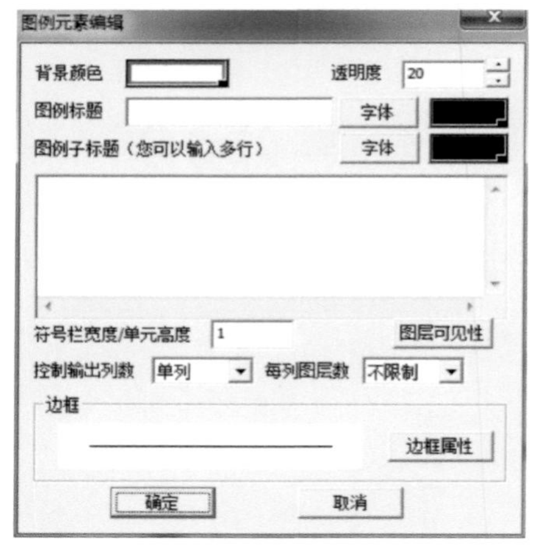

图 5.5.124　图例属性

●专题图做好之后点击工具条上“生成公报”的按钮，可以生成公报。

③查看干湿边

●点击“查看干湿边”按钮查看干湿边进入查看干湿边界面。干湿边的查询结果是最近一次 TVDI 干旱监测的干湿边结果(图 5.5.125)。

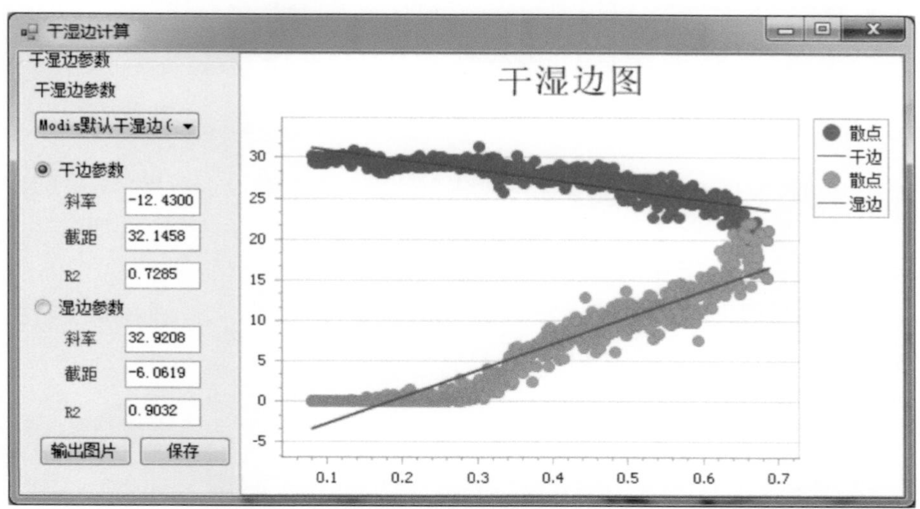

图 5.5.125　干湿边查询

●点击“输出图片”按钮可以将干湿边图保存为图片(图 5.5.126 和图 5.5.127)。

图 5.5.126　干湿边路径查询

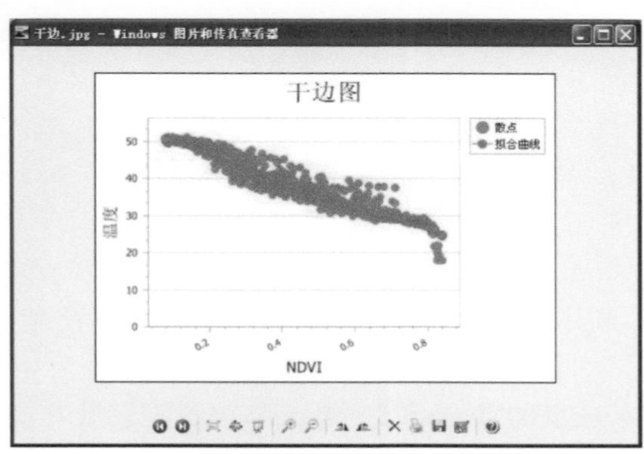

图 5.5.127　干湿边图

④干旱监测公报产品(略)。

5.5.6 土壤水分

5.5.6.1 手动制作流程

(1)在 10.216.50.45 机子上,筛选全区地表监测图中云量较少的数据,导入 ENVI Classic 中。

(2)ENVI Classic 操作步骤同 5.5.2.1(2)。

①打开所有选择的 ld3 数据。

②点击 Basic Tools 里的 Band Math 工具,进行计算。

③筛选数据处理过程

●对筛选出来的数据用第 7 波段乘 0.0001,得到第 7 波段反照率值(图 5.5.128 和图 5.5.129)。

公式:

$$b1 * 0.0001 \tag{5.16}$$

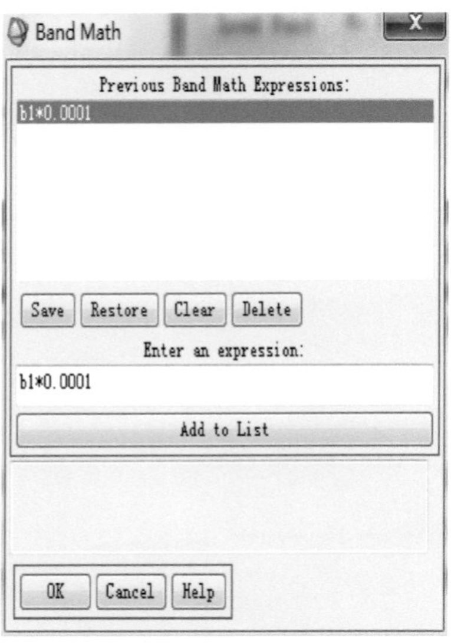

图 5.5.128 ENVI classic→Basic Tools→Band Math 界面

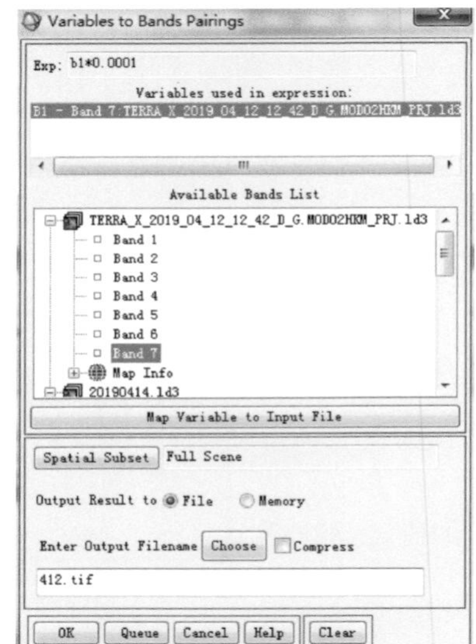

图 5.5.129 ENVI classic→Variable to Bands Pairings 界面

●利用第 7 波段的反照率值计算土壤水分体积含水量(图 5.5.130 和图 5.5.131)。

公式:

$$0.42395-2.37897 * b1+3.96745 * b1 * b1 \tag{5.17}$$

④打开 ArcGis 软件,利用栅格计算器将大于或等于 1 的值设为 0。如图 5.5.132 所示。

⑤进行最大值合成

●首先点击 Basic Tools 里的“Layer Stacking”,将所有已计算的土壤水分文件合成为一个多波段文件。如图 5.5.28 所示。

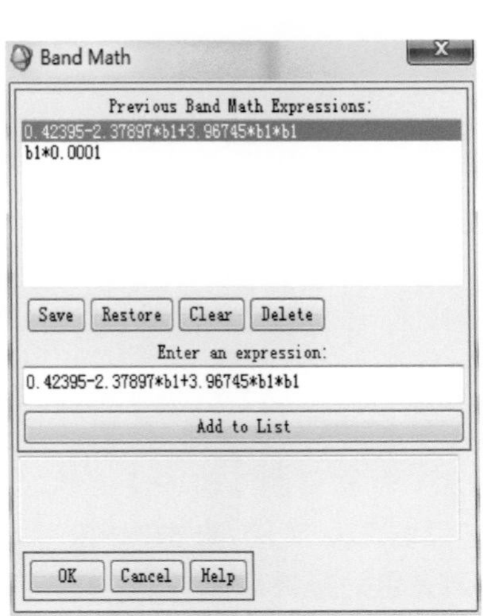

图 5.5.130　ENVI classic→Basic Tools→Band Math 界面

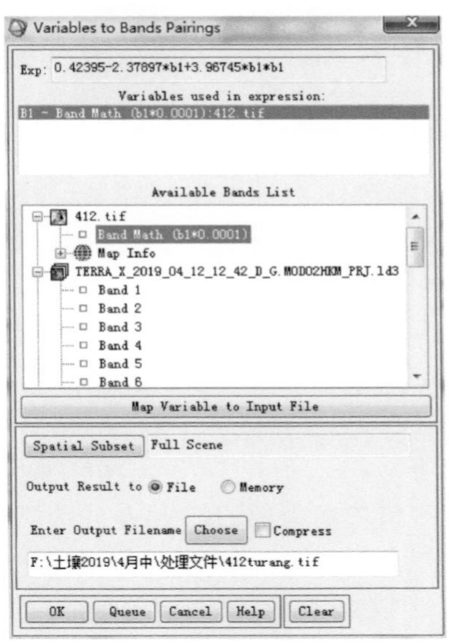

图 5.5.131　ENVI classic→Variable to Bands Pairings 界面

●点击“Import File”，将计算得到的土壤水分全部加载，并选择临时(Memory)存储路径，点击“OK”。如图 5.5.29—图 5.5.31 所示。

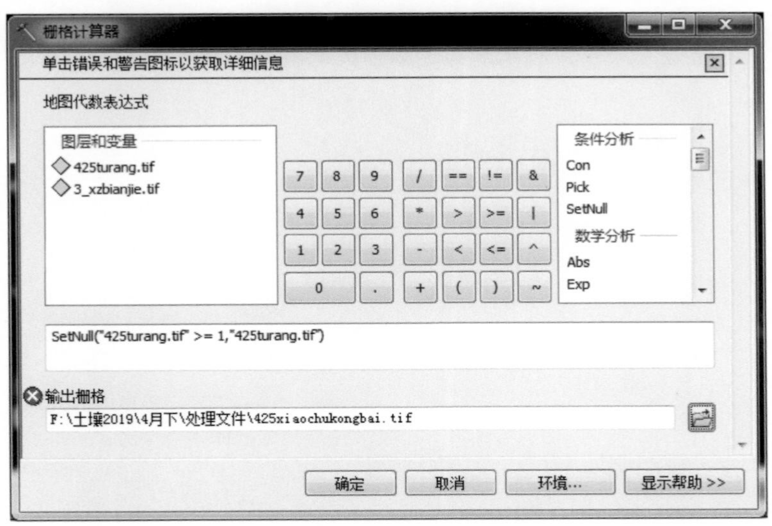

图 5.5.132　ArcMap →Arc Toolbox→Spatial Analyst 界面

●点击“小熊工具箱”里的“最大值合成”，或者直接输入公式：b1＞b2＞b3＞bn(n 代表 NDVI 的数量)，选中波段合成的文件，选择存储路径，最终得到最大值合成后的 tif 文件。如图 5.5.32 所示。

(3)运行 ArcGis 程序。操作步骤同 5. 5. 2. 1(3)。

①打开土壤水分最大值合成 tif 文件，以及全区边界（不含辖区）、mask. tif，water_snow1. tif，林区 . tif、七地（市）。

②裁剪西藏区域

ArcToolbox→Spatial Analyst 工具→提取分析→按掩膜提取(图 5. 5. 33)。

③利用栅格计算器将裁剪后的数据乘以 mask. tif 文件和林区 . tif 文件，得到去除湖泊、常年积雪和林区的 tif 文件。

④setNUll==0

⑤将 water_snow1. tif 文件的零值移除，林区 . tif 文件的 1 值移除，并将 water_snow1. tif 文件的 2 值备注为湖泊，3 值备注为常年积雪，将林区 . tif 文件的 0 值备注为林区。

⑥双击打开去除湖泊、常年积雪和林区的 tif 文件的图层属性，点击“导入”，选择“土壤水分调色板”进行添加，最后点击“确定”，得到分类及调完色的最终地图(图 5. 5. 36)。

⑦最后添加图例、指南针、标题和文本。图例则是通过 Photoshop 软件进行裁切、粘贴，出土壤水分监测专题图(图 5. 5. 133)。

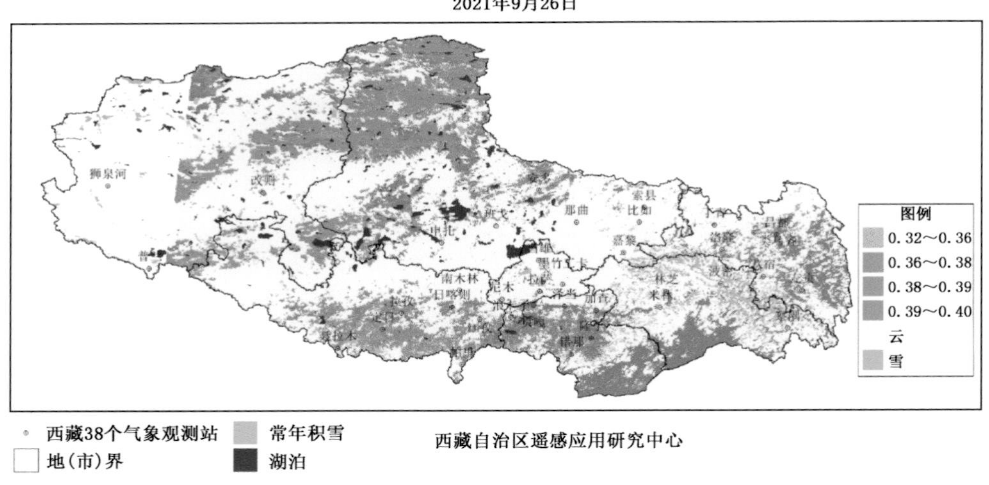

图 5. 5. 133　土壤水分监测专题图

(4)土壤水分监测公报产品(略)

5. 5. 6. 2　*自动处理流程*

土壤水分监测嵌入到遥感旱情监测系统平台中(图 5. 5. 110)。

系统平台包括三个功能：MODIS 遥感监测、FY-3 遥感监测、结果编辑和公报制作。

(1)MODIS 和 FY-3 遥感土壤水分监测

点击“遥感监测”→“MODIS”或“FY-3 遥感监测”→ 按钮后进入 MODIS 或 FY-3 数据选择界面。MODIS 或 FY-3 土壤水分监测，可以使用两种格式的数据，MODIS02 hdf 格式数据和 ld3 局地文件(图 5.5.123),数据分辨率为 1 km。

选择 HDF 格式的数据时,如果是第一次使用需点击"选择数据",选择 MODIS02 数据存放的文件夹。然后选择时间,点击"确定"进行计算。系统可以选择任意时间段,并自动筛选出符合条件的数据文件。

选择 HDF 或 LD3 格式的数据时,可以配合键盘的 Shift 和 Ctrl 按键进行多个数据文件的选择(图 5.5.111 和图 5.5.112。)

MODIS 或 FY-3 土壤水分监测可以选择单个或多个数据,系统会自动选择的所有数据进行土壤水分监测。并进行西藏区域内的自动拼接、自动裁剪和自动合并。自动合并的原则是最严重原则,即自动选择时间段内干旱最严重的区域。最后输出 MODIS 或 FY-3 土壤水分监测专题图(图 5.5.134)和土壤水分体积含水量平均值(表 5.5.4)。

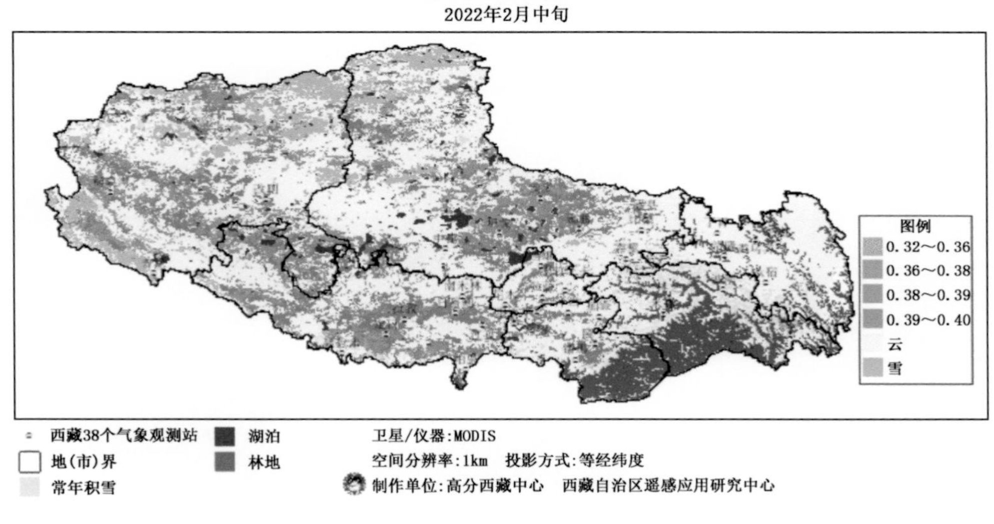

图 5.5.134　EOS/MODIS 土壤水分监测专题图

表 5.5.4　2022 年 2 月中旬西藏七地(市)土壤水分体积含水量平均值(cm^3/cm^3)

土壤水分	地(市)						
	拉萨	日喀则	昌都	林芝	山南	那曲	阿里
平均值	0.3959	0.3904	0.3985	0.4086	0.3975	0.3902	0.3894

注:遥感监测土壤水分是指 0～5 cm 表层土壤体积含水量。选用的卫星数据为 20 日、24 日。

(2)结果编辑和公报制作。操作步骤同 5.5.5.2(3)

5.5.7　酸雨观测

2007 年起西藏自治区气候中心开展了西藏自治区大气成分酸雨监测工作,2010 年、2011 年、2015 年、2016 年和 2018 年出现过弱酸雨,其他年份均未出现。虽然西藏自治区酸雨出现频率不高,但受全球气候变化和环境恶化的影响还是不容忽视,高原的生态本来就极其脆弱,一旦受到破坏将是毁灭性和不可逆转。加大环境保护的力度,减少二氧化硫(SO_2)、二氧化氮(NO_2)和总悬浮颗粒物(total suspended particulate,TSP)的排放,提高人们的环保意识已刻不容缓。

5.5.7.1 数据处理

以 MATLAB 自动计算 202008 酸雨数据为例。

(1)在遥感业务机(10.216.50.127)登录网址\\10.216.30.37;进入目录\\10.216.30.37\DataService\AR_MON\2021\目录下。拷贝 0801 文件夹下的 .txt 文件到 D:\酸雨自动计算工具\酸雨分析原始数据\2020 \目录下的 7 月文件夹(图 5.5.135 和图 5.5.136)。

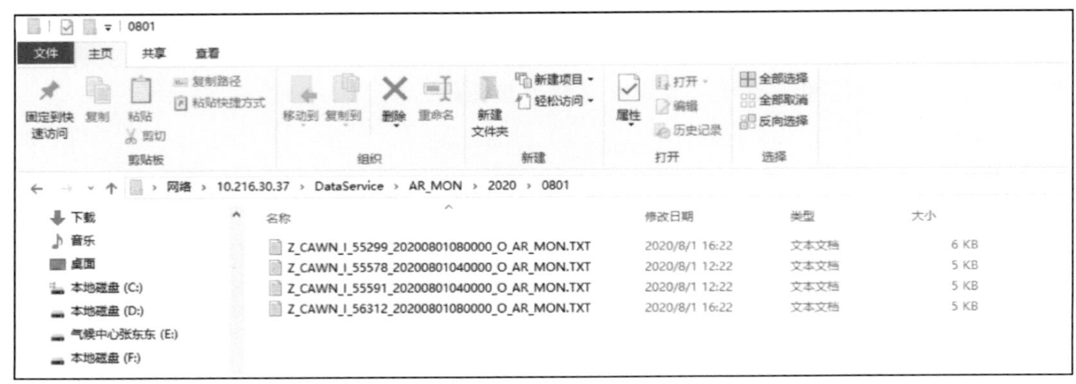

图 5.5.135 酸雨分析原始数据所在目录(一)

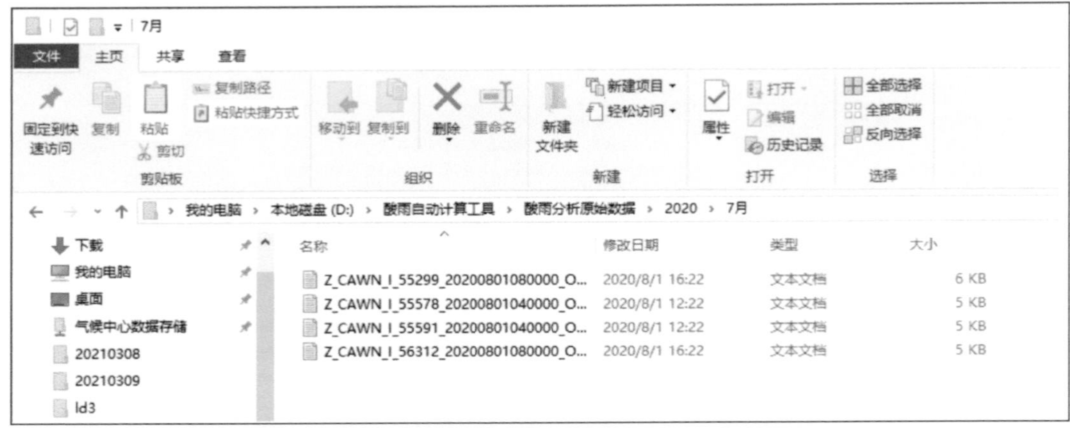

图 5.5.136 酸雨分析原始数据所在目录(二)

(2)点击桌面上的 MATLAB 图标,启动 MATLAB。

(3)在 MATLAB 主界面选择"打开"→计算机/D 盘/酸雨自动计算工具/ARMB.m(图 5.5.137)。

(4)点击"运行"按钮,在弹出的界面选择添加到路径,在弹出的窗口中选择 D:\酸雨自动计算工具\酸雨分析原始数据\2020\7 月,点击选择文件夹(图 5.5.138 和图 5.5.139)。

(5)运行完毕后,结果保存在 D 盘\酸雨自动计算工具\Result 文件夹中(图 5.5.140 和图 5.5.141)。

图 5.5.137　酸雨自动计算工具

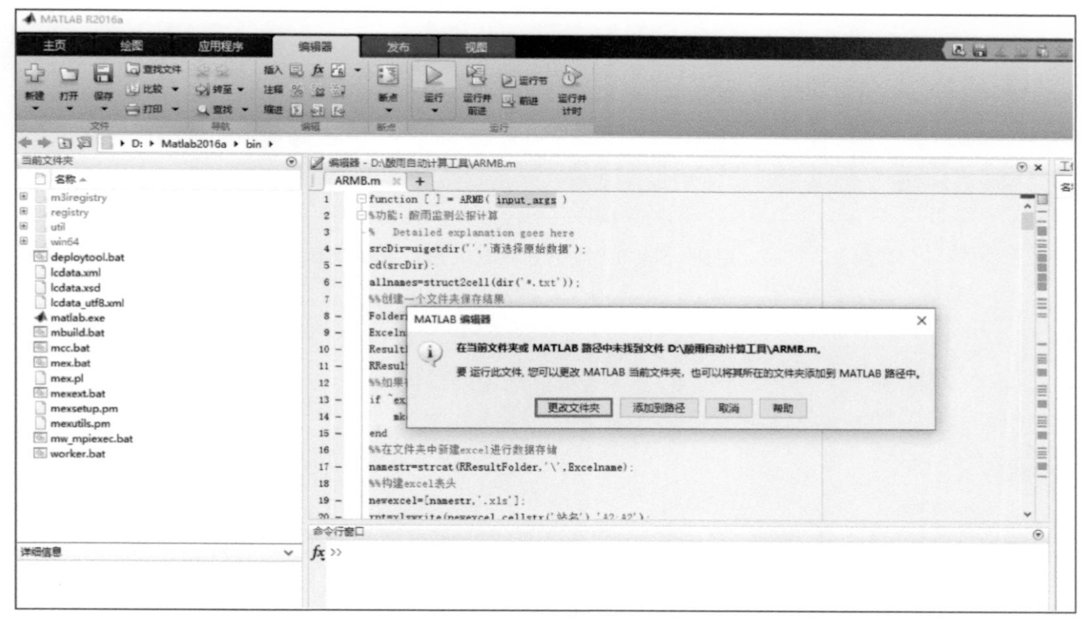

图 5.5.138　酸雨分析原始数据文件夹(一)

5.5.7.2　公报图件制作

(1)打开 D:\酸雨自动计算工具\Result\文件夹下,作图模板.xls。分别将 2020 年 8 月月降水量数据和 2019 年 8 月月降水量数据拷贝到 excel 相应位置,计算两年之差,生成前后两年月降水量对比柱状图(图 5.5.142)。

(2)如步骤 1,分别将 2020 年 8 月月平均 pH 值和 2019 年 8 月月平均 pH 值拷贝到 excel 相应位置,计算两年之差,生成前后两年月平均 pH 值对比柱状图(图 5.5.143)。

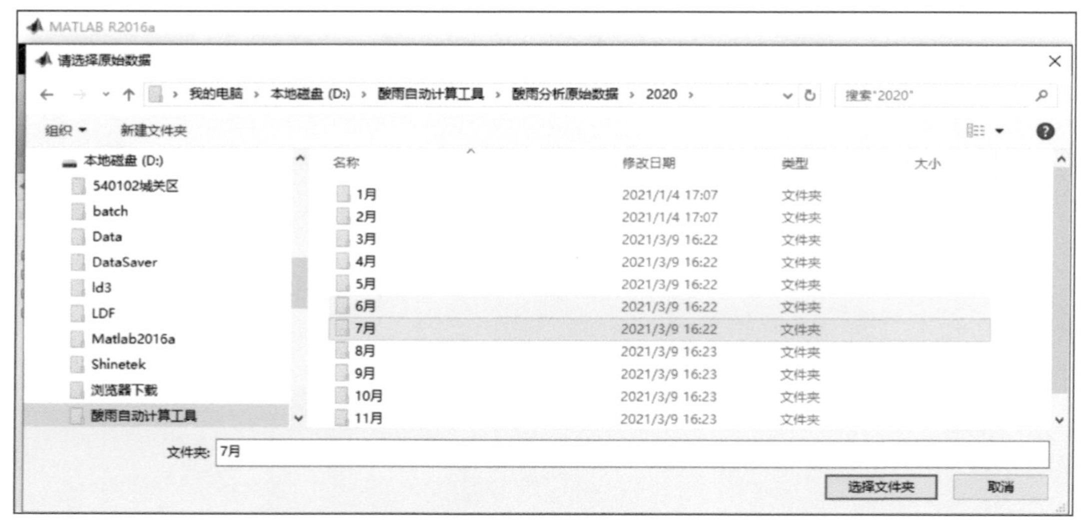

图 5.5.139　酸雨分析原始数据文件夹(二)

```
命令行窗口
>> ARMB
这是那区的原始数据！！！！
无酸雨
这是日喀则的原始数据！！！！
无酸雨
这是拉萨的原始数据！！！！
无酸雨
这是林芝的原始数据！！！！
无酸雨
fx >>
```

图 5.5.140　那曲、日喀则、拉萨和林芝酸雨监测站计算结果(一)

I5　fx　156.1

	A	B	C	D	E	F	G	H	I	J
1										
2	站名	月平均PH	月平均酸雨强度	酸雨发生	月平均K值	月降水日数	酸雨观测降	月降水量	酸雨观测降水量（mm）	
3	拉萨	7.4	无酸雨	0	19.4	24	20	170.8	168.2	
4	日喀则	6.9	无酸雨	0	55.2	22	17	179.2	177.1	
5	林芝	6.7	无酸雨	0	38	25	20	158.2	156.1	
6	那区	7.3	无酸雨	0	45.6	28	22	156	153.6	
7										
8										

图 5.5.141　那曲、日喀则、拉萨和林芝酸雨监测站计算结果(二)

月降水量（mm）			
站名	2020	2019	
拉萨	170.8	202.3	-31.5
日喀则	179.2	233.5	-54.3
林芝	158.2	201.4	-43.2
那曲	156	170.4	-14.4

月降水量
月降水量（mm）
250
200
150
100
50
0
拉萨
日喀则
林芝
那曲
2020
2019

图 5.5.142　月降水量对比

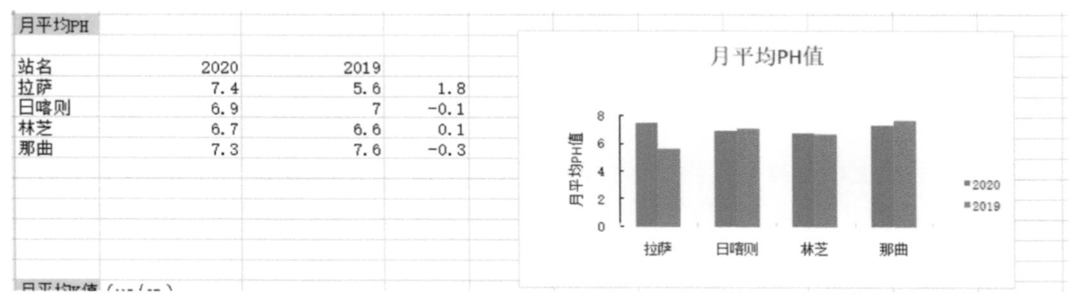

月平均PH

站名	2020	2019	
拉萨	7.4	5.6	1.8
日喀则	6.9	7	-0.1
林芝	6.7	6.6	0.1
那曲	7.3	7.6	-0.3

图 5.5.143　月平均 pH 值对比

(3)如步骤 1,分别将 2020 年 8 月月平均 K 值和 2019 年 8 月月平均 K 值拷贝到 excel 相应位置,计算两年之差,生成前后两年月平均 K 值对比柱状图(图 5.5.144)。

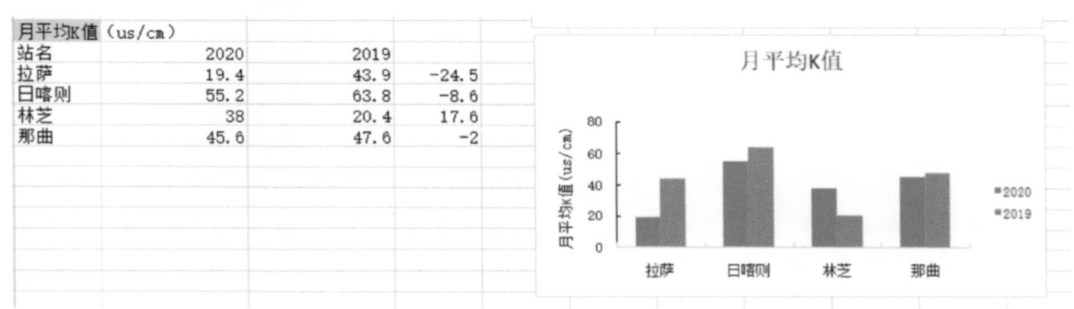

月平均K值 (us/cm)

站名	2020	2019	
拉萨	19.4	43.9	-24.5
日喀则	55.2	63.8	-8.6
林芝	38	20.4	17.6
那曲	45.6	47.6	-2

图 5.5.144　月平均 K 值对比

(4)西藏自治区酸雨监测月报产品(略)。

5.6　非常规业务

5.6.1　地质灾害

地质灾害是指在自然或者人为因素的作用下形成的对人类生命财产造成损失、对环境造成破坏的地质作用或地质现象。根据地质环境或地质体变化的速度可将地质灾害分为突发性地质灾害和缓变性地质灾害两大类。目前进行遥感监测的地质灾害主要是狭义上的崩塌、滑坡、泥石流。

5.6.1.1　灾害类型

(1)崩塌

崩塌是指陡峭的斜坡上岩土体在重力作用下突然脱离母体崩落、滚动堆积在坡脚的地质现象。崩塌体边界确定主要依据坡体地质结构,首先查看构造面的发育特征,其次查看岩石或土体是否将或已将坡体切割,与母体分离,最后通过调查等将构造面界定为崩塌的边界面。

野外调查识别方法主要依据以下几点:

●坡体大于 45°

●坡体内裂隙发育

●坡体前存在临空空间

在遥感影像上很难识别崩塌点，一般都是通过实地调查定点在影像上标注。

(2)滑坡

滑坡是指斜坡上的土体或者岩体，受河流冲刷、地下水活动、雨水浸泡、地震及人工切坡等因素影响，在重力作用下，沿着一定的软弱面或者软弱带，整体地或者分散地顺坡向下滑动的自然现象(图 5.6.1)。

滑坡按力学条件分为牵引式滑坡和推动式滑坡；按物质组成分为土质滑坡和岩质滑坡。

图 5.6.1 滑坡实景

发育完整的滑坡由以下组成：滑坡体指滑坡的整个滑动部分，简称滑体；滑坡壁指滑坡体后缘与不动的山体脱离开后，暴露在外面的形似壁状的分界面；滑动面指滑坡体沿下伏不动的岩、土体下滑的分界面，简称滑面；滑动带指平行滑动面受揉皱及剪切的破碎地带，简称滑带；滑坡床指滑坡体滑动时所依附的下伏不动的岩、土体，简称滑床；滑坡舌指滑坡前缘形如舌状的凸出部分，简称滑舌；滑坡台阶指滑坡体滑动时，由于各种岩、土体滑动速度差异，在滑坡体表面形成台阶状的错落台阶；滑坡周界指滑坡体和周围不动的岩、土体在平面上的分界线；滑坡洼地指滑动时滑坡体与滑坡壁间拉开，形成的沟槽或中间低四周高的封闭洼地；滑坡鼓丘指滑坡体前缘因受阻力而隆起的小丘；滑坡裂缝指滑坡活动时在滑体及其边缘所产生的一系列裂缝。

在遥感影像上主要通过识别滑体确定是否为滑坡，并不是所有的滑坡都具备以上条件。

(3)泥石流

泥石流是指在山区或者其他沟谷深壑，地形险峻的地区，因为暴雨、暴雪或其他自然灾害引发的山体滑坡并携带有大量泥沙以及石块的特殊洪流。泥石流具有突然性以及流速快，流量大，物质容量大和破坏力强等特点。

泥石流识别特征主要是由三部分组成：物源区、流通区和堆积区，这也是泥石流区别于滑坡的最明显特征。在遥感影像上主要通过识别物源区和流通区来进行辨识。

5.6.1.2 监测方法

地质灾害的遥感监测主要是利用高分辨率卫星影像对滑坡、泥石流进行变化监测。绝大多数崩塌受影像成像角度是无法通过卫星遥感影像进行辨识，在遥感监测过程中，一般采用点状标识标记崩塌点；滑坡主要是通过辨识滑体、堆积区进行辨识；泥石流有明显的物源区，流通区和堆积区，一般长度较滑坡长。此处只简述滑坡和泥石流遥感监测方法，在实际监测中遥感影像图主要分为二维和三维影像制作。

（1）二维遥感影像制作

依据滑坡和泥石流遥感影像识别方法，确定地质灾害类型。

●滑坡：在 ArcMap 中建立面状图层，通过编辑工具勾勒出滑体、堆积区，如果滑坡发育较好的话可以参照示意图，并制作专题图，如金沙江波罗乡滑坡遥感影像定位点和遥感影像监测图（图 5.6.2 和图 5.6.3），如果有必要可以粗略统计堆积体堆积面积。

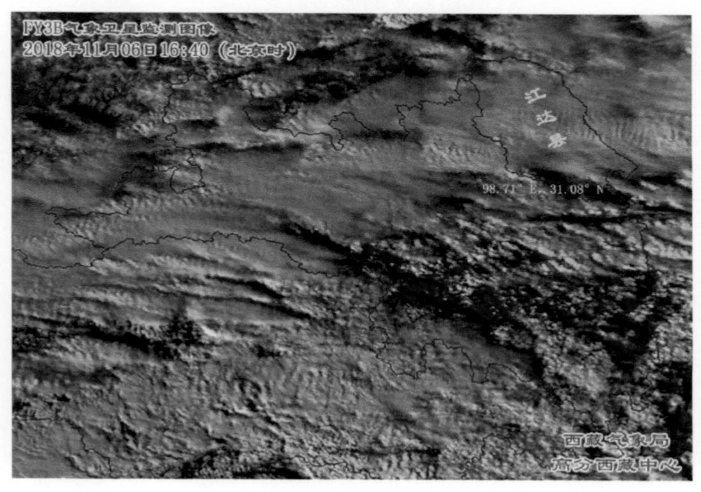

图 5.6.2　金沙江波罗乡滑坡遥感影像定位点

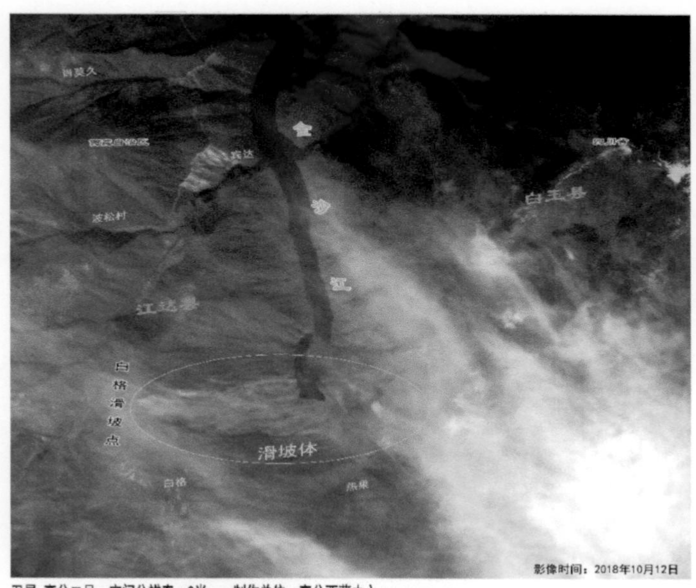

图 5.6.3　金沙江波罗乡滑坡高分遥感影像监测图

●泥石流：在 ArcMap 中建立面状图层，通过编辑工具勾勒出物源区、流通区和堆积区，重点统计物源区和堆积区面积，并对再次发生灾害进行预判。根据实际情况，需要关注地质灾害周边存在的隐患，如潜在的堰塞湖、河水上涨等监测。

●持续的监测是通过制作不同时相的遥感影像图来观测，滑坡和泥石流的稳定性，如江达波罗乡金沙江滑坡点区域遥感影像监测图（图 5.6.4）。

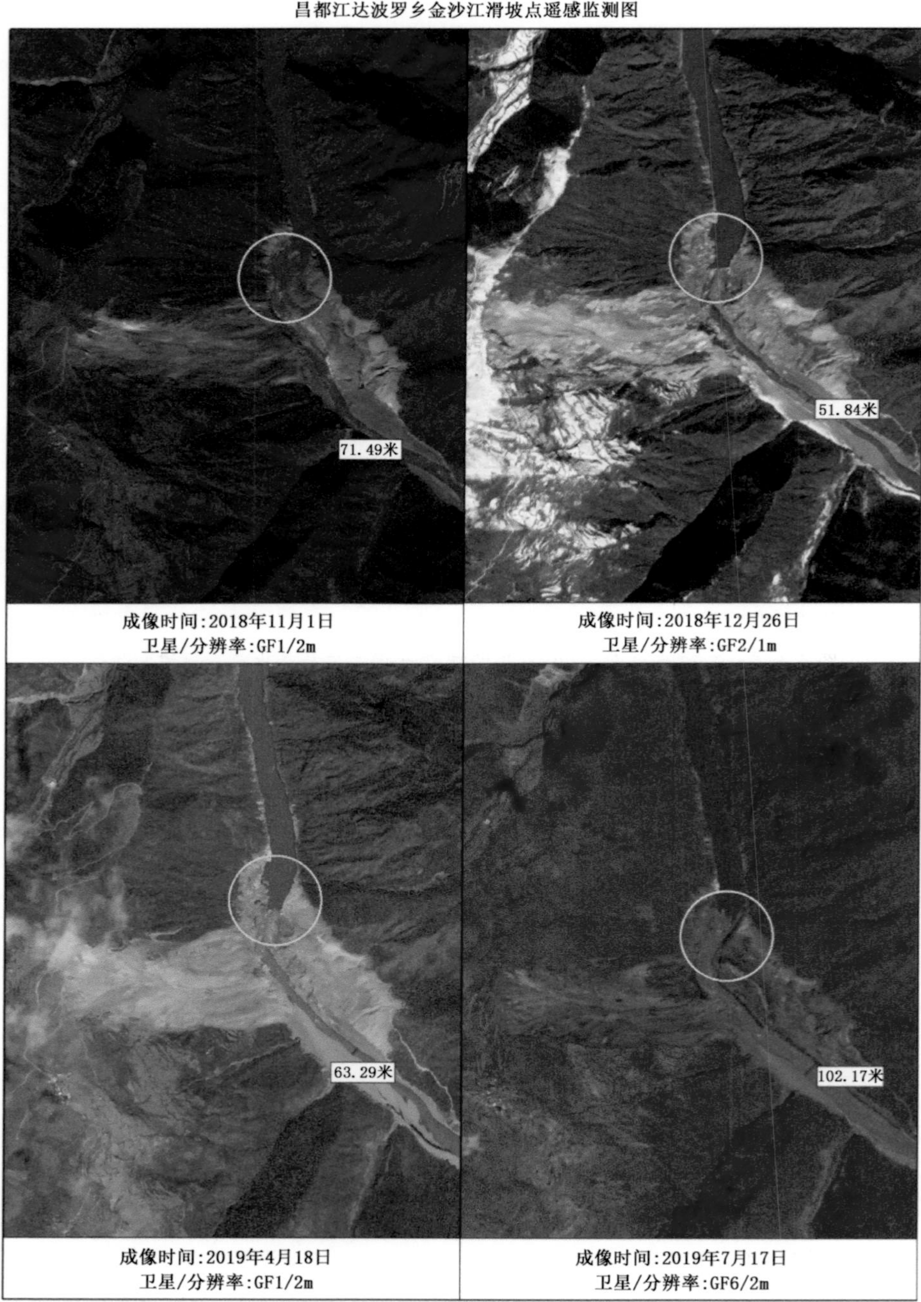

图 5.6.4　2018—2019 年江达波罗乡金沙江滑坡点区域遥感影像

5.6.2 洪涝灾害

洪涝，指因大雨、暴雨或持续降雨使低洼地区淹没、渍水的现象。

汛期的洪涝灾害监测主要标识出淹没的农田、道路等位置，如 2019 年 4 月与 2018 年同期雅鲁藏布江桑珠孜区段水域遥感监测图（图 5.6.5）、2018 年 5 月与 7 月桑珠孜区仲松村洪涝淹没区域遥感监测图（图 5.6.6）、2018 年与 2019 年汛期拉萨河水域动态变化遥感监测图（图 5.6.7）。

图 5.6.5 2019 年 4 月与 2018 年同期雅鲁藏布江桑珠孜区段水域监测图

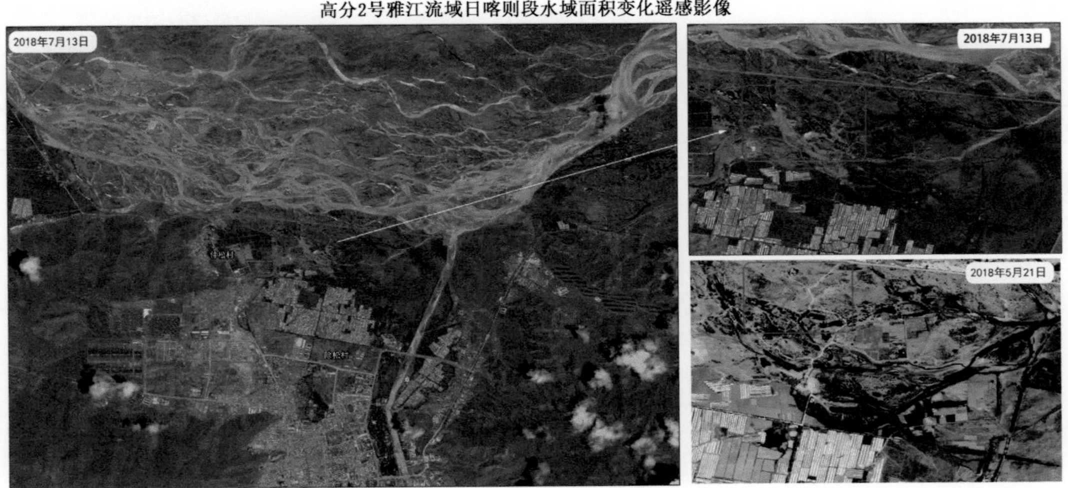

图 5.6.6 2018 年 5 月与 7 月桑珠孜区仲松村洪涝淹没区域遥感监测图

图 5.6.7 2018 年与 2019 年汛期拉萨河水域动态变化监测图

5.7 高分数据

5.7.1 数据获取能力与渠道

在中国资源卫星应用中心（http://www.cresda.com）官方网站获取，通过授权账号从网络在线免费订购下载的方式获取 GF-1、GF-2、GF-3、GF-4、GF-6 等五颗高分卫星的 L1 级（相对辐射校正产品）遥感影像资料。

在国家航天局对地观测与数据中心高分辨率对地观测系统网格平台获取，通过授权账号从（https://www.cheosgrid.org.cn）网络在线免费订购下载的方式获取 GF-1、GF-2、GF-3、GF-4、GF-5、GF-6、GF-7 等七颗高分卫星的 L1 级（相对辐射校正产品）遥感影像资料。

5.7.2 数据申请与分发流程

管理分发高分卫星数据，依据《高分辨率对地观测系统重大专项卫星遥感数据管理暂行办法》（科工高分办〔2015〕2 号）、《国家民用卫星遥感数据管理暂行办法》（科工一司〔2018〕1866 号）以及其他有关文件规定，结合西藏自治区实际，为全区各行各业提供高分数据分发服务。高分数据优先保障政府和公益性事业数据需求，申请使用高分数据的用户为在国内注册的企业单位、事业单位、社会团体、院校、政府部门和中国公民。用户根据合法正当用途需要，向高分西藏中心提出数据需求申请，并注册备案。

高分卫星数据申请及服务流程和材料包括：

（1）高分数据需求申请函（略）；

（2）高分数据需求申请表（略）；

(3)数据公益用途佐证材料(项目立项批复、项目合同或公益用途情况说明等);

(4)数据申请审批通过后,签署数据使用保密协议(略),获取数据。

5.7.3　产品发布与上报

成果文件格式要求:成果文件(需 tiff,jpg,png 等数据文件格式)。具体操作步骤如下。

5.7.3.1　成果文件提交发布格式

(1)将原成果文件 bmp 格式转换 jpg 格式。

(2)建立相对应名称、时间的文件夹(图 5.7.1)。

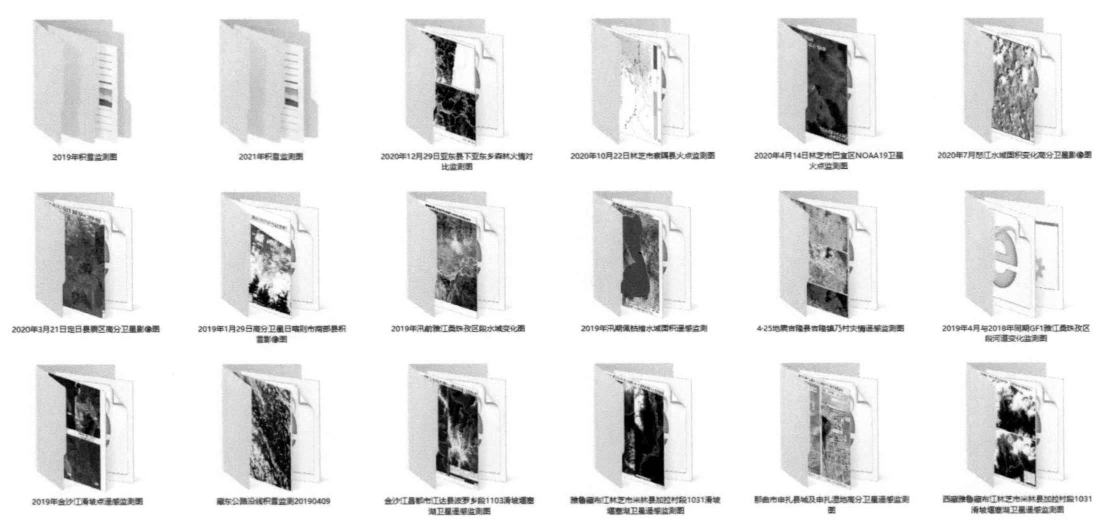

图 5.7.1　成果上传文件夹

文件夹内包含两个文件,成果文件缩略图(jpg 格式)、xml 描述文件(图 5.7.2)。

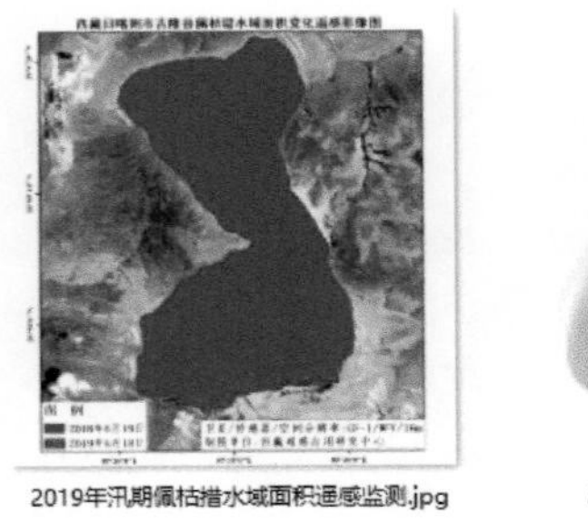

2019年汛期佩枯措水域面积遥感监测.jpg　　2019年汛期佩枯措水域面积遥感监测.xml

图 5.7.2　文件夹内包含两个文件

备注:成果缩略图时间和信息应与 xml 文件相一致。

xml 文件生成规则如下:

●文件中各项的顺序应和信息文件内容一致;

●首行为<? xml version="1.0"encoding="utf-8"? >;

●列表允许嵌套;

●要求项名称没有空格，且项名称应与信息文件内容中的完全一致；

●文本中不允许有空行出现；

●＊为必填项，必须填写；

●其他要求遵守 XML1.0 的文档规范。

xml 文件模板(图 5.7.3)。

```
<?xml version="1.0" encoding="UTF-8"?>
- <InterfaceFile>
  - <FileBody>
        <ProduceTime type="STRING">2019-06-18</ProduceTime>
        <haveFile>false</haveFile>
        <Area type="STRING">西藏</Area>
        <Department type="STRING">高分西藏中心</Department>
        <DataName type="STRING">2019年汛期佩枯措水域面积遥感监测</DataName>
        <DataFormat type="STRING">jpg</DataFormat>
        <Description type="STRING">2019年汛期佩枯措水域面积遥感监测</Description>
        <Resolution type="STRING"/>
        <TopLeftLatitude type="DECIMAL"/>
        <TopLeftLongitude type="DECIMAL"/>
        <BottomLeftLatitude type="DECIMAL"/>
        <BottomLeftLongitude type="DECIMAL"/>
        <TopRightLatitude type="DECIMAL"/>
        <TopRightLongitude type="DECIMAL"/>
        <BottomRightLatitude type="DECIMAL"/>
        <BottomRightLongitude type="DECIMAL"/>
        <CenterLatitude type="DECIMAL"/>
        <CenterLongitude type="DECIMAL"/>
    </FileBody>
</InterfaceFile>
```

图 5.7.3　XML 文件模板

(3)最后将成果数据文件夹打包成 ZIP 格式(图 5.7.4)。

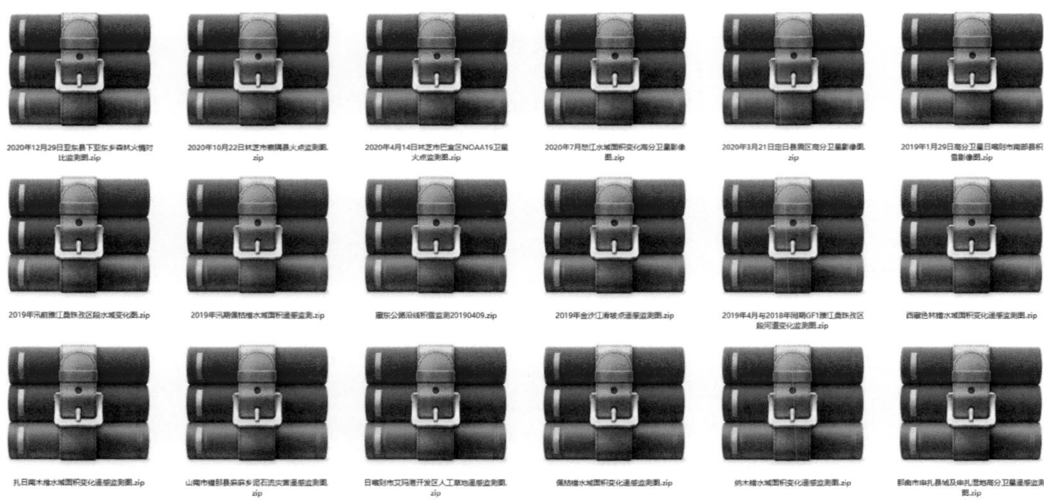

图 5.7.4　文件夹打包成 ZIP 压缩包格式

5.7.3.2　上传成果数据

将整理好的成果数据上传至 FTP(使用 FTP 客户端软件上传成果数据)，FTP 地址为 ftp:cheosgrid. org. cn，用西藏授权账号密码登录，选择 upload 文件夹，将成果上传。

登录高分辨率对地观测系统网格平台(www. cheosgrid. org. cn)，并对上传的成果数据进行分类发布。

5.7.4　数据处理流程

5.7.4.1　ENVI 处理流程

建议采用 ENVI5. 3. 1 sp1 版本以上处理高分系列卫星影像资料，自行安装 ENVI App Store(www. enviidl. com/appstore/)，下载安装“中国国产卫星支持工具 V5. 3”插件。SAR 数据处理请使用 SARScape 软件模块。

(1)多光谱/全色处理流程(适用于 GF-1、GF-2、GF-4、GF-6 等卫星数据处理)见图 5. 7. 5。

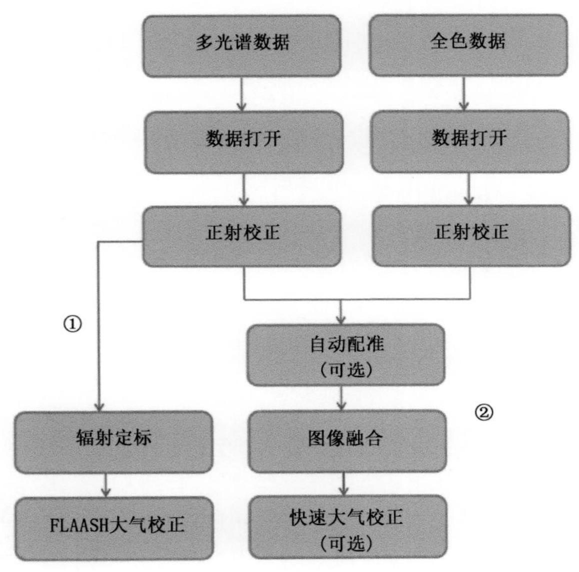

图 5. 7. 5　多光谱全色处理流程

多光谱/全色数据一般空间分辨率 4 ∶ 1，处理时需要分别大气校正、正射校正，然后融合。以下为几个关键点叙述。

①文件打开方式(图 5. 7. 6)

点击对应菜单，选择“xml”文件，对应信息已加载。

②查看卫星数据参数

影像的元数据可通过“View Metadata”面板查看(图 5. 7. 7)。

③辐射定标、大气校正

工具箱中选择“RadiometricCalibration”“FLASSH”和“QUAC”面板，进行辐射定标，定标完成后再继续大气校正(图 5. 7. 8)，可选 FLASSH、QUAC 等模式。

④正射校正、几何配准

工具箱中选择“RPC Ortherctification”面板进行正射校正(图 5. 7. 9)，在“Image Registration Workflow”面板下进行几何配准。

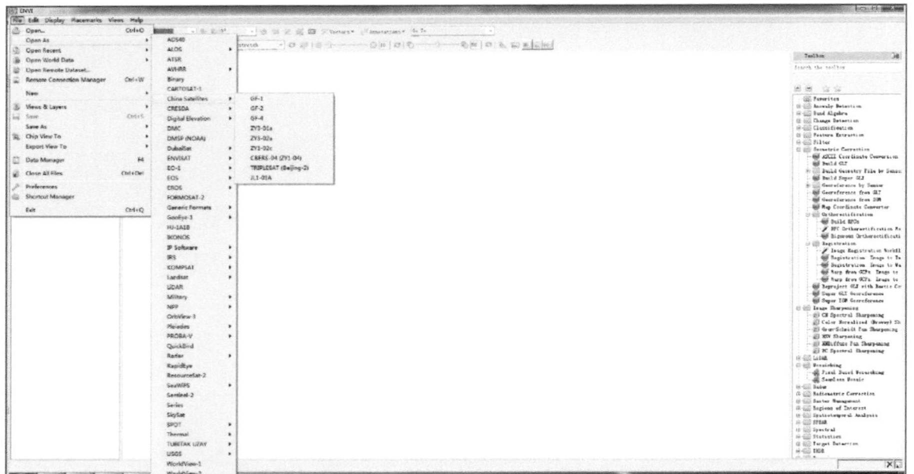

图 5.7.6　ENVI 支持高分数据打开

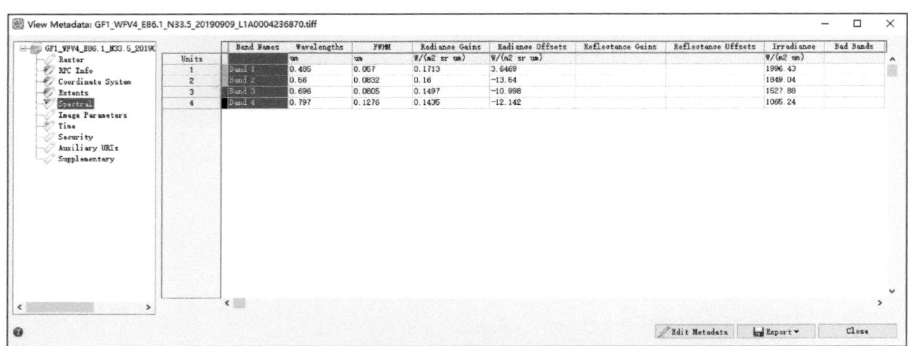

图 5.7.7　ENVI 查看元数据

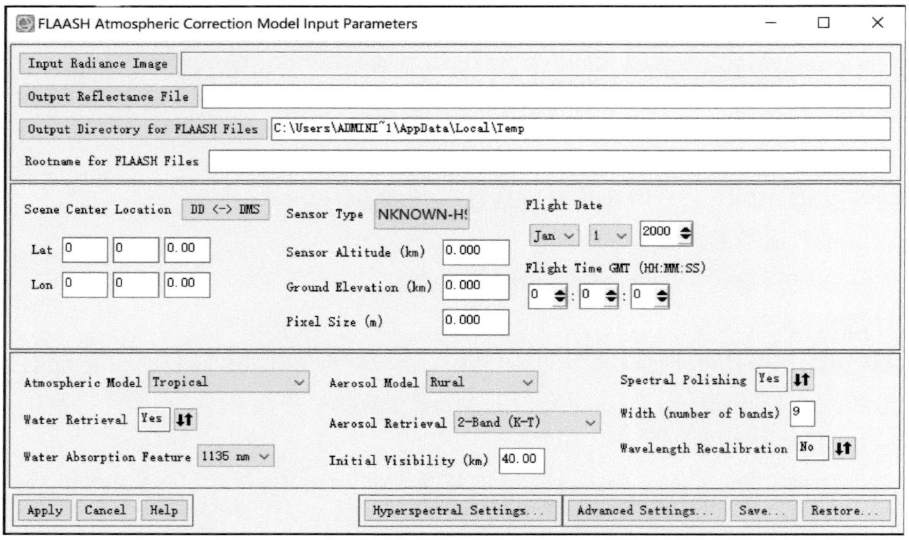

FLAASH Atmospheric Correction Model Input Parameters

Input Radiance Image

Output Reflectance File

Output Directory for FLAASH Files　C:\Users\ADMINI~1\AppData\Local\Temp

Rootname for FLAASH Files

Scene Center Location　DD <-> DMS

Lat　0　0　0.00

Lon　0　0　0.00

Sensor Type　NKNOWN-H

Sensor Altitude (km)　0.000

Ground Elevation (km)　0.000

Pixel Size (m)　0.000

Flight Date　Jan　1　2000

Flight Time GMT (HH:MM:SS)　0 : 0 : 0

Atmospheric Model　Tropical

Water Retrieval　Yes

Water Absorption Feature　1135 nm

Aerosol Model　Rural

Aerosol Retrieval　2-Band (K-T)

Initial Visibility (km)　40.00

Spectral Polishing　Yes

Width (number of bands)　9

Wavelength Recalibration　No

Apply　Cancel　Help　Hyperspectral Settings...　Advanced Settings...　Save...　Restore...

图 5.7.8　大气校正面板

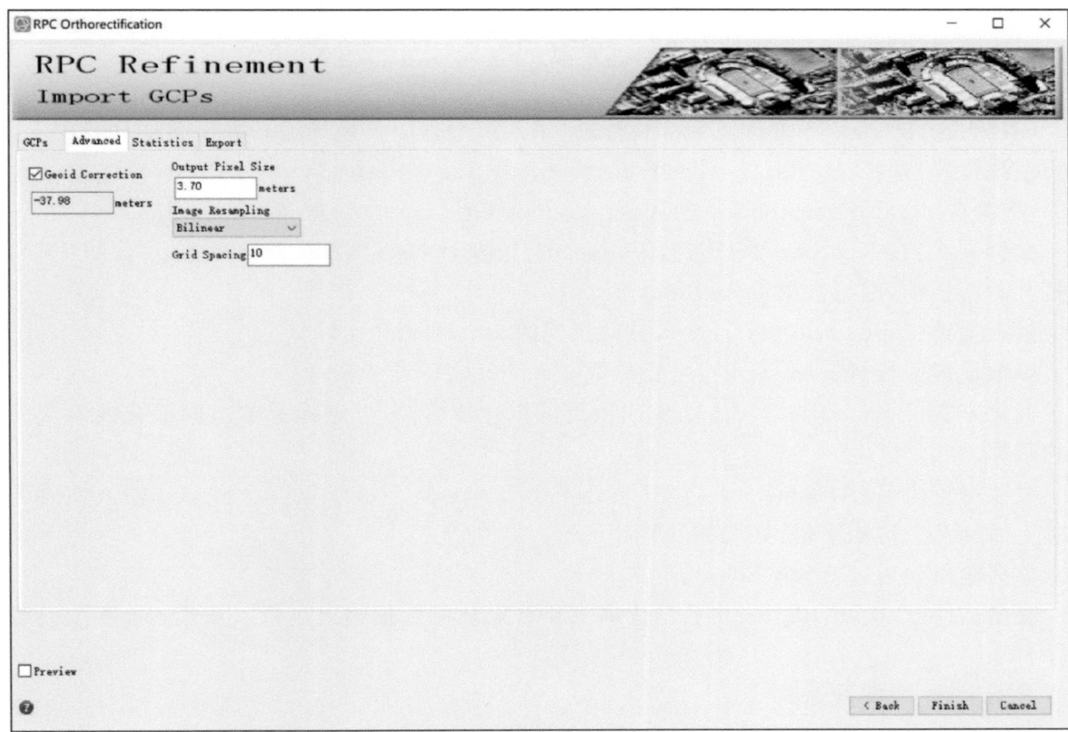

图 5.7.9　正射校正面板

⑤影像融合

工具箱中选择“NNDiffuse Pan Sharpening”面板进行图像融合(图 5.7.10)。

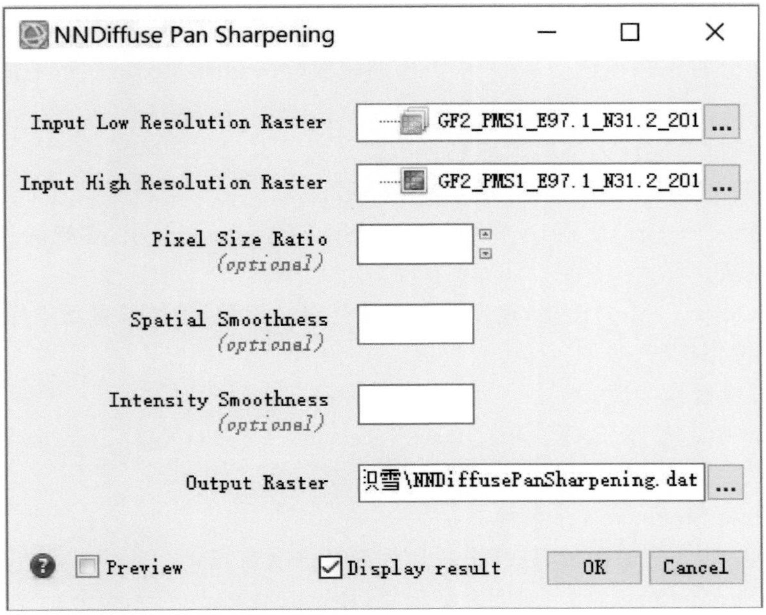

NNDiffuse Pan Sharpening

Input Low Resolution Raster　GF2_PMS1_E97.1_N31.2_201

Input High Resolution Raster　GF2_PMS1_E97.1_N31.2_201

Pixel Size Ratio (optional)

Spatial Smoothness (optional)

Intensity Smoothness (optional)

Output Raster　积雪\NNDiffusePanSharpening.dat

Preview　Display result　OK　Cancel

图 5.7.10　影像融合(NNDiffuse Pan Sharpening)面板

⑥其他

为提高处理速度，可将数据存储格式转为 BIP。

(2)SAR 数据处理流程(适用于高分 3 号卫星数据处理)

ENVI/SARScape 中处理流程多视处理、单通道增强以及地理编码等步骤。

系统设置：选择/SARscape/Preferences→选择 Load Preferences->VHR(better than 10 m)→设置 General parameters 中的：Cartographic Grid Size(m)：8，单击“OK”

数据导入：在 Toolbox 中，选择/SARscape/Import Data/SAR Spaceborne/ GAOFEN-3。在打开的面板中，进行数据输入(Input Files)

输入文件(Input File List)：输入自动找到的 . meta. xml 文件

参数设置面板(Parameters)：主要参数(Principal Parameters)

极化方式(Polarization)：ALL，输出所有的极化数据，可以选择只输出同极化或者交叉极化的数据。

对数据重命名(Rename the File Using Parameters)：True。软件会自动在输入文件名的基础上增加几个标识字母，如增加“_VV_slc”。

数据输出面板(Output Files)。

输出文件(Output file list)：自动读取 ENVI 默认的数据输出目录以及输入面板中的数据文件名。

单击 Exec 按钮开始执行。

生成的结果除了图像文件外，还包括 KML 和 Shapefile 格式的图像轮廓线。

数据导入的结果包括，slc 的数据结果，地理坐标系的矢量范围以及 kml 文件。

●多视处理

①在 Toolbox 中，选择/SARscape/Basic/Intensity Processing/Multilooking。

②在 Multilooking 面板中：数据输入(Input Files)面板，单击 Browsee 按钮，选择 SLC 数据，此处选择上一步导入得到的 gaofer3_20170308_101925672_A_HH_slc 数据，根据元数据文件自动算出了分辨率和视数。本例中，方位向视数(Azimuth Looks)：1，距离向视数(Range Looks)：1。

注：文件选择框的文件类型默认是 * _slc，就是文件名以_slc 结尾的文件，如不是，可选择 *. * 。可以一起选择上一步导入生成的 4 种极化的 slc。

参数设置(Parameters)面板，主要参数(Principal Parameters)中，多视的视数和输出的制图分辨率按照默认。

数据输出(Output Files)面板，输出路径及文件名按照默认，结果自动添加_pwr 后缀。

单击 Exec 按钮执行。

●单通道强度数据滤波

① Toolbox 中，选择/SARscape/Basic/Intensity Processing/Filtering/Filtering Single Image。

②在 Filtering Single Image 面板：

数据输入(Input Files)面板，选择上一步得到的强度数据。

参数设置(Parameters)面板，主要参数设置(Principal Parameters)为：

· 滤波方法(Filter Method)：Frost。有 8 种滤波方法

· 方位向窗口大小(Azimuth Window Size):5

· 距离向窗口大小(Range Window Size):5

· 等值视数(Equivalent Number of Looks):-1

说明:窗口设置越大,滤波效果越平滑,需要的时间越长

数据输出(Output Files)面板,输出路径和文件名按照默认,自动添加了_fil 的后缀。

单击 Exec 执行。

●地理编码

① Toolbox 中,选择/SARscape/Basic/Intensity Processing/Geocoding/Geocoding and Radiometric Calibration。

②打开 Geocoding and Radiometric Calibration 面板。

数据输入(Input Files):选择上一步得到的滤波结果。

可选文件(Optional Files):Geometry GCP File 和 Area File 这两个文件是可选项,这里不使用这两个文件。

投影参数(DEM/Cartographic System),输入提前下载好的 Alos 30mDEM 数据。

参数设置(Parameters)面板,主要参数(Principal Parameters)有:

· 像元大小(X Grid Size):8

· 像元大小(Y Grid Size):8

· 辐射定标(Radiometric Calibration):False

· 局部入射角校正(Local Incidence Angle):False

· 叠掩/阴影处理(Layover/Shadow):False

· 生成原始几何(Additional Original Geometry):False

· 输出类型(Output type):Linear

注:一些方法需要 DEM 的支持,即在 DEM/Cartographic System 面板中选择一个 DEM 文件。

output files 面板,输出路径和文件名按照默认,自动添加了_geo 后缀。

单击 Exec 执行。

(3)高光谱数据处理流程(适用于高分 5 号数据处理)

高光谱数据主要进行大气校正操作,获取高精度的光谱信息。参照 FLASSH 模型进行处理。

5.7.4.2 PIEI 处理流程

(1)多光谱/全色处理流程(图 5.7.11)

●辐射定标:辐射校正包括辐射定标、大气校正两部分,支持 HJCCD、GF-1、GF-2、ZY-02C、ZY-3、TH01、Landsat-5/7/8、VRSS 等数据的处理;在“图像预处理”标签下的“辐射校正”组,选择“辐射定标”面板,打开“辐射定标”参数设置对话框。PIE 辐射定标面板如图 5.7.12 所示。

●定标类型:选择定标为表观辐亮度或者表观反照率,默认选项是表观反照率/亮温;大气校正:在“图像预处理”标签下的“辐射校正”组,点击“大气校正”面板,打开“大气校正”参数设置对话框(图 5.7.13)。

●几何校正、正射校正:几何校正的目的是纠正系统和非系统性因素引起的图像形变。几

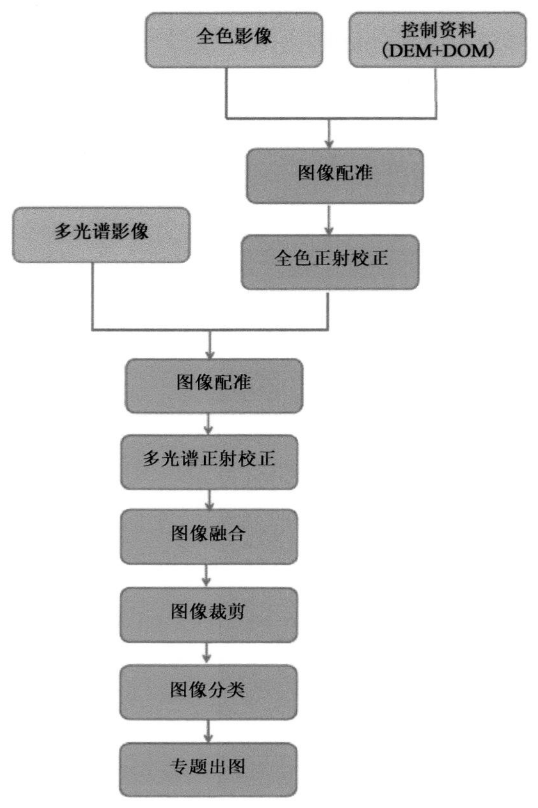

图 5.7.11　多光谱全色 PIE 处理流程

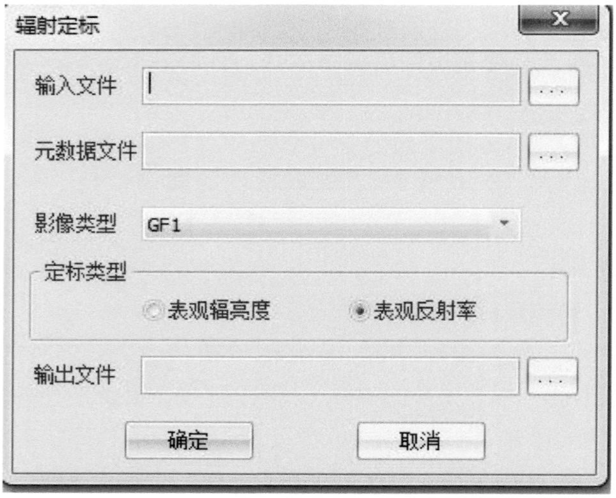

图 5.7.12　PIE 辐射定标面板

何校正模块，包括影像配准和正射校正，支持 HJCCD、GF-1、GF-2、ZY-02C、ZY-3 等数据的处理。PIE 几何校正、正射校正模块菜单如图 5.7.14 所示。

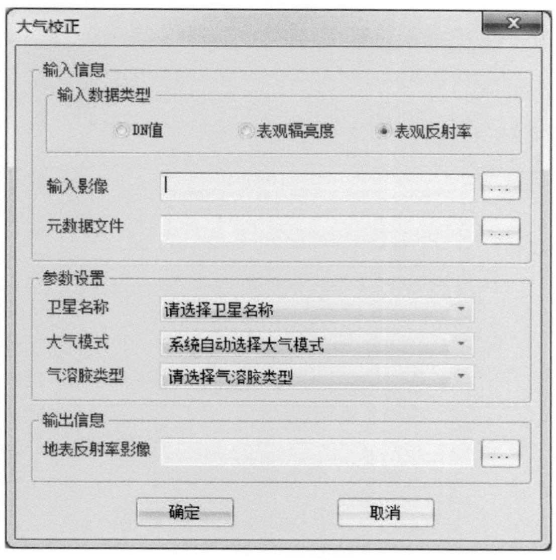

图 5.7.13 PIE 大气校正面板

图 5.7.14 PIE 几何校正、正射校正模块菜单

●图像融合：模块包括色彩标准化融合、SFIM 融合、PCA 融合和 PanSharp 融合四种融合方法；图像裁剪：在“图像处理”标签下的“图像预处理”组，单击“图像裁剪”按钮，打开“图像裁剪”参数设置对话框(图 5.7.15)。

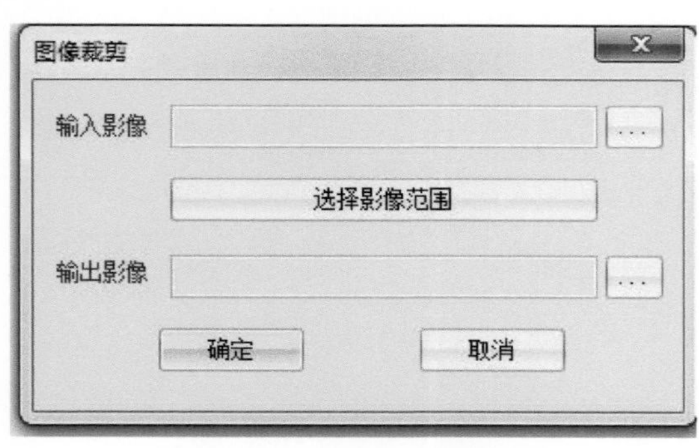

图 5.7.15 PIE 图像裁剪

●图像拼接：图像快速拼接可针对经过几何校正处理的标准分幅影像或者重复区较少(1000×1000 影像间接边少于 5 个像素)或者没有重叠区的影像之间的拼接处理。在“图像预处理”标签下的“图像拼接”组，点击“快速拼接”按钮，弹出“快速拼接”对话框(图 5.7.16)。

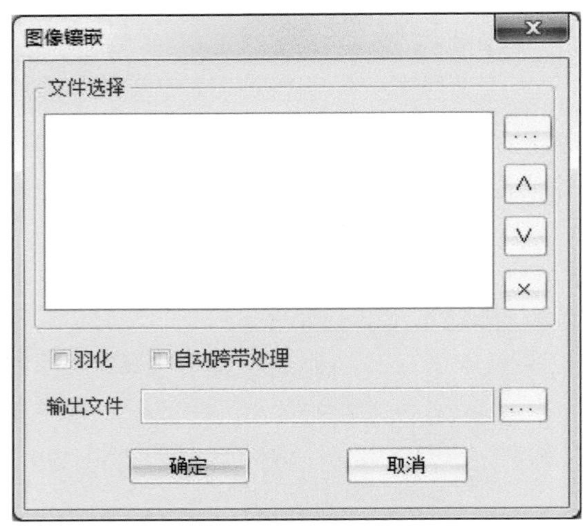

图 5.7.16　PIE 图像快速拼接

●图像镶嵌:是在一定的数学基础控制下,将多幅图像拼接成一幅大范围、无缝图像的过程。图像镶嵌处理需要影像之间有重叠区域,且重叠区的最小要求是当影像行列数为 1000×1000 时影像间至少存在 5 个像素的接边。加载待镶嵌的影像数据,然后单击“图像镶嵌”对话框中的“生成镶嵌面”按钮,弹出“镶嵌面生成”对话框(图 5.7.17)。

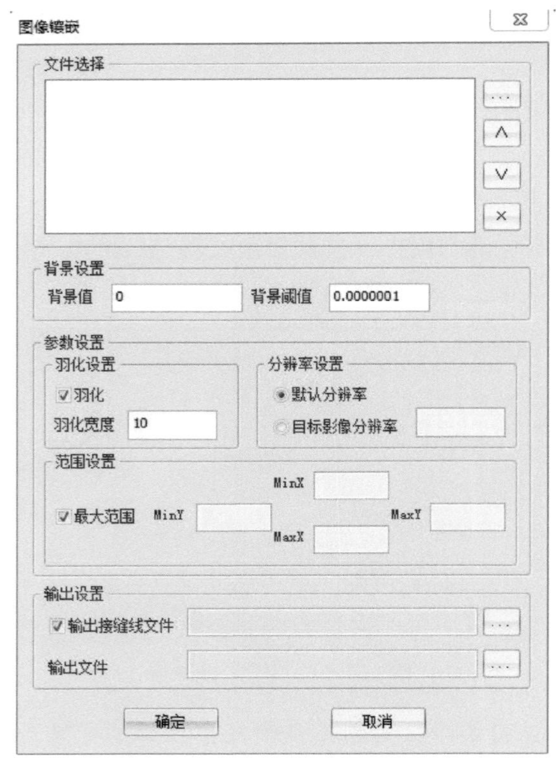

图 5.7.17　PIE 图像镶嵌

(2)SAR 数据处理流程

SAR 数据在处理过程中首先多视处理，其次滤波处理，最后地理编码。

①输入文件

SAFE 文件：输入待导入的 Sentinel-1 TOPS 模式雷达数据的 SAFE 文件。

校正因子类型：选择输入待处理 Sentinel-1 数据文件对应的校正类型。

极化模式：包括 HH、HV、VH、VV 四类极化选项；其中 HH 和 VV 为单极化数据类型，HV 和 VH 为双极化数据类型。当导入 SAFE 文件后，系统会自动读取导入相应的极化数据，用户也可根据需要处理的极化数据类型进行勾选。

输出文件名前缀：可以选择用成像日期作为文件名前缀，也可以选择成像日期及时间为前缀。

输出数据类型：目前软件支持输出 ENVI img、ERDAS img、GeoTIFF Files(*. tif、*. tiff)格式。

输出目录：设置输出结果的保存路径及文件名。

所有参数设置完成后，点击“确定”按钮，进行 Sentinel-1 TOPS 模式雷达数据的导入处理。

②多视处理：在“基础 SAR”标签下的“基础工具”组，单击“多视处理”按钮，弹出“多视处理”对话框，如图 5.7.18 所示。

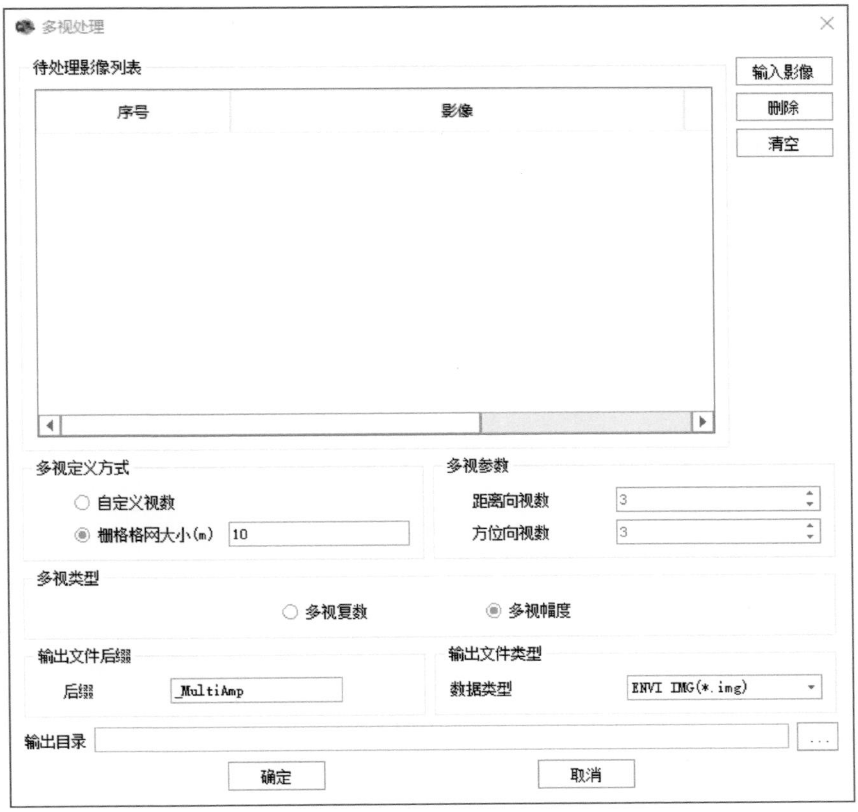

图 5.7.18　SAR 数据多视处理

多视定义方式：设置多视定义的方式，包括自定义视数和栅格格网大小（单位：m）。

自定义视数：

多视参数：设置方位向视数和距离向的视数，多视视数可根据导入数据（.xml）中的入射角、距离向分辨率和方位向分辨率计算。

栅格格网大小（单位：m）：设置多视后的栅格格网大小（单位：m），根据设置的栅格格网大小可自动计算多视视数。

多视类型：设置输入数据的类型，多视复数据或者多视幅度数据。

输出文件后缀：设置输出文件的名称后缀。

输出数据类型：目前软件支持输出 ENVI img、ERDAS img、GeoTIFF Files（*.tif、*.tiff）格式。

输出目录：设置输出结果的保存路径及文件名。

所有参数设置完成后，点击“确定”按钮即可进行多视处理。

注：输出复数型数据保留了相位信息，可以进行复数据转换，提取 DEM 等一系列操作；输出浮点型数据是一个强度图，保留了纹理信息，方便目视解译及后续处理。

③滤波处理

本次以 Kuan 滤波为例，Kuan 滤波器用于在雷达图像中保留边缘的情况下，减少斑点噪声。它将倍增的噪声模型变换为一个附加的噪声模型。

在“基础 SAR”标签下的“基础工具”组，单击“自适应滤波”下拉列表：选择“Kuan”，打开“Kuan 滤波”参数设置对话框，如图 5.7.19 所示。

图 5.7.19 Kuan 滤波处理

窗口大小：设置滤波窗口的大小，窗口越大，滤波效果越明显，但同时也会损失部分细节；反之，窗口越小，滤波效果越不明显。

视数：视数(ENL)表现了原始图像的噪声水平，通常设置为 1，越大表示噪声水平越高，图像滤波效果越明显；反之越小，滤波效果越不明显。

输出文件后缀：设置输出文件的名称后缀。

输出数据类型：目前软件支持输出 ENVI img、ERDAS img、GeoTIFF Files(＊.tif、＊.tiff)格式。

输出路径：设置输出结果的保存路径及文件名。

④地理编码：在"基础 SAR"标签下的"基础工具"组，单击"地理编码"按钮，打开"地理编码"参数设置对话框，如图 5.7.20 所示。

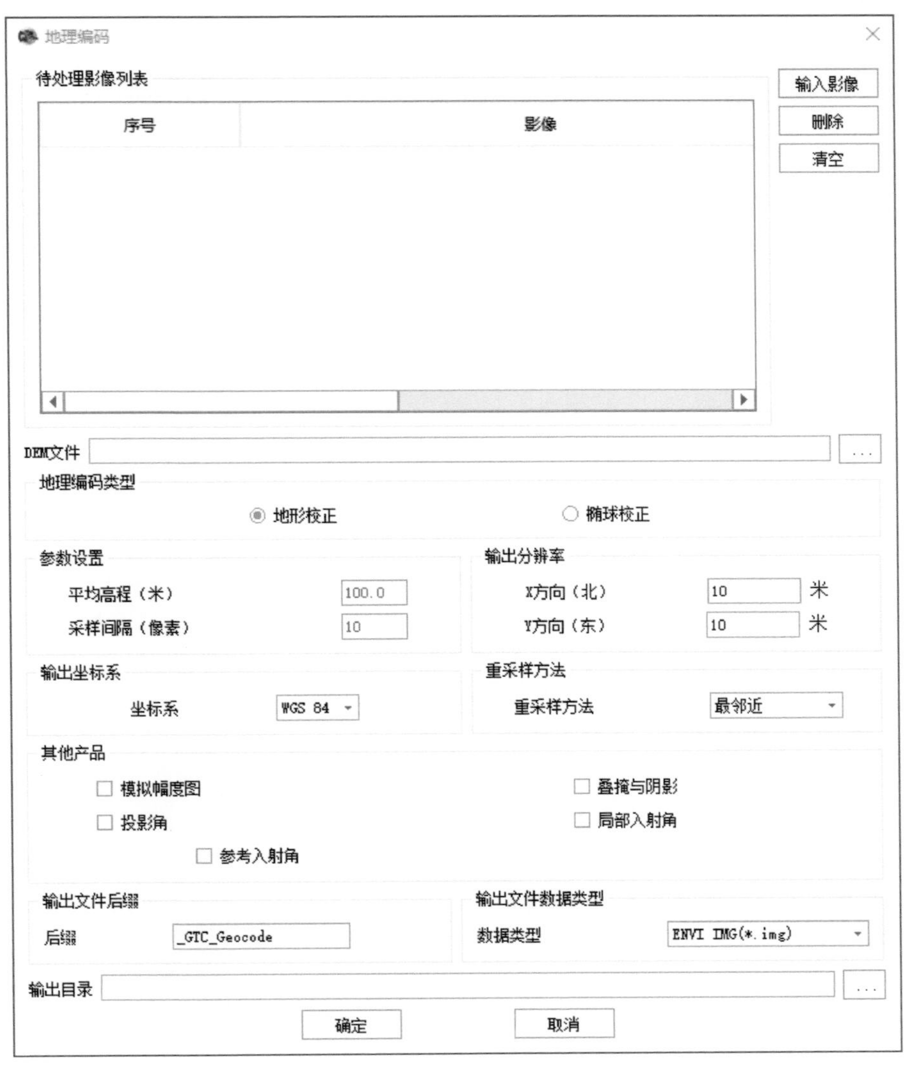

图 5.7.20　地理编码

DEM 文件：设置对应的 DEM 文件（编码类型为 GTC 时必须设置）。

地理编码类型：地理编码椭球校正（GEC），GEC 将地球表面简化为一个椭球面，地理编码地形校正（GTC），GTC 利用数字高程表面模型作为真实地球表面进行参数优化。

参数设置：地理编码类型为 GEC 时，设置平均高程（m）、采样间隔（像素）。

输出分辨率：设置 X 方向（北）分辨率、Y 方向（东）分辨率。

输出坐标系：设置输出坐标系，可选择 WGS 84 和 UTM。

重采样方法：设置重采样方法，可选择最近邻法、线性内插法和双线性内插法。

输出数据类型：目前软件支持输出 ENVI img、ERDAS img、GeoTIFF Files（*.tif、*.tiff）格式。

输出目录：设置输出结果的保存路径及文件名。

（3）制图与提取

①土地利用制图

PIE 中的土地利用变化监测功能主要用于实现前后两时相遥感影像中土地利用变化状况的动态监测。

在“检测分析”标签下的“国土”组，点击“土地利用变化检测”按钮，弹出土地利用变化检测对话框（图 5.7.21）。

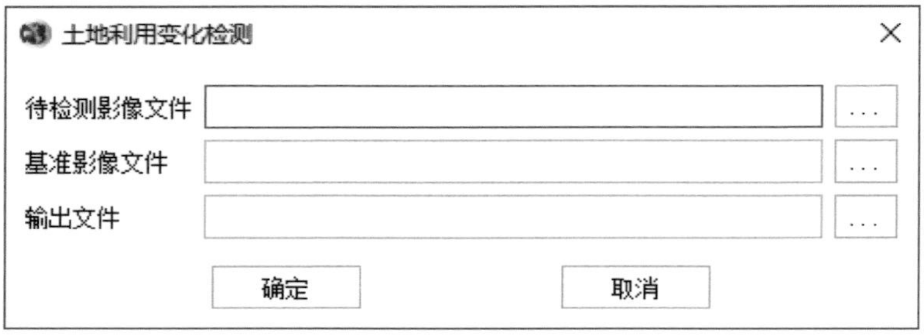

图 5.7.21　土地利用监测分析画板

待检测影像文件：输入待检测的后一时相的影像数据。

基准影像文件：输入待检测的前一时相的影像数据。

输出文件：输出检测结果的保存路径和文件名。

注：待检测影像与基准影像必须经过正射校正处理，且投影信息和数据范围都需一致。

②水体提取

PIE 采用的水体范围自动化监测方法是通过直方图阈值（波峰或波谷）对图像进行自动分割，从而实现感兴趣目标水体的精确提取。

在“监测分析”标签下的“水利”组，点击“水体提取”按钮，弹出水体提取对话框（图 5.7.22）。

选择文件：输入需要提取水体的遥感影像。

矢量区域：输入提取区域的矢量范围，此矢量文件通常为历年水利普查矢量成果进行缓冲分析后的结果。

输出文件：设置输出文件的保存路径和文件名。

图 5.7.22 水体提取

注：目前 PIE 水体提取是针对 GF-1/G-F2/ZY-3/HJCCD 等 4 波段（蓝、绿、红、近红外）数据进行处理，且输入的影像须经过正射处理。

参考文献

陈丽娟,李维京,2000. 月动力延伸预报研究:月动力延伸集合预报产品的全面分析和解释应用[M]. 北京:气象出版社.

丁一汇,等,2013. 中国气候[M]. 北京:科学出版社.

杜军,2005. 西藏高原霜冻气候特征及预报方法研究[M]. 北京:气象出版社.

黄嘉佑,2000. 气象统计分析预报方法[M]. 北京:气象出版社.

姜冬梅,2007. 应对气候变化[M]. 北京:中国环境科学出版社.

李崇银,刘式适,陈嘉滨,2005. 动力气象学导论[M]. 北京:气象出版社.

李维京,2012. 现代气候业务[M]. 北京:气象出版社.

钱维宏,2012. 中期-延伸期天气预报原理[M]. 北京:气象出版社.

秦大河,2003. 气候系统的演变及其预测[M]. 北京:气象出版社.

权维俊,韩秀珍,陈洪滨,2012. 基于 AVHRR 和 VIRR 数据的改进型 Becker"分裂窗"地表温度反演算法[J]. 气象学报,70(6):1356-1366.

全国气候与气候变化标准化技术委员会,2015. 极端高温监测指标:QX/T 280—2015[S]. 北京:气象出版社.

全国气候与气候变化标准化技术委员会,2015. 极端低温监测指标:QX/T 302—2015[S]. 北京:气象出版社.

全国气候与气候变化标准化技术委员会,2015. 极端降水监测指标:QX/T 303—2015[S]. 北京:气象出版社.

全国气候与气候变化标准化技术委员会,2017. 气象干旱等级:GB/T 20481—2017[S]. 北京:中国标准出版社.

全国气候与气候变化标准化技术委员会,2018. 中国雨季监测指标 西南雨季:QX/T 396—2017[S]. 北京:气象出版社.

宋连春,等,2021. 中国气候变化蓝皮书(2020)[M]. 北京:科学出版社.

王卫东,赵青兰,权文婷,2015. FY-3 VIRR 数据在陕西省干旱监测中的应用[J]. 陕西气象(2):15-18.

魏凤英,2007. 现代气候统计诊断与预测技术(第二版)[M]. 北京:气象出版社.

魏凤英,韩雪,王永光,等,2015,中国短期气候预测的物理基础及其方法研究[M]. 北京:气象出版社.

翟盘茂,李晓燕,任福,等,2009. 厄尔尼诺[M]. 北京:气象出版社.

张家城,2011. 气候与气候学[M]. 北京:气象出版社.

Carlson T N, Gillies R R, Perry E M, 1994. A method to make use of thermal infrared temperature and NDVI measurements to infer surface soil water content and fraction vegetation cover[J]. Remote Sensing Review, 9:161-173.

Price J C, 1990. Using Spatial Context in Satellite Data to Infer Regional Scale Evaportranspiration[J]. IEEE Transactions on Geoscience and Remote Sensing, 28:940-948.